交通安全风险管理与保险

孙建平　主编

同济大学 出版社
TONGJI UNIVERSITY PRESS

内 容 摘 要

随着交通行业的发展,风险管理的重要性日益凸显。运用保险机制,推行风险管理,应对安全生产风险的做法也被交通行业采纳。在我国经济转型时期,以风险源为导向整合管理资源,进行体制机制改革,充分发挥政府和市场的作用,是交通行业管理实现转型的必由之路。本书以上海市交通行业为背景,对道路运输、交通工程建设、轨道交通、水上交通、路政设施管理与养护等行业运用保险机制全面推行风险管理做了论述,汇编了风险辨识和等级评定的示例、保险条款和运用保险机制推进风险管理工作试点的文件。本书内容详尽,实用性强,可作为交通安全风险管理参与各方的指导手册和其他交通界、保险界人士的普及读本。

图书在版编目(CIP)数据

交通安全风险管理与保险/孙建平主编. --上海:同济
大学出版社,2016.11
ISBN 978 - 7 - 5608 - 6586 - 7

Ⅰ.①交… Ⅱ.①孙… Ⅲ.①交通运输安全-风险
管理 ②交通运输保险-基本知识 Ⅳ.①X951②F840.63

中国版本图书馆 CIP 数据核字(2016)第 260433 号

交通安全风险管理与保险

孙建平　主编

策　　划: 赵泽毓　高晓辉
责任编辑: 陆克丽霞
责任校对: 徐春莲
装帧设计: 陈益平

出版发行　　同济大学出版社　www.tongjipress.com.cn
　　　　　　(地址:上海市四平路 1239 号　邮编:200092　电话:021-65985622)
经　　销　　全国各地新华书店、建筑书店、网络书店
排版制作　　南京新翰博图文制作有限公司
印　　刷　　常熟市华顺印刷有限公司
开　　本　　787 mm×1 092 mm　1/16
印　　张　　20
字　　数　　499 000
版　　次　　2016 年 11 月第 1 版　　2016 年 11 月第 1 次印刷
书　　号　　ISBN 978 - 7 - 5608 - 6586 - 7
定　　价　　88.00 元

《交通安全风险管理与保险》

主　　编：孙建平

副 主 编：刘　军　高　欣

参编人员：张兴根　张　蔚　周光华　杨志杰　林海榕　尹宇杰

王祺明　刘倩仔　冯冠璐　王民强　姚凌枫　张　超

杜盛磊　刘静华　张　渝　秦　江　邵　健　毛俊嵘

雷兴华　吴　涛　李　超　郑一敏　屠涵英　沈建明

王　勇　蒋志娴　章　蓥　梁　丰　王　耘　王　琳

沈　杰　袁　野　徐　栩

统　　筹：刘　坚

序　言

PREFACE

伴随着我国经济和社会的不断发展,上海市人民生活中的衣食住行问题正在逐步得到解决和完善。"行"的问题的解决具有跨地域性、涉及面广等特点,因而成为衣食住行中最难解决的一类问题。上海市将继续加大在交通行业的投入以满足人们对"行"日益增长的需求,未来上海市将建成约 1 000 km 的高速公路网络,完善城市江(河)桥梁、隧道的布局,加快构建和完善国际大都市一体化交通。当我们为交通系统规模的不断壮大而欢呼雀跃时,不要忘了激增的交通工程建设投资量一方面加快了交通系统的完善,另一方面也摊薄了交通行业的风险管控力量。上海市交通行业的道路运输、交通工程建设、路政设施、轨道交通、水上交通这 5 个行业每个行业中都存在着不同的风险源,每一类风险源都可能引起不堪设想的事故。我们不禁要思考,是否存在一种有效的风险管控机制来减少人为风险同时也能更好地应对那些突如其来的意外事故。

近几年来,在交通运输部、上海市市委、上海市市政府、上海市交通委员会的积极推动下,整个上海市交通行业正在积极探索能有效管控风险、应对事故的体制机制。在保险制度引入的前期,保险作为一种经济补偿手段在事故发生后能给事故发生方带来一定的经济补偿。随着保险在中国的不断发展,其功能也发生了转变和升级,从一开始的经济补偿和资金运作,发展到现在的参与社会管理和社会治理,保险的真正价值也越来越得到体现。但是,在交通行业中,利用保险转移风险的意识还相对薄弱,利用保险进行风险控制至今还没有一套成熟的做法。而现代的保险业应当并且有能力为各个行业的风险管控作出应有的贡献。因此,保险在交通行业仍有较大的发展空间。

本书旨在通过对上海市交通行业道路运输、交通工程建设、路政设施、轨道交通、水上交通这 5 个行业的风险辨识和评估、保险、风险管理措施的研究,对上海市交通行业编制风险源辨识手册和评估指南、运用保险机制全面推行风险管理试点提出建议,形成上海市交通行业运用保险机制全面推行风险管理的初步总体设想。在风险管理方兴未艾的今天,交通行业全面推行风险管理的模式和方法众说纷纭、各有特色。本书介绍的模式也仅是一家之言,其中部分观点和理论可以商榷和讨论,实务操作也有待完善和改进。望本书能抛砖引玉,引起相关专家学者对交通行业风险管理模式的思考,推动风险管理在各个行业领域的发展。

　　是以为序,与读者共飨。

2016 年 10 月

目 录

CONTENTS

第四篇　运用保险机制推进风险管理工作试点

第一篇 交通安全风险管理与保险总论

随着交通行业的发展,风险管理的重要性日益凸显。运用保险机制,推行风险管理,应对安全生产风险的做法也逐步为交通行业采纳。在我国经济转型时期,以风险源为导向整合管理资源,进行体制机制改革,充分发挥政府和市场的作用,是交通行业管理实现转型的必由之路。

本篇以上海市交通行业为背景,主要阐述了交通行业的分类和现状,概述了风险管理和保险的基本概念,阐述了危险源、风险源和事故隐患的区别,对交通行业引入保险机制开展风险管理做了全面的论述。

第1章 上海市交通行业概述

1.1 上海市交通行业分类

上海市交通行业目前主要包含5个主要行业类别,分别为道路运输、交通工程建设、轨道交通、水上交通、路政设施管理与养护。根据《国民经济行业分类》(GB/T 4754—2011),整个社会经济活动划分为门类、大类、中类、小类四级,其中行业门类20个,行业大类96个,行业中类432个,行业小类1 094个。在该标准中,交通运输归入G门类交通运输、仓储和邮政业。交通运输、仓储和邮政业包括铁路运输业、道路运输业、水上运输业、航空运输业、管道运输业、装卸搬运和运输代理业、仓储业、邮政业这8个大类,进一步划分为20个中类、40个小类。

目前上海市交通行业包含的这5个主要类别中,道路运输、轨道交通、水上交通、路政设施管理与养护属于交通运输、仓储和邮政业(G门类),交通工程建设属于建筑业(E门类),涉及的行业分类如表1-1所列。

表1-1　　　　　　　　上海交通行业包含的行业分类

代码				类别名称
门类	大类	中类	小类	
G				交通运输、仓储和邮政业
	54			道路运输业
		541		城市公共交通运输
			5411	公共电汽车客运
			5412	城市轨道交通
			5413	出租车客运
			5419	其他城市公共交通运输
		542	5420	公路旅客运输
		543	5430	道路货物运输
		544		道路运输辅助活动

代码				类别名称
门类	大类	中类	小类	
			5441	客运汽车站
			5442	公路管理与养护
			5449	其他道路运输辅助活动
	55			水上运输业
		551		水上旅客运输
			5511	海洋旅客运输
			5512	内河旅客运输
			5513	客运轮渡运输
		552		水上货物运输
			5521	远洋货物运输
			5522	沿海货物运输
			5523	内河货物运输
		553		水上运输辅助活动
			5531	客运港口
			5532	货运港口
			5539	其他水上运输辅助活动
E				建筑业
	48			土木工程建筑业
		481		铁路、道路、隧道和桥梁工程建筑
			4811	铁路工程建筑
			4812	公路工程建筑
			4813	市政道路工程建筑
			4819	其他道路、隧道和桥梁工程建筑
		482		水利和内河港口工程建筑
			4821	水源及供水设施工程建筑
			4822	河湖治理及防洪设施工程建筑
			4823	港口及航运设施工程建筑

1.2 上海市交通行业现状

道路运输行业,2015 年全市道路旅客运输企业 136 户,道路旅客运输车辆(沪籍) 10 012辆,省际客运班线 3 423 条,旅客发送量 3 766 万人次;道路货物运输企业 34 021 户,道路货物运输车辆 211 801 辆。从类型看,专用车辆(冷藏运输车、集装箱车、大件运输车和危险品货运车)占道路货物运输车辆21.3%;道路货物运输量 40 627 万 t,道路货物运输周转量 289.6 亿吨公里,道路集装箱运输量 2 296 万 TEU;道路危险货物运输车辆 6 933 辆,道路危险货物运输量 2 662.89 万 t;上海市道路货物运输按经营类型分为普通货运、搬场运输、货运出租、货运站场、集装箱运输、冷藏保鲜、罐式容器和大件运输 8 种类型。2015 年,道路货物运输企业 34 021 户,道路货物运输车辆 211 801 辆。上海市道路危险品运输按经营类型分为 1 类爆炸品、2 类气体、3 类易燃液体、4 类易燃固体及易自燃物、5 类氧化性物质和有机过氧化物、6 类毒性物质和感染性物质、7 类放射性物质、8 类腐蚀品及 9 类杂类危险物共 9 类危险品。道路危险货物运输车辆 6 933 辆,道路危险货物量 2 662.89 t。分品类看,运输量前 3 名依次是 3 类易燃液体运输量 1 175.83万 t,2 类气体 745.93 万 t,8 类腐蚀品 284.49 万 t。

交通工程建设行业,截至 2015 年年底,市管交通建设工程在监项目 112 项(公路 33 项,水运 19 项,市政 40 项,轨道交通 16 项,枢纽场站 4 项),监督工作量 636.4 亿元。其中市重大工程 34 项(公路 6 项,水运 6 项,市政 12 项,轨道交通 10 项),全年完成重大交通建设投资 551.62 亿元。

轨道交通行业,地下运营环境独特、人员流动量大,2015 年上海现有运营线路 15 条,运营公司 5 家,从业人员 29 315 人,线路总长度为 617.53 km,车站 364 座,运营车辆数达 3 780 节。2015 年,全路网日均客流量 840.5 万人次,其中换乘客运量达 350.5 万乘次/日,轨道交通占城市公交出行比例达到 46.2%左右。2015 年单日客流最大为 12 月 31 日达到 1 083.3 万人次。根据上海市轨道交通建设规划,2018 年本市地铁运营线网规模计划达到 660 km,2020 年要达到 840 km。

水上交通行业,截至 2015 年,上海拥有内河、沿海、远洋运输船舶分别为 756 艘、644 艘、363 艘,净载重吨分别为 47.5 万 t、1 384.5 万 t、2 231.0 万 t。截至 2015 年年底,沿海运输企业 140 家,内河运输企业 108 家,水上交通辅助业企业 46 家;2015 年上海海港货物吞吐量 64 906.0 万 t,内河港货物吞吐量 6 833.6 万 t,内贸货物吞吐量 33 942.5 万 t,外贸货物吞吐量 37 797.1 万 t,海港完成危险品货物吞吐量 4 860.6 万 t,集装箱吞吐量完成 3 653.7 万 TEU,上海港完成旅客吞吐量 224.7 万人次,完成邮轮旅客吞吐量 164.3 万人次;2015 年累计完成水路货运量 49 769.5 万 t,其中,上海港完成远洋货运量 18 145.5 万 t,完成沿海货运量 29 069.8 万 t,完成内河货运量 2 554.2 万 t。2015 年,全年完成引航任务 68 419 艘次,增幅 3.01%,上海港船舶大型化、专业化均势明显,引领长度 300 m 以上的超大型船舶 6 618 次,增幅 11.66%;引领大型国际邮轮 630 艘次,增幅 26.25%。

道路设施行业,截至 2015 年年底,上海市公路里程共计 13 195.12 km,城市道路里程 4 989 km。跨黄浦江隧桥共计 22 座(条),市域高速公路共计 16 条,出省高速 8 条,高速公路里程 825.47 km。道路标识标牌 17 余万块,窨井盖 640 余万个。

由此可见,上海市交通行业涉及多方面的安全生产内容,同时上海人口多、交通需求量大、每日输送人员货物数量大,增加了交通安全生产风险管理的难度。从交通行业各重点行业来看,道路交通运输量大、运营车辆多,安全事故时有发生,交通行业安全生产责任重大,特别是天津滨海新区危险品仓储发生的爆炸事故给出了极其深刻的警示,交通行业安全形势依然严峻,安全生产薄弱环节不容忽视,安全生产监管能力亟待提升。

按照习总书记上海应"继续当好全国改革开放排头兵、创新发展先行者"的指示和市委、市政府的具体工作要求,为进一步巩固和提高本市交通行业安全生产工作,上海市交通委设想本着改革和创新精神的原则,赋予交通行业安全生产风险管理新内涵,充分发挥交通行业主管部门、行业企业、保险企业等各方主体的积极性,破除各方面体制机制弊端,发挥市场在资源配置中的决定性作用,运用保险机制,剖析安全生产风险,转移经济压力,发挥技术市场的生产力,努力实现交通行业风险管理技术化、市场化、信息化的全面发展。

第2章 风险管理与保险概述

2.1 危险源、风险源和事故隐患

《风险管理术语》（GB/T 23694—2013）中，"风险"定义为不确定性对目标的影响。这种不确定性可能是损失，也可能是收益。能带来收益，但收益大小不确定的风险叫作收益风险；可能收益可能损失的风险叫作机会风险；只会带来损失的风险叫作纯粹风险，本课题中的风险指纯粹风险。

交通运输部安全质量司给出"风险源"定义：客观存在的、可能造成人员伤亡、环境破坏、负面社会影响、财产损失的交通基础设施、运输装备、建设工程。

《职业健康安全管理体系要求》（GB/T 28001—2011）中，"危险源"的定义不再涉及"财务损失"和"工作环境破坏"；考虑到这样的损失和破坏并不直接与职业健康安全管理相关，他们应该在资源管理范围；作为替代的一种方式，此方面对职业健康安全有影响和破坏，其风险可以通过组织风险评价过程得到识别，并通过适当的风险控制措施得到控制。因此，术语"危险源"定义为"可能导致人员伤害或健康损害的根源、状态或行为，或其组合"。根据事故源在事故发生、发展中的作业，危险源可划分为两大类，第一类危险源是指在生产现场中产生能量的能量源或者拥有能量的能量载体，其危险性和能量的高低、数量有密切关系；第二类危险源指导致约束、限制能量的措施失控、失效或破坏的各种不安全因素，包括人的失误、物的故障状态和不合理的环境。

根据《职业安全卫生术语》（GB/T 15236—2008），所谓"事故隐患"是指可导致事故发生的物的危险状态、人的不安全行为及管理上的缺陷。《安全生产事故隐患排查治理暂行规定》第三条规定："本规定所称安全生产事故隐患（以下简称隐患），是指生产经营单位违反安全生产法律、法规、规章、标准、规程和安全生产管理制度的规定，或者因其他因素在生产经营活动存在可能导致事故发生的物的危险状态、人的不安全行为和管理上的缺陷，才被界定为事故隐患"。

危险源、风险源和事故隐患的共同点和区别如表2-1所列。

表 2-1 危险源、风险源和事故隐患的区别

	危险源	风险源	事故隐患
共同点	均可能导致安全生产事故发生		
区别	属于固有风险,不可消除。 可能导致人员伤害或健康损害的根源、状态或行为,或其组合,不再涉及"财产损失"和"工作环境破坏"	属于固有风险,不可消除。 覆盖了包括环境破坏、负面社会影响、财产损失,不包括人为因素	是隐藏在过程中可能导致事故发生的人的不安全行为、物的不安全行为,可以消除。 主要表现为不按相关法律、法规、标准、规范和规定等执行、操作不满足安全生产条件,具有"违规"的特点

2.2 风险管理过程

所谓风险管理(Risk Management),是指为了达到一个组织的既定目标,而对组织所承担的各种风险进行管理的系统过程,即一个组织通过风险辨识、风险分析和风险评价去认识风险,并在此基础上合理地使用规避、抑制、自留或转移等方法和技术对活动或事件所涉及的风险实行有效的控制,妥善地处理风险事件造成的后果,以合理的成本保证实现预定的目标。

风险管理旨在保证组织恰当地应对风险,提高风险应对的效率和效果,增强行动的合理性,有效地配置资源。

《风险管理原则与实施指南》(GB/T 24353—2009)中,风险管理过程如图 2-1 所示,由明确环境信息、风险评估、风险应对、监督和检查等活动组成,其中,风险评估包括风险辨识(识别)、风险分析和风险评价三个步骤。

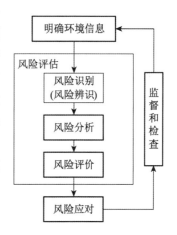

图 2-1 风险管理过程

由于运营企业和工程项目内部和外部的风险环境不断变化,风险管理也必须随着条件的变化而进行调整。所以,风险管理是一个连续的、循环的、动态的过程。随着风险管理决策的实施,风险会出现许多变化,这些变化的信息可及时反馈,风险辨识者就能及时地对新情况进行风险分析和评价,从而调整风险管理决策,这样循环往复,保持风险管理过程的动态性就能达到风险管理的预期目的。

风险应对的手段多种多样,但归纳起来不外乎以下两种最基本的手段。

(1)采用非财务对策的风险处理措施来降低企业的预期损失或使这种损失更具有可测性,从而改变风险。这种手段包括风险规避、风险降低、风险分隔及风险转移等。

（2）采用财务措施处理已经发生的损失，包括购买保险、风险承受和自我保险等。

保险的风险财务转移的实施手段是购买保险。通过保险，投保人将自己本应承担的归咎责任（因他人过失而承担的责任）和赔偿责任（因本人过失或不可抗力所造成损失的赔偿责任）转嫁给保险公司，从而使自己免受风险损失。

保险是一种经济补偿制度，以大数法则为基础，以合理计算为原则，集聚保险费建立保险基金，用于补偿因自然灾害或意外事故造成的损失，或对个人死亡、伤残给付保险金。

对交通安全进行投保，即为转移风险，一旦发生安全事故，在保单责任范围内，保险人将给予赔偿，减轻了政府及运输公司的经济压力，避免了事故带来的损失。但从整个社会资源及社会影响看，保险人出险理赔同样是社会资源的浪费，带来恶劣的社会影响，因而应制定完善的安全风险管理制度以降低事故发生，保障交通行业生产安全。上海交通行业所包含的道路运输、交通工程建设、轨道交通、水上交通、路政设施管理与养护这5个行业类别，各有不同的行业特点。只有通过科学分析并结合实际需求，针对不同行业，找准侧重点和着眼点，进行专业性的风险源分析，采取科学的应对策略，制定切实可行的风险管理机制，才能推进全面风险管理，促进行业安全生产水平的提高。

第 3 章　交通安全风险管理的实施

3.1　风险管理的总体要求

交通行业是安全生产事故高发行业,事故一旦发生将造成较大经济损失和恶劣的社会影响。《2014 年上海市国民经济和社会发展统计公报》统计数据显示,2014 年上海市发生道路交通事故 1 172 起,造成死亡 902 人,占全年全部道路交通、工矿商贸、火灾、铁路交通、农业机械生产安全事故的 76.05%。

为推进交通运输安全体系建设,提升安全生产预防控制能力,交通运输部先后发布了《交通运输部关于推进安全生产风险管理工作的意见》(交安监发〔2014〕120 号)和《交通运输部安全委员会关于开展安全生产风险管理试点工作的通知》(交安委〔2015〕1 号)等多个关于推进风险管理工作的文件。根据交通运输部的要求,为进一步推进上海交通行业安全体系建设,上海市交通委员会发布了《关于推进本市交通行业安全生产风险管理试点工作的通知》(沪交安委办〔2015〕36 号),对试点工作任务进行分解,安排具体工作内容,提出运用保险等风险管理措施应对交通行业安全生产风险。

上海市交通委员会组织相关院校和专家通过对上海市交通行业风险管理现状、保险险种和各行业投保情况开展调查研究,发现上海市交通行业风险管理需求,探索引入保险机制推进上海风险管理工作,联合保险公司创新保险险种、扩大保险范围,发挥保险公司风险管理和事故后赔偿职能,实现市场化资源配置,提高风险应对能力,形成风险辨识、评估、管控、监督工作机制。经过论证和试点,最终形成上海市交通港航安全风险管理配套实施管理规定和交通港航保险抵御机制。

在开展风险管理的过程中,应充分发挥交通行业主管部门、行业企业、保险企业等各方主体的积极性,破除各方面体制机制弊端,发挥市场在资源配置中的决定性作用,将社会资源引入交通行业风险控制中,运用保险机制,形成第三方风险管理控制机制,解放政府资源,使政府真正实现职能转变,以"政府淡出、保险介入、第三方监管"为牵引,实现政府从"权重威严"的刚性管理到"有效服务"的柔性管理转变,依靠第三方监管分担政府安全生产管理职能。发挥技术市场的生产力,努力实现交通行业风险管理技术化、市场化、信息化的全面发展。

3.2 风险管理的目标和任务

针对上海市道路运输、交通工程建设、轨道交通、水上运输和路政设施等行业开展安全生产风险的辨识和评估、购买保险和采取风险管理措施的实际情况,提出风险管理的目标和任务。

1. 提高上海市交通运输行业安全管理水平

推进风险管理工作是着力解决制约交通运输科学发展、安全发展的突出问题,提高交通运输安全生产管理水平的重要途径和必然选择,是防范和减少交通运输安全生产事故发生的有效手段,是减轻风险损害的有效方法。结合交通运输部风险管理试点工作,由各行业进行风险源梳理,划分风险等级,制定风险源、关键岗位人员防范措施;编制企业风险辨识手册和评估指南,科学系统地指导上海交通行业风险管理工作。

2. 以风险源为导向,整合管理资源

对交通行业全部领域进行风险源分析梳理,进而进行分类,制定行业领域风险等级划分标准,进行风险评估并划分风险等级,针对不同等级风险采取相应的风险应对措施,对等级高、危害大的风险重点关注、加强管理,降低事故发生的概率。

3. 引进保险机制,实现风险管理社会化

结合上海发展保险业、建设国际金融中心的战略规划,充分利用保险对社会的服务功能,发挥保险风险控制和经济补偿作用,合理利用现有险种、探索开发新设险种,逐步将风险管理资源交由市场配置,实现行业风险管理新模式。

4. 运用现代信息技术手段,建立大数据背景下的交通监控平台

结合互联网技术的发展和使用,建立信息管理平台,利用定位跟踪、进程控制等先进技术,对风险源进行实时监控,排查安全生产隐患,一旦发生事故及时响应。通过统计交通运输各项指标数据,全方面掌控交通行业安全生产状况,减少事故发生。使行政管理措施与技术手段、经济手段有机结合,通过"政府引导、依法管理、企业负责、社会参与"实现行业风险的集成化管理。

5. 为上海打造中国保险中心做基础,利用中国特色市场经济推动工作开展

2014年8月国务院出台了《关于加快发展现代保险服务业的若干意见》,把保险业纳入国家治理体系中统筹谋划。国家对保险业的重视和支持开启了新兴保险市场发展的中国模式,激活了中国保险业巨大的发展潜力。这也将对交通行业安全生产管理引入保险制度起到推进作用。

本书汇集了对于上海市道路运输、交通工程建设、轨道交通、水上运输和路政设施等行业的安全生产风险的辨识、评估、相关保险和购买策略以及风险管理具体措施的调查研究分析,为提高上海市交通行业安全生产风险管理水平提供了参考;本书还分析了上海市道路运输、交通工程建设、轨道交通、水上运输和路政设施等行业的相关保险险

种、各行业企业投保情况和对保险的需求状况,根据各行业的特点,提出建议投保险种、保险方案和保险公司参与风险管理的具体措施。

3.3 风险管理的协调机构

1. 上海市交通行业管理架构现状

2014 年 3 月 26 日,根据《中共中央办公厅国务院办公厅关于印发〈上海市人民政府职能转变和机构改革方案〉的通知》(厅字〔2014〕20 号)的规定,设立上海市交通委员会,为市政府组成部门,负责上海市交通行业的管理。交通委职能部门组织架构如图 3-1 所示。

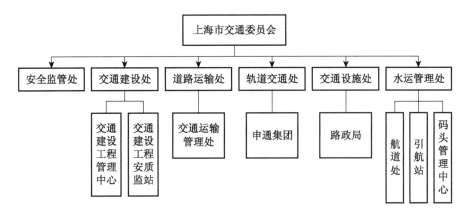

图 3-1 上海市交通委员会组织架构(部分)

上海市交通委部门设置包括安全监督处,负责交通行业安全生产监督管理等;交通建设处,直接管理上海市交通建设工程管理中心和上海市交通建设工程安全质量监督站,负责交通工程建设的管理和安全质量监督等;道路运输处,直接管理上海各区运输管理部门,负责道路客运、货运的安全生产等;轨道交通处,直接管理上海地铁运营公司,负责上海地铁的运营及安全生产管理等;交通设施处,直接管理上海各区路政部门,负责道路设施及公路、隧道、桥梁养护等;水运管理处,直接管理航道处、引航站和码头管理中心,负责上海港口、航道、码头的生产工作。

各行业职能部门管理相关企业公司,如路桥建设公司、公交公司、省级客运公司、地铁运营公司、道路养护公司、仓库、船运公司等,各公司直接开展生产,由相关部门进行管理监督。

各行业安全生产管理由各企业自查、相关管理部门监督,没有统一的管理标准。上海市交通委设有安全监管处,但安全监管处不直接接触交通行业相关企业公司,因而不能实现风险管理系统化、集中化管理。

2. 组建交通行业风险管理协调机构

建议组建交通行业风险管理协调机构,可以负责各行业企业的风险管理协调,建立科学、系统的管理模式,梳理风险源,因地制宜地制定风险管理措施,实现行业风险的集成化管理。

由上海市交通委组建协调机构直接管理各交通行业风险管理,整合资源,优化政府安全生产管理体制。由该机构制定各行业风险管理具体工作,并监督其风险管理工作。交通建设工程管理中心、安全质量监督站、道路运输处、地铁运营公司、路政局、航道处、引航站、码头中心等行业主管部门确定专人专岗,直接向风险管理协调机构汇报,监督各行业企业的风险管理工作。

风险管理协调机构协调各行业主管部门和相关企业对业务领域进行风险源分析梳理,制定行业风险等级划分标准,针对不同等级风险采取相应的风险应对措施,由主管部门风险管理专职人员对风险日常管理进行定期检查,结合互联网技术的发展和使用,建立信息管理平台,使行政管理措施与技术手段、经济手段有机结合,确保风险管理机制运行。

3. 确立风险管理新理念,加强保险意识

将购买保险服务制度化。充分利用保险对社会的服务功能,根据实际需要,将部分保险强制化,形成制度要求,发挥保险风险控制和经济补偿作用,合理利用现有险种、探索开发新设险种。

正确认识风险,预防为主、防治结合,实现事故前预防、事故后整改,系统全面地认识风险,减少生产事故的发生。

3.4 风险管理与保险主体

在交通行业引入保险机制,与风险管理和保险有关的主体也将进入交通行业,并参与管理。

1. 保险公司

随着经济社会的发展,保险的功能也发生了转变和升级,从一开始的经济补偿和资金运作,发展到现在的参与社会管理和社会治理,在处理各类社会矛盾的过程中,将复杂的利益纠葛转变为清晰规范的经济契约关系,提高了解决问题的效率。保险公司拥有了法律、工程技术和管理等各专业的人才,这为交通行业合理利用现有险种,探索开发新设险种,发挥保险的经济补偿和社会管理作用,逐步将风险管理资源交由市场配置提供了条件。

事故发生后的经济补偿,是保险公司的基本功能。当前保险公司参与经济活动过程中的风险管理,以实现降低风险概率、减少保险赔付为目标。因此,保险业也应结合自身行业的发展,充分发挥服务社会经济发展和参与社会安全治理功能。在参与经济活动和风险管控的过程中,应该聘请专业的组织和人员,以多种形式和方法,提出风险管理工作要求。

2. 风险管理专业机构

风险管理专业机构受保险公司委托,在保险方案框架内,结合国家规定和行业规范进行风险辨识与评估,并制定风险管理工作大纲和操作细则,在实施过程中进行风险管控并完成工程风险管控报告。

3. 保险行业其他机构

保险行业的保险经纪、保险公估等公司,均可纳入交通行业实行的风险管理体系。这些机构提供包括保险咨询在内的各类服务,参与风险管理,以减少和降低风险的发生。

4. 交通行业专业咨询机构

交通行业中与道路运输、交通工程建设、轨道交通、水上交通、路政设施管理与养护相关的咨询机构,包括学会或协会等,也可纳入交通行业实行全面系统的风险管控体系,参与风险管理。

第二篇 | 交通行业的风险管理与保险

保险机制的引入是交通行业安全生产的转型发展的途径之一。随着经济社会的发展,保险的功能也发生了转变和升级,从一开始的经济补偿和资金运作,发展到现在的参与社会管理和社会治理,通过参与社会经济活动,全面推行风险管理,减少和降低风险的发生。

本篇以上海市交通行业为背景,对道路运输、交通工程建设、轨道交通、水上交通、路政设施管理与养护等行业运用保险机制,全面推行风险管理做了论述。

第4章 道路运输的风险管理与保险

4.1 道路运输的风险评估

4.1.1 道路运输的风险辨识

道路运输包括货运及客运,主要针对省际客运、危险品运输、集装箱卡车运输等,既要保障运输车辆的安全风险管理,同时还包括人员和货物损失的风险管理。道路运输要兼顾驾驶员、乘客等人的主观因素和车况、路况、环境等客观因素,运输车辆数量大、分布广、运行线路复杂,导致事故发生的原因较多,安全生产管理人力、财力投入较大,探索引入保险机制,由保险公司建立第三方安全检测平台进行安全监管,降低政府管理难度,加强风险管理力度。

道路运输的主要风险源有:驾驶员违法驾驶,驾驶员操作错误,驾驶员注意力分散,其他交通参与者的不安全行为,车辆技术状况不良,主动安全装置失效,被动安全装置失效,物品存在危险,道路,环境等等。因而,道路运输的安全生产风险管理主要是针对以下5个方面:

(1)人的不安全因素,主要是驾驶员的操作失误和其他交通参与者(其他车辆驾驶员、乘客、行人等)违反通行规则或个人疏忽、注意力不集中等不安全行为。

(2)车辆不安全因素,主要是车辆技术状况和安全装置、车载物品货物的不安全状态。

(3)路况的不安全因素,如路面施工、障碍物、路政设施损坏等造成的不安全状态。

(4)环境的不安全因素,如雨雪大雾等天气影响路面安全和驾驶员视野。

(5)其他不安全因素,如修理车间、加油站、仓库等可能发生安全事故。

1. 省际客运行业的风险源

1)天气原因

迷雾、暴雨、台风、道路结冰、道路积雪、道路积水等。

2)驾驶员原因

客运车辆技术审验不及时,客运驾驶人有酒驾、毒驾行为,客运驾驶人安全行车不规范、违反操作规程、技术水平低下、疲劳驾驶以及其他人为因素。

3)车辆原因

客运车辆存在带"病"运营状况、客运车辆未按要求实施动态监控、客运班车存在绕道、客运包车未按要求申领标志牌运营、"站外带客"、车辆自燃、人为纵火、机械疲劳、脱保脱修等行为。

4）市场原因

驾驶员培养周期长、驾驶员青黄不接招工难、经营者站外带客旅客未经安检上车、随意超载。

5）企业经营原因

驾驶员待遇低、业务安排不合理、驾驶员队伍不稳定、驾驶员超时加班、节假日人多拥挤疏客措施不到位、未购或脱购承运人责任险。

6）企业安全管理原因

安全管理人员配备、车辆维护管理、从业人员教育管理、营运管理、车辆动态监控不到位。

产生上述省际客运风险源的原因是：企业安全生产主体责任不落实、车辆发班不科学、未建立有效车辆档案、未对驾驶人员实施有效管理、未落实安全行车规范、未严格制定车辆准入条件、未严格落实车辆动态监控、未落实有效车辆监控、未落实客运包车管理、未落实客运场站管理。

2. 危运行业安全生产的风险源

危运行业安全生产的风险源主要有如下这些：

（1）危险品本身具有的风险，如剧毒性、爆炸性、腐蚀性、放射性等。

（2）汽油、柴油和成品油运输所产生的风险。

（3）人为因素的风险，如驾驶员的操作、心理状况（是否会产生麻痹大意）、酒后驾驶、违章驾驶（是否"闯禁区"）、超速超载、疲劳驾驶等。

（4）检查机制中的风险，如是否定期进行危运车辆的维修养护工作、是否定期进行车辆检测、人员是否持证上岗、所持证件是否在有效期内。

（5）客观情况所带来的风险，如遭遇恶劣天气、路况较差等不利的环境因素。

（6）危险品车辆发生事故后可能引发的次生灾害的风险。如道路危运车辆运营过程中发生追尾、侧翻等交通事故，易造成人员伤亡和重大次生灾害，造成人员和环境的重大损失。驾驶员驾驶技能存在不足，对行驶过程风险预判不足；安全驾驶行为不规范、违规变道、闯红灯、操作不当等；存在超速、超载情形；存在疲劳驾驶情形，导致车辆失控等。押运员对驾驶员驾驶行为、车辆货物状态未尽监督管理责任。运输车辆维护保养不足，运营过程发生技术故障。

（7）道路危运车辆发生车辆或货物自燃、危险货物泄漏等，易造成人员伤亡和重大次生灾害，造成人员和环境的重大损失。车辆维护保养制度不落实，出场例行检查不落实，车辆电路设施等故障，引起自燃；罐体因自身损坏、行车事故或其他外力作用，造成货物泄漏；运输车辆、罐车罐体等不符合国家相关技术标准；从业人员安全教育和专业化培训不到位,对紧急情况下的应急处置能力不足。安全管理松懈、不到位,从业人员缺乏应有的安全管理知识。安全学习培训流于形式,没有起到应有的作用。

(8)道路危运车辆在装卸货物过程中,人员操作不当造成危险货物泄漏,易造成人员伤亡和重大损失。

(9)道路危运车辆载货违规停放在居民区、社区街道等,一旦货物发生泄漏,易发生重大事故,造成人员伤亡和重大损失。车辆违规停放期间,产生车辆、装载设施故障,或货物挥发、泄漏、盗窃等。车辆违规通行桥梁、隧道等禁行区域,一旦发生道路交通事故,危运车辆难以施救或转移,危险货物泄漏、挥发、燃烧等情况下难以施救。企业安全管理松懈,企业各项安全管理制度和车辆运营管理等规章制度不落实。

(10)道路危运车辆违规通行桥梁、隧道以及其他禁行区域,一旦发生车辆事故或货物泄漏、自燃等,易造成重大人员伤亡和损失。

(11)利益导向使车辆运营人员违规经营。一是市场环境上存在无序竞争。造成经营者经营压力大,采取超时工作、超速驾驶、超载运输。二是因违规"挂靠"经营,企业对运营车辆和从业人员失管。三是普通货运业户因道路危运行业严格的资质条件要求,无法依法获得从业资质许可,擅自非法从事道路危运运输经营活动。四是运输产业链上下游环节成本挤压,为了能承揽业务,同时不至于造成运输企业亏损,只能在从业人员配备、车辆行驶线路、安全防护设施设备配备等诸多方面采取违规方式,造成运输环节积累大量风险。

3. 集装箱运输企业的风险源

目前,上海市集装箱运输企业有 2 752 户,较 2011 年 8 月底(1 352 户)翻了一倍,集装箱运输车辆有 27 000 多台,较 2011 年 8 月底(20 592 辆)增加了 6 500 台,集装箱运力运量失衡愈加严重,使处于经济新常态下集装箱行业安全、维稳风险进一步加大。

上海市集装箱运输行业的特点是发展快,总体企业呈现散、小、弱状态,企业的管理层基本是由驾驶员转变而来,基本上表现出知识面窄、针对性管理经验缺乏、基础薄弱、人员不足、抓手面很少。因此,行业安全风险大。主要风险如下:

1) 企业安全专项资金投入小

2014 年行业修改了集装箱运输企业开业条件,要求企业建立安全制度和管理机构,安全管理人员要持证上岗,未持证将不予年审。对此一些微小企业有情绪,这说明企业在安全培训、安全管理上的投入较少。

2) 企业安全防控意识差

2014 年行业在贯彻执行交通部 5 号令时,要求企业全部安装北斗,企业感到北斗不仅用处不大,而且还要增加企业负担。这说明企业普遍对实施车辆监控缺乏正面认识,安全防控意识较差。

3) 企业车辆技术状况下降

由于当前市场整体经济不景气,集装箱挂车免除了二级维护的检查,一些微小(10 台以下的企业占行业近50%)企业为了降低车辆维修费用,不能及时维护造成车辆技术状况下降。

4)对驾驶员教育和培训不到位

行业存在许多1~5台车辆组成的的企业,这类企业的本质是几个驾驶员聚到一起组成的,其安全教育和培训很难坚持到位,因而无法形成良好的安全教育和培训氛围。

5)企业制度的落实

行业去年新增1 000多家企业,这些企业基本是由驾驶员组建的,业务操作他们是内行,但是企业安全管理和制度落实却存在较大缺陷。

6)车辆超重超载

集装箱运输企业,特别是内贸集装箱在源头上存在着超重超载的问题,对车辆安全行驶是一个极大的隐患。

7)驾驶员超时疲劳驾驶

行业中微小企业接受的集装箱运单基本是三手或者是四手单子,他们为了生存,不计驾驶车辆的时间,疲劳驾驶可能是他们常见的工作状态。同时,集装箱在运输中各环节比较多,环节之间对接基本是原始状态,驾驶员在各环节操作都需要时间,一单货运完成驾驶员即超时疲劳驾驶,同时车辆的拥堵也是造成驾驶员超时疲劳驾驶的重要原因。

4. 公交客运行业的风险源

公交客运行业的风险源主要有如下这些:

(1)公交车辆发生自燃。车辆未按规定保养,线路老化导致火灾;未按规定配备车辆灭火器。

(2)纯电动公交车辆及充电设备存在火警隐患。纯电动汽车技术有待进一步提高,行业相关技术标准还不是很完善。

(3)乘客携带易燃易爆物品上车,特别是运营中客流高峰时段人流拥挤,对于旅客随身携带的包裹无法实施全面安检,没有条件和能力阻止旅客携带危险品上车。

(4)公交车辆发生道路交通事故。因公交运营中是开放性的,驾驶员安全行车意识有待提高,企业安全教育落实也存在不到位的情况。

5. 牵引行业的风险源

牵引行车安全应注意的风险点:

(1)车辆出场前必须做好例保工作,发现故障应及时报修,严禁带病运行。

(2)车辆路口转弯时,特别是牵引大型车时,必须向边上的车辆行人示意慢行。

(3)遇路口或需借道时,必须确保安全条件下才可通行,不开霸道车,听从交警指挥。

(4)为确保牵引行车安全,一般情况下不准倒牵车辆。若特殊情况下,需要倒牵车辆,必须锁住被牵车辆方向,经确认可靠方能倒牵。

(5)非执行交保任务的车辆要严格遵守交通法规,不准闯红灯、禁令或逆向行驶。

（6）遵守交通法规，严禁酒驾、毒驾和违规营运的行为。

（7）在驾驶车辆时，应由操作工负责与调度（监控）中心联系并做记录，确保行车安全。

（8）拖拽车辆时，最高时速应严格控制在 30 km/h 内，依据是：①由于被拖拽车无制动，对车辆的制动距离会明显加长。②由于后桥轮胎负载大，高速行驶会影起后桥轮胎发热而气压过高导致爆胎，在高温季节尤为明显。③由于前桥有减载的趋势等。

（9）使用辅助轮拖拽车辆时，应控制路程，在行驶过程中应避免急转、变道等，需保持低速行驶。

（10）遇道路前方路面凹凸、上下坡道和急转弯道等，应当控制车速，确保行车安全。

（11）清障车辆长距离重载行驶，应在中途选择适应地点停车检查，其重点为：托臂是否下沉，绑带、链条是否松动，轮胎是否异常等。

（12）在行驶途中应观察仪表、信号是否正常。注意车辆是否有异常声响和气味等。

（13）拖拽大型车，在夜间必须挂设后警示灯，确保安全第一。

（14）严禁清障作业车辆超速行驶、违规变道等行为的发生，切实保障营运安全。

（15）车辆行驶途中发现异常和发生的故障，可以用电台呼叫，应按保修流程处置。

6. 安全作业应注意的风险点

（1）牵引业户调度人员应当根据信息来源，指派相应服务人员及被救援车相匹配的清障车，不得实施总质量大于清障车整车额定托牵质量的救援服务。

（2）现场服务人员应当在上岗前身着工作装、头戴安全帽，严格按照作业规范流程开展清障施救牵引服务。

（3）作业现场应当摆放安全路锥，使用安全警示灯，警示后方车辆，确保施救作业顺利开展。

（4）对事故车辆破损会造成电路短路自燃后果的现象，应当解除电源。

（5）重、特大事故清障作业，应当按照企业应急预案处置。

（6）现场服务人员在服务过程中，应当按车辆使用说明书的相关规定进行设备操作。

（7）现场服务人员在托牵车辆时，驾驶员与操作工应当严格控制车速与车距，以确保安全运作。

（8）事故清障作业完毕后，应当将现场残余车辆破损碎片及油污等泄漏物清扫干净，避免碎片、油污造成二次事故。

（9）臂架起重机型清障车根据被清障车型选择相应辅具进行牵引作业。

（10）在道路清障施救牵引作业前，如遇电线杆倒塌，装载易燃、易爆、毒害、腐蚀、放射性等危险品车辆时，必须及时向调度（监控）中心报告待命，调度（监控）中心必须立即向相关部门报告，清障人员应待交警、消防、供电等部门处置后，按规定做好现场清障施救工作。

（11）对重特大事故车清障牵引（特别是危险物品车辆），必须做好安全防范工作，确认无碍，才可实施牵引，确保顺利完成任务。

（12）现场作业自我安全保护，指挥人员要站在恰当安全位置，要让驾驶员看到人，注意自身安全。如钻到车底下解除刹车时，另一名人员要注意配合，作业完成出来时，做好保护工作。人在车底下没出来，即使听到完成的回答，也不准上车启动牵引车。

（13）在清障车托举或卸车作业时，任何人不得停留在被牵引车辆和清障车之间、车体下面以及平台上面，避免事故发生。

（14）凡属非常规清障施救牵引作业，必须向调度（监控）中心报告，并有交警现场指挥。

（15）牵引清障人员夜间必须穿着有反光标识的统一服装，确保自身安全。

（16）清障作业时应规范作业，相互配合，紧密协作，双方不见人及相互不呼应不操作不倒车，操作完毕方可启动牵引车。力求做到三不伤害（不伤害他人；不伤害自己；不被他人伤害）确保清障作业安全。

4.1.2 道路运输的风险评价

根据道路运输主要风险源清单，重点关注省际客运、危险品运输、集装箱卡车运输等风险辨识结果，确定重大风险源和一般风险源。

风险等级评定综合考虑风险事故发生概率和事故发生造成的后果。发生概率高、造成后果严重的风险源风险等级高，发生概率低、造成后果轻微的风险源风险等级低。风险源等级划分依据主要为相关法律法规和行业规范，同时参考事故数据和监测平台数据。风险等级划分主要考虑人员伤亡和直接经济损失，根据实际情况考虑主营业务行业类型、客运承运人类型、行驶区域、车辆状况、驾驶员状况等客观因素，和事故发生产生的环境破坏、社会影响等方面的后果，当多种后果同时产生时，应采取就高原则确定事故严重程度等级。

4.2 道路运输保险

4.2.1 道路运输保险现状

道路运输保险险种有：道路客运承运人责任险，道路危险货物承运人责任险，公路货运承运人责任保险和公众责任险。

1. 道路客运承运人责任险（针对省际客运单位、出租企业、城市公交）

1）险种基本概念

道路客运承运人责任是指客运承运人在运输过程中发生交通事故或者其他事故，致使旅客遭受人身伤亡或财产损失，依法应当由客运承运人承担的经济赔偿责任。旅客是指持有效运输凭证乘坐客运汽车的人员、按照运输主管部门有关规定免费乘坐客运车辆的儿童以及按照承运人规定享受免票待遇的人员。财产损失指旅客托运行李及随身携带物品的损失。

道路客运承运人的承保对象主要为客运车、出租租赁车、城市公交车等。随着客户保险意识的增强,拥有营业性客车的客户倾向于将车上人员责任险转为承运人责任险进行投保。

城市公交由于近几年赔付情况已经达到可保费的 4 倍之多,因此从 2015 年开始保险公司已经开始了提价行动,原公交单位的预算一辆车 950 元保费,保额 8 万元,现保险公司拟增加到一辆车 3 800 元;公交单位考虑到成本的压力,逐步转投意外险。

在保险期间内,旅客在乘坐被保险人提供的客运车辆时发生保险责任事故,经人民法院判决应由被保险人向旅客承担的精神损害赔偿责任,保险人同意在保险单约定的责任限额内负责赔偿。在保险期间内,被保险人的司乘人员在被保险人提供的客运车辆上工作时遭受人身伤亡或财产损失,依照中华人民共和国法律(不包括港澳台地区法律)应由被保险人承担的经济赔偿责任,保险人按照本附加险合同和主险合同的约定负责赔偿。上款所称司乘人员是指被保险人雇用的在客运车辆上工作的司机和乘务。一般而言,司乘人员,尤其是司机的风险较普通乘客更高,因此司机座位的保费应高于乘客每座位的保费。

道路客运承运人责任险投保单共计两种类型,分别适用于个人业务和团体业务,应依据客户类型选择使用对应的投保单。列明所有承保条件,包括:被保险人名称、地址、保险期限、道路运输许可证号码、行驶范围、机动车辆信息(行驶证车主、号牌、厂牌型号、发动机号、核定座位)、赔偿限额、扩展条款等信息。

2)风险评估范围

作为风险分析的重要资料,需要对每个项目详尽地填写,并由客户盖章确认内容的真实性。重点信息包括:

(1)被保险人从事相关行业的年数;

(2)所有关于机动车的信息均为必须填写信息,填写依据为机动车行驶证、营业证等,所有信息必须与证件所载信息保持一致;如行驶证车主与投保人、被保险人名称不一致,应在特别约定栏说明其相互关系;

(3)行驶区域为必须填写的信息,填写依据为客户依法登记的经营许可范围;

(4)投保座位数:按核定座位数(不包括驾驶员座位、副驾驶员座位),不可选择座位投保;

(5)赔偿限额:三个分项赔偿限额(每座每次赔偿限额、每次事故赔偿限额、累计赔偿限额)必须全部如实填写;

(6)损失记录,无论过去是否投保;

(7)被保险人签章确认填写内容的真实性。

不论被保险人过去是否投保过道路客运承运人责任险,均须了解其至少 5 年在道路行驶安全方面的事故记录,以判断该客户的风险大小和管理水平。

2. 道路危险货物承运人责任险

1)险种基本概念

道路危险货物承运人责任险的基本承保风险为道路危险货物承运人在承运危险货物过程中因意外事故造成所承运货物遭受损失或车外第三者遭受人身伤害或财产损失而依法应承担的经济赔偿责任。

本险种为强制保险。《道路危险货物运输管理规定》第四十五条规定:"道路危险货物运输企业或者单位应当为危险货物投保承运人责任险。"第五十条规定:"违反本规定,道路危险货物运输企业或者单位有下列行为之一,由县级以上道路运输管理机构责令限期投保;拒不投保的,由原许可机关吊销《道路运输经营许可证》或者《道路危险货物运输许可证》,或者吊销相应的经营范围:未投保危险货物承运人责任险的;投保的危险货物承运人责任险已过期,未继续投保的。"

2013 年年底,交通运输部、中国保监会联合下发了《关于做好道路运输承运人责任保险工作的通知》(交运发〔2013〕786 号)(以下简称《通知》),自 2014 年 1 月 1 日起正式执行,《通知》明确了《道路危险货物承运人责任险》保险责任包括了必要合理的法律费用、施救费用和除污费用。同时,《通知》规定了最低投保责任限额。投保道路危险货物承运人责任险,按照《危险货物品名表》分类要求,1—8 类和第 9 类危险货物运输每车每次事故责任限额分别不低于 100 万元和 50 万元;各类运输危险货物的车辆,每次事故每人人身伤亡责任限额不低于 40 万元。《通知》的下发,表明了国家交通部、保监会对规范承运人责任保险产品和服务的重视,特别是最低责任限额的规定将极大地促进道路危险货物承运人责任险保费规模的增长。

2)风险评估范围

(1)投保人和被保险人资质

危险货物运输实行行政许可制度。《道路危险货物运输管理规定》第二章"运输许可"详细规定了危险货物承运人应具备的基本条件以及运输许可的申报和批准流程,其中第十二条规定:"决定准予许可的,应当向被许可人出具《道路危险货物运输行政许可决定书》,注明许可事项,许可事项为运输危险货物的类别和项别、专用车辆数量及要求、运输性质;并在 10 日内向道路危险货物运输经营申请人发放《道路运输经营许可证》,向非经营性道路危险货物运输申请人颁发《道路危险货物运输许可证》。"

本险种风险评估的第一步就是必须严格审核投保人和被保险人是否具备危险货物运输资格,其中运营企业须持《道路运输经营许可证》,非运营企业须持《道路危险货物运输许可证》,且承运人必须按照许可证载明的许可事项投保,如许可运输的危险货物种类、专用车辆类型及数量等。同时,被保险人还须按照相关管理规定建立健全安全生产管理制度并严格遵照执行;必须加强对相关人员的培训、考核和监督管理。

（2）车的因素

危险品承运车辆的种类、数量、号牌、准载量、准载货物类型、车龄车况；运输路线；运输频次；运输总量预计等。

（3）人的因素

是否有固定驾驶员、装卸管理人员及押运人员；相关人员数量、年龄、从业资质及技能水平等。

3. 公路货运承运人责任保险（含集装箱运输企业）

公路货运承运人责任保险的基本承保风险为被保险人的运输车辆在中华人民共和国境内（不含港、澳、台地区，下同）运输货物期间，因意外事故造成承运货物毁损、灭失依法应由被保险人承担的经济赔偿责任，保险人按照本合同约定负责赔偿。

凡按照《中华人民共和国道路运输条例》取得《道路运输经营许可证》，并依法办理了相关登记手续的公路货运承运人，均可成为本合同的被保险人。

4. 公众责任险

1）险种基本概念

道路运输承运人虽然投保承运人责任险，却并不能完全转嫁经营风险。如道路客运承运人责任险的责任范围不包括运输工具外第三者的人身伤亡或财产损失，而道路危险货物承运人责任险的责任范围虽然包括上述情况，但也有限额限制，因此，有必要再投保公众责任险作为补充。

公众责任险承保的赔偿责任作为典型的民事侵权责任有如下特点：

（1）公众责任险承保的是依法应由被保险人承担的经济赔偿责任。只有在法律规定被保险人承担赔偿责任的前提下，保单才承担相应的赔偿责任。若被保险人与他人的协议中约定承担赔偿责任，这种赔偿责任应不适用公众责任险保单承保，除非这种赔偿责任为法定的赔偿责任（即没有协议被保险人仍应承担的赔偿责任）。公众责任险保单除外责任第七条（七）款就是将被保险人与他人的协议中约定承担的赔偿责任作为保单除外责任。具体依据的法律条文除一直适用的《民法通则》《最高人民法院关于审理人身损害赔偿案件适用法律若干问题的解释》外，2010 年 7 月开始实施的《侵权责任法》明确规定"因同一行为应当承担侵权责任和行政责任、刑事责任侵权人的财产不足以支付的，先承担侵权责任"。《侵权法》中可能涉及公众责任险赔偿责任的章节有第四章、第九章、第十章和第十一章。

（2）公众责任保险中的公众概念是指非特定第三者。第三者与被保险人之间没有特定的服务关系，如雇员与雇主关系、会计师律师与客户的关系。如果第三者与被保险人之间存在特定的服务关系，就不是公众责任险保单所指公众的概念，他们之间的法律赔偿责任也不适用公众责任险保单承保，而应该由雇主责任险、职业责任保险等保单赔偿。又如学校与学生的关系以及旅行社与游客的关系也具有特定第三者的关系，因此也采用特定的产品承保他们的责任。

（3）公众责任险承保的法律赔偿责任是约定的场所责任也就是说侵权行为必须发生在保单约定的范围内（场所内及被保险人控制的区域内），保单才承担赔偿责任，应该在公众责任标准条款基础上附加特别约定加以承保。

（4）公众责任险承保的法律赔偿责任成立前提：第三者遭受实际的人身伤害和财产损失；第三者遭受人身伤害和财产损失与被保险人业务行为有直接因果关系。

道路运输属于车辆密集或者人员密集型行业，在运营及养护过程中发生意外事故的频率高，且场所难以规范管理。这类行业应通过设置相对较高的免赔额来承保，同时需要根据风险暴露数科学定价以保证保费充足性，同时充分运用再保工具分散风险的前提下予以承保。

2）保险情况

通常车辆单位的第三者责任险是在车辆险保单项下购买，车辆单位基本投保限额在100万元，限额相对比较常规，对突发性的恶性事故损失无法覆盖。

运输企业考虑到成本支出的问题，尤其是一些中大型车辆单位不可能将每辆车的第三者限额从100万元提高到200万元甚至更高。

目前，保险公司在承运人责任险和公众责任险这两个险种上承保相对计较谨慎，其主要原因是赔付较高。

4.2.2　道路运输保险模式

运营企业依法购买强制保险，如机动车交通事故责任强制保险、省际客运承运人责任保险、危货运输承运人责任保险。建议购买公路货运承运人责任保险和公众责任保险。

上海市运输管理处引入由道路旅客运输承运人责任险共保体成员单位组建的第三方监管力量，配置专职队伍，利用车载卫星定位系统信号对省际客运车辆进行动态监控，对车辆行车安全风险进行实时管控。通过一年多来的运行，车辆违章率大幅下降，效果相当明显。

目前，已有的省际客运行业第三方安全监测平台为道路运输的保险模式做了很好的示范带头作用。接下来应当进一步推广这种由保险经纪公司牵头成立第三方安全监管平台的道路运输保险模式，将其推广至危险品运输和集卡车辆当中。

4.3　道路运输风险管理和保险措施

4.3.1　道路运输风险管理现状

1. 道路运输风险管理现状

上海市已成立省际客运行业第三方安全监测平台。

2014年1月1日，上海市省际客运行业第三方安全监测平台正式上线启动，平台以车载卫星定位系统为载体，对本市2 400多辆班线车和8 700多辆旅游包车，实行了24

小时全程安全监控,实现保险公司与运输企业"共防共管、科学运作"的创新模式,有效提高了行业安全监管能级。

目前,平台设实时监控席位 40 个,专职监控人员 80 余名,根据相关安全要素,分类分组进行监控统计和实时报警。平台专门设置了监控数据审核小组,对 GPS 信息错判进行及时核对,确保监控信息准确、有效。

平台运作的基础核心是实时监控,这也是第三方监测平台的重要模式。经过实时监控中心专人 24 h 不间断追踪,通过实时监测及非实时报警(监控数据回放)两种形式,平台对行车过程中的超速、禁行时段行驶(凌晨 2：00—5：00)、车载卫星定位系统离线、无线路牌运营、超业务范围行驶这 5 大指标要素进行追踪,全面落实"盯人盯车",实现监控全覆盖。

针对第三方监测平台实时监测中发现的严重违规情况,即:车速超过 110 码(1 码＝1 km/h)、设备离线 2 h 以上、禁行时段行驶 15 min 以上等(还有超业务范围经营和无标志牌出境两种),平台工作人员将及时与企业安全管理人员进行电话提醒,并要求企业及时回复处置情况。整个流程操作形成了一套完整的安全隐患预警机制,对企业起到了安全运营监管的警示作用,也产生了一定震慑力,有效强化了安全意识,降低事故发生。

日报、周报、月报是平台工作的重要部分,这三份报表为运输管理部门在具体执行安全管理工作中提供了重要基础和依据。日报是针对 24 h 内企业重大的安全违纪情况向运管部门进行汇报,以及向企业预警和联系后,再取得企业整改反馈;周报汇总收集了一周内车辆的运行情况,能有效监控安全异常、违规运营等情况,使行业管理部门及时把控安全态势,落实相关措施;月报侧重安全运营动态分析比较,通过车辆违纪情况同比和环比,向运输管理部门提出全面的管理建议。

在上海市交通委的大力指导下,在各运输企业的积极配合下,经过一年半的运作,本市省际客运行业已取得了较好的安全管理效果,各数据指标和同期保险报案率皆有明显下降,比如超速次数班车同比下降 70％左右、凌晨 2：00—5：00 违规运行次数同比下降 90％左右(表 4-1)。

表 4-1 车辆监测情况对比

重点监测指标	2014 年 6 月	2015 年 6 月	同比
超速行驶	班车:16 015 辆次	4 142 辆次	下降 74.10％
	包车:20 515 辆次	7 804 辆次	下降 61.90％
凌晨 2:00—5:00 违规运行	班车:2 387 辆次	718 辆次	下降 69.90％
	包车:2 292 辆次	72 辆次	下降 96.80％
卫星定位信号未接入平台	班车:12 辆	0 辆	下降 100％
	包车:422 辆	15 辆	下降 96.40％

第三方监管平台运作模式为保险经纪公司作为政府部门、保险公司及运输企业三方的重要沟通"纽带",全程负责平台的经营运作。保险经纪公司通过平台运作,促进省际客运行业实现风险源头把控,提升安全管理效果,做到以下两个转变:第一,使保险业从原先"优化事故赔付"向"安全事故防范"转变;第二,使保险业从原先"赔付率测算"向"事故率遏制"转变。

在第三方监测平台的实际运作中,保险经纪公司始终发挥了保险经纪人的专业风险管理优势,并积极运用互联网手段及平台大数据优势,在省际客运行业中建立了"互联网+"格局。利用平台大数据分析应用,为运输安全管理部门在安全综合评估、企业诚信考核、管理措施制定、行业建设定位等方面奠定了精确数据基础;利用平台大数据分析应用,为共保体提供更细化的风险防控信息,建立"一车一台账"的安全行车运行档案,并通过数据分析建立保险费率浮动机制,为推出更有针对性的保险产品提供基础。

另外,根据运输管理部门的要求,平台将以大数据为基础,不断完善监控功能,提高监管能级(功能拓展):通过运用驾驶员服务卡,实现"管车"到"管人"的转变;通过加装车载DVR实现从"信息监控"到"视频监控"的提升。

根据不完全统计,被监测的车辆数在4.3万辆,具体数据如表4-2所列,在保险经营大数原则的前提下,建议所有运输单位都要投保基本赔偿限额内的保险险种作为强制,同时企业也可以根据自己的成本情况考虑选择高限额的方案投保。

表 4-2 车辆监测情况

类型	企业数量	车辆总数	监测人员
省际班车	34	2 060	69
省际包车	135	7 770	
集卡货运	2 106	27 031	8
危险品车	278	5 825	12
合计	2 553	42 686	80

同时,道路运输风险管理存在许多问题,如:

(1)运输企业存在对风险的侥幸心理;

(2)运输行业利润下降导致对保险的支出仅停留在常规风险上;

(3)考虑成本问题,对驾驶员的配置相对较紧,对驾驶人员的安全教育等培训相对薄弱;

(4)运输企业相对分散,政府管理部门的管理难度加大;

(5)连续多年的高赔付,导致保险公司对原有试点险种的信心不足,对创新险种更是抱着谨慎的态度;

(6)第三方监管平台的数据相对比较基础,并未真正深入到与企业的经营管理状况挂钩等。

4.3.2　道路运输风险管理制度建设

1. 落实企业安全工作的主体责任

逐步建立以安全为导向的市场退出机制;建立交通运输、公安、安全监管部门等联合检查常态化机制,完善信息沟通机制,对发现存在违规行为和安全隐患的客运企业和驾驶员的处理形成合力;对存在重大安全隐患或不具备安全生产条件的企业建立黑名单制度,予以重点监管。

2. 完善行业安全标准体系建设

在省际客运行业中,由于企业规模大小不同、企业经济性质不同、企业法人的安全理念不同,造成企业的安全制度不同、管理的方法不同、管理基础台账不同。为了加强企业的安全管理,应当建立一整套发挥行业特点的规章制度、基础台账等,避免企业管理制度差异太大等问题。行业管理部门检查时,只需检查这套制度和基础台账。在推进行业安全生产标准化建设的同时应及时建立安全生产诚信体系,安全生产不良信用记录、诚信评价、执法信息等公示制度。

3. 落实《中华人民共和国安全生产法》,强化安全生产两个责任

加强普法培训,提高行业遵法守法意识,落实责任,加强各级考核,不断完善安全生产管理体系,开展安全生产承诺。

4.3.3　道路运输的风险管理措施

1. 进一步发挥第三方监管平台的作用

建立由保险公司牵头的第三方安全监测平台是道路运输风险管理的有效保险措施。目前,已有的省际客运行业第三方安全监测平台已经做了很好的示范带头作用,但是第三方平台的建立及管理仍在探索阶段,制度尚不完善。

第三方监测平台在省际客运行业试行了一年多,在企业营运车辆违章、超速、不按规定线路行驶等风险行为的识别上起到了良好的效果,为行业管理部门及时提供了重点监管依据,较好地规范了企业经营行为。目前,第三方监测机制已推广至危险货物和集装箱运输两个行业领域,在防范运营风险方面起到了积极的作用,检测项目包含有超速、离线、疲劳驾驶等(表4-3)。

表 4-3　　　　　　　　　　　　监测车辆及项目

类型	超速	离线	2:00—5:00禁行	疲劳驾驶	无牌出境	多次出入境	信号屏蔽	非指定线路	禁区
省际班车	√	√	√		√	√	√	√	
省际包车	√	√	√				√		
集卡货运	√	√		√					
危险品车	√	√		√				√	√

现行的省际客运以国有大型企业居多，企业数量较少，便于管理和试点工作，而将要推行的危险品运输和集卡车辆企业数量大，尤其是集卡车辆个体经营情况普遍，实行统一的风险管理难度较大。建议将承运人责任险等险种设立为管控型、制度性保险，对全市危险品运输车辆和集卡车辆统一要求进行管控型、制度性保险投保，依托于保险公司进行经济风险转移，同时由保险经纪公司牵头建立第三方安全监测平台。

相对车辆运输的危险后果，目前平台的检测模块相对比较基础和单一，建议融入驾驶员安全行驶里程管理、企业车辆配置与当年业务量配置、驾驶员与车辆数配置、轮胎更换管理、全年行驶区域（高速、山路、平均车速等）。

2. 进一步发挥保险保基本、广覆盖的社会经济保障作用

推广承运人责任险和公众责任险，运用保险机制将强制和半强制措施双管齐下，强制保险产品是作为基础的保障，企业还可另行向保险公司投保更高额的保障。

3. 建立合理的保费浮动机制

为更好地配合政府承担社会责任，近几年保险公司收取的保费和赔款的支出是杯水车薪，从长远来讲并不利于该项工作的良性发展，因此建议在保险手段上设立浮动机制，每年的费率与上年的赔付情况、车辆企业平均行驶里程、驾驶员是否参加安全培训、上年车辆平均车速、企业上年业务增量与车辆配置等挂钩，同时费率上浮的企业也将纳入政府部门重点监控范围，通过经济杠杆和政府管理手段双管齐下，相信企业的风险管理意识会逐步提高，进而降低事故发生频率和损失程度。

同时对于第三方监管平台的运作经费，可以建立保费浮动机制，如果在监管平台的管理下事故率和出保率明显下降，可以适当降低保险费率，将降低的保费部分用于监管平台运营和奖励。

第5章　交通工程建设的风险管理与保险

5.1　交通工程建设的风险评估

5.1.1　交通工程建设的风险

　　交通工程建设项目风险系指在设计、施工及移交运行各个阶段可能遭受的风险。用系统的观点看待工程建设风险,业主或投资商、承包商、咨询或设计服务机构面临的风险构成工程建设风险的主要内容,他们承担工程建设所处环境带来的不同的经济、商务、社会和自然等方面的风险,同时,要承担来自对方的风险和自身的风险,如图5-1所示。

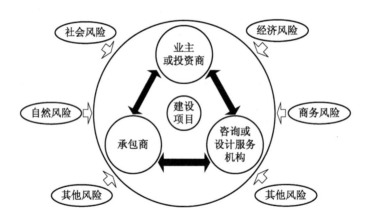

图 5-1　工程建设风险构成示意图

　　(1)经济风险。经济风险指一个国家在经济实力、经济形势及解决经济问题的能力等方面潜在不确定因素构成的经济领域的可能后果。

　　(2)商务风险。商务风险主要表现在金融与投资方面。

　　(3)社会风险。社会风险主要由一个地区的宗教信仰、社会治安、社会风气等构成。

　　(4)自然风险。

　　建设单位根据项目的设计、施工工艺、总承包资质能力、自然条件等客观因素和类似工程的事故统计情况,在施工前进行工程建设安全质量风险辨识和风险等级划分,建立本类工程项目的风险辨识手册和评估指南,制定风险应对方案。在施工过程中根据工程实际情况实时调整风险清单,积极应对,以减少交通工程建设安全质量风险。工程完成后,对本类建设项目的风险辨识手册和评估指南进行分析、归档,对以后的项目风险辨识和应对起指导作用。

交通工程质量关系到工程的适用性和建设项目的投资效果,更关系着人民群众的生命财产安全。工程质量缺陷不仅使建筑的正常使用功能受损,还影响到建筑的安全性、可靠性、耐久性,尤其交通工程一旦发生质量问题常常造成群死群伤的严重事故。随着时间的推移,有的工程质量缺陷甚至会逐步恶化,导致建筑物坍塌,造成人身伤亡和巨大的财产损失。工程质量缺陷造成巨大的社会资源浪费,并给人民生活带来严重不便,必须使质量缺陷得到有效的控制。因而,交通工程建筑质量风险也是风险管理的重要内容。

业主或投资商通常遇到的风险可归纳为三种类型,即人为风险、经济风险和自然风险。

承包商的风险可分为项目选择工作中蕴藏的风险、决策阶段的风险、合同风险、项目管理风险、责任风险等。

咨询设计服务者的风险构成主要有以下三个方面:①来自业主的风险,业主难以合作、项目资金不足、服务范围与费用不相称、咨询服务合同欠公平等;②来自承包商的风险,承包商投标不诚实、承包商缺乏商业道德、承包商素质太差等;③来自咨询设计者自身的风险,项目选择不慎、职业责任风险等。

1. 业主或投资商的风险

业主或投资商通常遇到的风险可归纳为 3 种类型,即人为风险、经济风险和自然风险。

1) 人为风险

人为风险系指因人的主观因素导致的种种风险。人为风险可起因于以下诸方面:

(1) 政府或主管部门的政策和行为。

(2) 体制法规不合理。

(3) 主管部门设置障碍。有些企业的主管部门常常有意无意地给企业设置重重障碍,致使企业或业主和投资商的种种努力付之东流。

(4) 资金筹措无门。

(5) 不可预见事件。

(6) 合同条款不严谨。

(7) 道德风险。道德风险系指业主或投资商的执行人员应有的品行道德发生背离,失去应有的事业心和责任感,道德败坏、贪污受贿,对工程材料设备明取暗偷,玩忽职守等行为不轨,致使业主或投资商的财产遭受损失,或工程质量缺乏监督保证。

(8) 群体行为越轨。群体行为越轨通常有两种情况:一种是来自社会的越轨行为,如全国性、地区性或行业性的罢工或骚乱甚至暴乱;另一种群体越轨行为是来自业主的直接合作者——工程承包商。

（9）承包商缺乏合作诚意。承包商既要获取项目，又必须确保最起码的利润，争取最大的效益，而这些效益又不能明显露在明处，只能分散潜伏于承包工程的各个环节。

（10）承包商履约不力或不履约。

（11）工期拖延。

（12）材料供应商履约不力或违约。

（13）指定分包商履约不力。

（14）监理工程师失职。

（15）设计错误。

2）经济风险

（1）宏观形势不利。任何经济活动都离不开宏观形势。在世界经济萧条的形势下很难有某一区域的微观形势不受丝毫影响。

（2）投资环境差劣。投资环境是投资能否取得成功的关键因素。投资环境包括硬环境和软环境。

（3）市场物价不正常上涨。如果经济形势不稳，物价飞涨，则投资人将很难做出较为准确的预测，其结果将是工程决算大大超过预算。

（4）通货膨胀幅度过大。在市场经济的情况下，通货膨胀是难免的。一般来说，一定幅度的通货膨胀是可以接受的，只要这个幅度符合正常规律。但是如果幅度过大，则经济秩序将会完全搞乱，承包商和业主都将苦不堪言。

（5）投资回收期长。有些工程属于长线工程，投资规模大，回收期长。很可能因周期长而出现各种不测事件，从而导致预期的利润不能实现。

（6）基础设施落后。外部的客观环境，尤其是公共基础设施的好坏对工程影响极大。交通落后，能源不足，必然严重制约工程的正常进行。

（7）资金筹措困难。资金筹措困难是业主经常碰到的重大风险。

3）自然风险

（1）恶劣的自然条件

项目工程所处地域的自然条件对项目成本影响很大。不同地域的自然条件各不相同。

（2）恶劣气候与环境

恶劣气候系指偶尔发生的超出正常规律的气候变化，如长时间的暴雨、台风、酷暑等都会给工程实施带来不便，从而增加工程成本。

恶劣的环境系指施工现场周围客观存在的严重制约因素。

（3）恶劣的现场条件

工程的现场条件受多种因素影响，特别是进出场通道、供排水设施、供电、供气的可能性，夜间或节假日加班作业的可能性等。

现场条件中更大的制约因素是工程地质条件差。这类事故一旦发生,虽然可以向保险公司索赔,但业主或投资商也难免深受其害。

(4)地理环境不利

地理环境系指工程所在地的位置及周围环境。地理位置是相当重要的施工条件。如果工地远离港口或处于内陆国家,进口设备材料因远距离运输而加大成本。

4)特殊风险

特殊风险系指根据 FIDIC(国际咨询工程师联合会)条款应由业主承担的风险。这些风险包括:

(1)在工程所在国发生的战争、敌对行动(不论宣战与否)、外敌入侵等;

(2)在工程所在国发生的叛乱、暴力革命、军事政变或篡夺政权,或发生内战;

(3)由于任何核燃料燃烧后的核废物、放射性毒气爆炸,或任何爆炸性装置或核成分的其他危险性能所引起的离子辐射或放射性污染;

(4)以音速或超音速飞行的飞机或其他飞行装置产生的压力波;

(5)在工程所在国发生的不是局限在承包商或其分包商雇佣人员中间,且不是由于从事本工程而引起的暴乱、骚乱或混乱;

(6)由于业主使用或占用非合同规定提供的任何永久工程的区段或部分而造成的损失或损害;

(7)因工程设计不当而造成的损失或损坏,而这类设计又不是由承包商提供或由承包商负责的;

(8)不论何时何地发生任何因地雷、炸弹、爆破筒、手榴弹或是其他炮弹、导弹、弹药或战争用爆炸物或冲击波引起的破坏、损害、人身伤亡,均应视为特殊风险的后果。

发生上述特殊风险事件,承包商对其后果都不承担责任。因此,这类风险损失只能由业主或投资商承担。而且这类特殊风险给承包商造成的任何损失也都应由业主给予补偿。

2. 承包商的风险

1)项目选择工作中蕴藏的风险

(1)项目选择不慎。工程项目多种多样,有相当多的工程规模大,技术难度高,设计复杂,管理困难。项目本身的具体情况也会潜伏着不同的风险。

(2)业主难以合作。工程业主不会都是一类人,虽然正直公道的业主不在少数,但不讲理、胡搅蛮缠的恐怕大有人在。

(3)资金不足。项目的资金是否充足是工程能否顺利竣工的关键。

(4)不公平交易。许多时候,业主不能以平等态度对待承包公司。

2)决策阶段的风险

承包商在考虑是否进入某一市场、是否承包某一项目时,首先要考虑是否能承受进入该市场或承揽该项目可能遭遇的风险。承包商首先要对此做出决策。而在做出决策之前,承包商必须完成一系列的工作。所有这些工作无不潜伏着各具特征的风险。

报价失误风险是决策错误风险之一。报价策略是承包商中标获取项目的保证。策略正确且应用得当,承包商自然会获取很多好处,但如果出现失误或策略应用不当,则会造成重大损失。

3)合同风险

合同条款中潜伏的风险往往是责任不清、权利不明所致。通常表现在不平等条款、合同中定义不准确、条款遗漏。

4)项目管理风险

项目管理管理的风险主要潜伏于项目管理全过程中的方方面面,主要存在于工程管理、合同管理、物资管理、财务管理中。

5)责任风险

承包商的职业责任主要体现于工程的技术和质量。任何工程都有严格的质量要求,不具备相应的专业技术是无法承揽工程的。这些失误都会构成承包商的职业责任风险。

承包商应承担的法律责任主要是民事责任。民事责任起因于合同违约和不履约、行为或疏忽(侵权诉讼)、欺骗和错误。由于技术错误或人为造成房屋倒塌、伤害人命等,承包商都必须承担刑事责任。

如果实行工程分包,承包商还应承担因分包商过失或行为而造成损失的连带责任。承包商对企业的每个成员的人身安全、就业保证及福利待遇都负有责任。

3. 咨询设计服务者的风险

构成咨询服务者的风险很多,主要有以下几方面:

1)来自业主的风险

业主聘用工程师作为其技术咨询人,工程师的责任自始至终都是很大的,所承担的风险自然也不会少。归纳起来,来自业主方面的风险主要产生于以下原因:

(1)业主难以合作

① 业主希望少花钱多办事。有些业主不遵循客观规律,对工程提出的要求往往有些过分。工程师常常不能说服业主改变观点,不得不勉为其难。这就有可能导致投资难以控制或者质量难以保证,由此而导致工程师的责任风险。

② 可行性研究缺乏严肃性。有些业主一心只想上项目,委托咨询公司完成可行性研究时常常附加种种倾向性要求。咨询工程师在做可行性研究时,业主的主意已定,可行性研究实则只是出于向上级报批的需要,而不是真正研究项目是否可行。这样,咨询公司的可行性研究实际变成可批性研究。一旦付诸实施,各种矛盾都将暴露出来,而这些矛盾处理不好,所导致的责任自然都得由工程师来承担。

③ 宏观管理不力,投资先天不足。许多业主或投资人只片面追求投资效益,对于如何获得投资预期效益却很少考虑,特别是对项目的宏观管理,既缺乏能力,又缺乏意识,

不努力改善投资环境,创造条件,把一切工作全推给咨询公司去办,而咨询公司在许多方面却又不具备条件和相应的权力,因而项目实施严重受阻,而这些责任则通常落在咨询公司身上。

④ 盲目干预。有些业主虽然与工程师签有服务协议书,但并不把权力交给工程师。项目实施期间,随意做出决定,对工程师的工作干扰过多,甚至横加指责,严重影响工程师履行职责,影响合同的正常实施,而一旦产生问题责任却由工程师来承担。

（2）项目资金不足

项目的资金是否充足是工程能否顺利竣工的关键。多数客户不是备齐了资金才来委托咨询公司提供服务,而只是粗略地做个估算,同一些投资人或金融机构达成初步意向,便急于上马。

（3）服务范围与费用不相称

咨询服务有其严格的服务范围,就是说咨询服务公司不仅授权有限,而且其应尽的义务也是有一定界限的。从理论上人们对这种说法不会有太大的抵触,但在实践中客户并不以为然,他们要求咨询公司尽义务多多益善,拥有的权利越少越好。

（4）咨询服务合同欠公平

许多时候,客户不能以平等态度对待咨询公司。

2）来自承包商的风险

由于工程师作为业主委聘的工程技术负责人,在合同实施期间代表业主的利益,在与承包商的交往中难免会出现分歧和争端。承包商出于自己的利益,常常会有种种不轨图谋,势必给工程师的工作带来许多困难,甚至导致工程师蒙受重大风险。来自承包商方面的风险通常有以下情况:

（1）承包商投标不诚实。承包商出于策略需要,投标时往往使用种种不光明正大的手段,例如投钓鱼标,即投标时报价很低,一旦获得项目后,施工过程中层层加码。若工程师不答应,则以停工相要挟。若发生这种情况,业主常常迁怒于工程师,抱怨咨询公司管理不严或迁就承包商,而工程师则有苦难言。

（2）承包商缺乏商业道德。有些承包商缺乏应有的商业道德,对工程师软硬兼施。通常情况下,承包商总是千方百计地争取工程师手下留情,对其履约不力或质量不合要求能网开一面。如果承包商的企图不能得逞,则有可能走向反面,给工程师出难题,蓄意败坏工程师的名誉,以达借业主之手驱逐工程师之目的。

（3）承包商素质太差。承包商的素质太差,履约不力,甚至没有履约诚意或者弄虚作假,对工程质量极不负责,都有可能使工程师蒙受责任风险。虽然工程师有权监督甚至处罚承包商,但由于工程面大,内容复杂,工程师无法时时处处严加监督。

3）来自咨询设计者自身的风险

（1）项目选择不慎。工程项目多种多样,有相当多的工程规模大,技术难度高,设计复杂,管理困难,而咨询公司并非万能,并非对所有的工程设计和施工都了如指掌。

（2）职业责任风险。工程师的职业要求其承担重大的职业责任风险。这种职业责任风险一般由下述因素构成：

① 设计不充分不完善。在承担设计任务情况下，若设计不充分、不完善，无疑是工程师的失职。不管出于何种原因，设计不充分不完善而引发的风险损失自然应由工程师承担。

② 设计错误和疏忽。设计错误和疏忽可以铸成重大责任事故，不仅会造成财产损失，甚至可能发生人员伤亡。一旦发生这种因设计错误或疏忽而造成的风险损失，咨询工程师不仅要承担经济赔偿责任，还要承担相应的刑事责任。

③ 投资估算和设计概算不准。根据咨询委托服务协议，工程师应完成项目的投资估算和设计概算。然而，完成这项工作并非轻而易举，要求咨询工程师对各项经济数据、物价上涨指数、人工费上升指数、银行贷款利息等必须全面掌握，还要对各种静态和动态因素进行正确的分析。工程师必须对由其完成的估算和概算负责。如果工程实施后实际投资大幅度超出其估算和概算，则工程师应承担相当一部分责任。

④ 自身的能力和水平不适应。

5.1.2 交通工程建设的风险辨识

工程建设风险指在工程建设过程中可能发生，并影响工程项目目标实现的各种风险因素总称，主要包括人员伤亡风险、环境影响风险、经济损失风险、工期延误风险、社会影响风险等。

风险辨识指调查识别工程建设中潜在的风险类型、发生地点、时间及原因，并进行筛选、分类。风险辨识是进行风险评估的首要基础工作，它是要找出风险之所在和引起风险的主要因素，能帮助我们对问题做长远的、全面的考虑。

交通工程建设过程中所涉风险主要分为以下几大类：

（1）建造/安装过程中的风险；

（2）设计、监理职业责任风险；

（3）建筑工人人身意外伤害风险；

（4）施工机具的风险；

（5）工程质量风险。

1. 建造/安装过程中的风险

1）道路工程风险

道路工程施工中，由于边坡土质和地质构造原因，或者放炮震伤边坡，高边坡施工未及时防护，排水措施不当，或者洪水、暴雨等造成边坡坍塌、冲刷以及路基被大面积冲毁、淹没等事故。雨季还可能由于暴雨导致泥水污染周边农田、鱼塘等；干旱季节易发生扬尘污染农作物等事故。爆破施工过程中还可能发生震裂周边农房等事故。

（1）环境风险。环境风险包括：①公路及铁路沿线地形地貌和地质结构；②水文条件、气象条件;③沿线不良地质分布;④滑坡、崩塌、泥石流、地面沉降、洪水、地震等地质灾害;⑤周边第三者建筑结构及基础类型、建造年代等状况以及地下管线等于路桥最近距离及分布等。

(2)设计风险。设计风险包括:①地质勘察设计中勘测点间距及布置原则,沿线施工段各施工单位基本状况如资质、大型工程经历、工程技术人员配备;②不良地质处理方法;③路基及路堑高边坡防护结构等。

(3)施工风险。

① 路基工程。地质条件是影响路基工程质量和生产病害的基本前提,水是路基病害的主要原因。路基工程风险主要来源如图5-2所示。

路基稳定性是路基施工中最为核心的目标,施工中面临的风险源如图5-3所示。

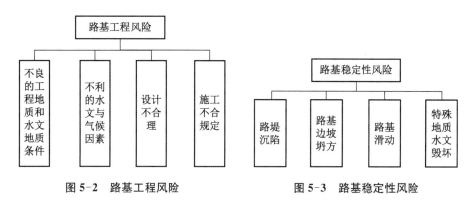

图5-2 路基工程风险   图5-3 路基稳定性风险

② 路面工程。总体来看,路面施工技术难度不高,主要风险表现为施工质量风险,这通常不属于建安工程一切险的责任范围。工程保险针对的主要风险为施工机具风险。在路面施工过程中,往往需要应用大量的施工机具,在这些施工机具的作业过程中,由于施工作业面较小,需要交叉作业,容易发生碰撞、倾覆等事故。控制这类风险的关键是确保作业现场有一个良好的秩序和统一的指挥协调,同时,机械手的技术、经验和精力也是确保安全施工的关键。

③ 其他构筑物。道路工程的构筑物一般包括挡土墙和管线工程。挡土墙的出险原因主要有两类:自然灾害与人为事故。

自然灾害风险主要是台风、暴雨、长时间大雨等异常降水,导致洪水、泥石流、塌方,从而造成挡土墙的损失。因此,在公路工程的风险评估过程中应当注意台风季节和雨季的情况,了解当地的年度降雨以及最大降雨情况,通过对工地现场的勘查,掌握自然的泄洪通道以及与工地的相互影响情况。对那些可能对工地以及附近区域产生影响的因素,应及早采取相应的措施,避免对施工产生不利影响。

人为事故包括设计方面和施工方面。应当在施工过程中注意验证设计的符合性,及时进行必要调整。

管线工程的施工技术风险除自然灾害外,施工过程中影响已有管线或其他结构物是其主要的技术风险。在一些大城市中,城市地下设施资料不完整,因此在管线开挖过程中,可能对一些图纸中并未标明的既有管线造成损伤,引起泄漏等事故;或是损伤其他地下构造物,如结构基础等。

2)大型桥梁工程风险

结构形式的多样性、施工方法的多样性、使用条件的多用型是大型桥梁工程区别于其他公用基础设施的重要特征。对大型桥梁的施工和正常使用产生威胁的风险源主要来自外部自然环境、使用条件、施工质量、材料特性、设计分析水平等多种原因。

一般地,桥梁基础和下部施工过程中易受洪水的侵袭,可能冲毁围堰、机具、桩基;上部结构施工过程中可能因为风暴或者发生意外事故,导致高空坠落、施工机具翻倒、支架倒塌等现象,在通航河段,船舶撞击事故也不少见。

(1)环境风险。环境风险包括:①水文、地质、气象条件;②地形地貌;③洪水及汛期最大水位;④桥墩周围断裂带、桥梁周围山体稳定状况;⑤地震、大风、洪水、冰凌等自然灾害。

(2)设计风险。设计风险包括:①结构类型、桥梁主跨度;②水中桥墩数量、类型及桩径、桩长,桩基持力层地质结构、承压水水位;③施工工艺等。

(3)施工风险。桥梁主要分项工程可分为明挖地基工程、基础工程、混凝土工程、预应力工程、钢结构工程等几项。

① 明挖地基工程。明挖地基是指土的开挖,以及与其相关的放坡、大板桩围堰、井底地下水、碾压、夯实等各种施工过程。明挖地基受各种因素影响,存在多种风险源,按照规范要求,不同的土质,不同的挖土深度、不同的开挖面积。开挖的主要形式也不一样。

② 基础工程。桥梁工程中常见的基础类型包括桩基础、沉井基础等。桩基础常用的是预制桩和钻孔灌注桩,其风险辨识可参见基础部分。沉井基础适用于水文地质条件不适宜修筑天然地基或桩基的情况。沉井施工风险辨识如图 5-4 所示。

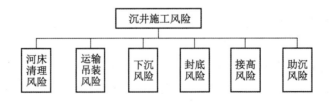

图 5-4　沉井基础施工风险

③ 混凝土工程。混凝土结构工程包括钢筋工程、模板工程、混凝土工程、构件安装工程和预应力工程等,它可分为现浇和预制装配两个方面。我国关于钢筋混凝土结构的设计、施工和验收,关于钢筋混凝土原材料的质量控制和检测,都有相应的法规、标

准、规范等,在钢筋混凝土结构的建造过程中,施工单位和有关方面应该严格遵守国家有关法规、标准、规范等,及按照设计图纸进行施工和质量检验,确保钢筋混凝土结构工程的质量。

④ 预应力工程。预应力工程在混凝土桥梁中非常常见。与建筑结构中使用的预应力相比,桥梁预应力往往吨位较高,预应力束较长,施工要求也更高,风险长度也相应提高。预应力工程风险来自混凝土施工质量、预应力系统质量、现场管理、设计等多方面。

⑤ 钢结构工程。钢结构是指用钢材作为结构材料的建筑结构,被广泛应用于各种建筑结构。钢结构具有材料强度高、材质均匀、工业化程度高等优点,但也有其自身的缺陷,如不耐火、容易锈蚀等。钢结构被大量应用在各类中等跨度和大跨度桥梁中,其风险来自自然灾害、设计、材料、制作、安装等。

⑥ 高处作业。高处作业是指人在一定高度进行的作业,国家标准《高处作业分级》(GB 3608—83)规定:凡在坠落高度基准面 2 m 以上(包括 2 m)有可能坠落的高处进行的作业,都称为高处作业。高处作业有操作点高、四面凌空、活动面积小、垂直交叉作业繁多等特点,是十分危险的作业。造成高处作业风险的主要因素有管理人员、作业人员对安全的重视程度、作业环境的好坏、规章制度的制定及执行程度的好坏、搭设防控网的施工方法、安全防护材料质量的可靠度等。高处作业的主要风险事态是各种坠落事故,高处作业风险如图 5-5 所示。

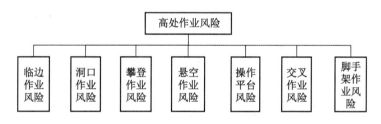

图 5-5 高处作业风险

⑦ 吊装作业。吊装作业通常发生在中小桥梁的预制安装施工、大跨度桥梁的预制安装施工(包括整体吊装、拱肋吊装、钢箱梁吊装等)中。吊装作业需保证吊装机械、被吊节段、安装结构、吊装人员以及周围区域的安全,大跨度桥梁吊装作业还经常需要与水运部门配合更为复杂。

3) 隧道工程风险

一般地,隧道工程洞身围岩、地下水条件变化复杂,易发生坍塌、涌水等事故。根据隧道工程的特点,风险源主要为:

(1) 环境风险。环境风险包括:①隧道围岩类型及分布情况、占隧道长度比例;②隧道内断裂带分布情况及破碎带数量和宽度;③地质溶洞和地下水状况等。

(2) 设计风险。设计风险包括:①隧道类型、长度等;②隧道口护坡结构等。

（3）施工风险。软土隧道工程的施工方法主要有盾构法、沉管法和顶管法等。这些方法都具有各自的地层适用性，施工过程中的风险事故类型和风险因素也各不相同。

① 软土盾构隧道工程风险。

本章节将隧道盾构法施工风险分为盾构设备、盾构进出洞、盾构掘进、管片、注浆设备这 5 个方面分析。

盾构设备风险主要包括盾构选型、盾构改制和盾构检修这 3 部分风险事故（图 5-7）。

盾构进出洞阶段的风险主要包括盾构机械的吊装和安装、盾构出发、盾构到达和设施拆除这 4 部分风险事故。

盾构掘进阶段的风险主要包括不良地质灾害（图 5-6）、盾构设备事故、盾构掘削管理事故、线形和测量事故和其他施工设备事故这 5 部分风险事故。

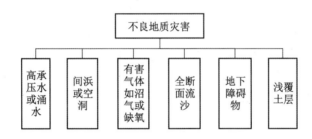

图 5-6 不良地质灾害风险因素

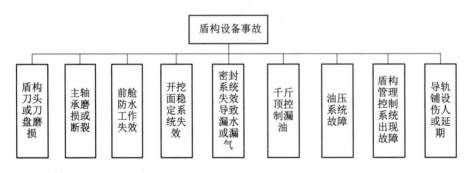

图 5-7 盾构设备风险事故

管片的风险主要包括管片设计与生产、管片运输和管片拼装三部分风险事故。

注浆系统风险主要包括注浆设备、注浆材料、注浆工艺三部分风险事故。

联络通道用于地铁运营中当一条隧道发生火灾、涌水、倒塌等突发事故时，乘客可就地下车，经联络通道转移到另一条隧道中，并迅速向地面疏散。联络通道一般设于区间隧道的中部、线路的最低处，本书仅对在土体冻结法下暗挖进行风险辨识。水平冻结技术就是在隧道内利用水平孔和部分倾斜孔冻结加固地层，使联络通道及集水井外围土体冻结，形成强度高、封闭性好的冻土帷幕，然后根据"新奥法"的基本原理，在冻土中采用矿山法进行联络通道及泵站的开挖构筑施工。

② 隧道工程沉管法的风险。

沉管法施工的风险主要存在于几个关键的施工阶段：干坞施工、管段制作、基槽浚挖和回填覆盖、岸壁保护工程、管段基础处理、管段接头盒、管段拖运沉放等。

干坞施工中可能遇到的风险如图 5-8 所示。

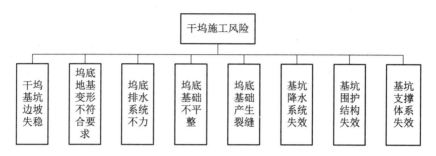

图 5-8　干坞施工风险

管段制作施工中可能遇到的风险如图 5-9 所示。

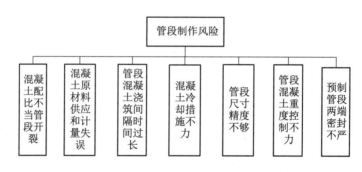

图 5-9　管段制作风险

基槽浚挖和回填覆盖施工中可能遇到的风险如图 5-10 所示。

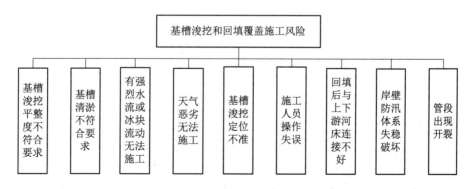

图 5-10　基槽浚挖和回填覆盖施工风险

管段浮运和沉放施工中可能遇到的风险如图 5-11 所示。

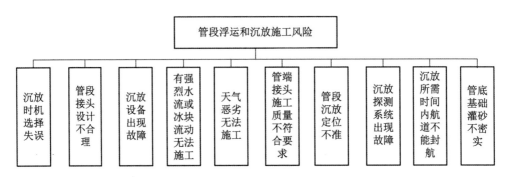

图 5-11 管段浮运和沉放施工风险

③ 隧道工程顶管法的风险。

顶管法是直接在松软土层或富水松软地层中敷设中、小型管道的一种施工方法，它无须挖槽，可避免为疏干和固结土体而采用降低水位等辅助措施，从而大大加快施工进度。顶管法是一种地下管道施工方法。顶管法施工中主要的风险事故如图 5-12 所示。

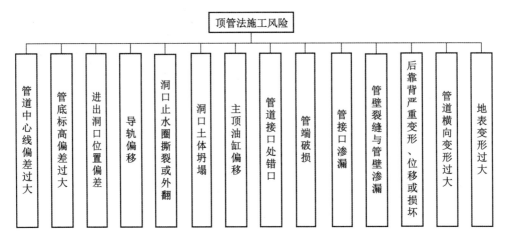

图 5-12 顶管法施工风险

4）地铁工程风险

地铁车站工程施工过程中，在车站基坑开挖时，易发生底部沉陷、流砂，甚至基坑变形、倒塌等现象；区间开挖或掘进时，易发生坍塌、涌水、地面沉降或塌陷等现象。

（1）环境风险。环境风险包括：①工程沿线地形地貌和地质结构，当地气象情况及沿途水文状况；②地下承压水水位埋深；③沿线断裂带及破碎带分布以及地下水情况；④工程沿线第三者建筑状况，如第三者建筑物结构状态、沿线高压电线、沿途穿越河道及建筑物情况等。

（2）设计风险。设计风险包括：①工程总长度：地下线长度、高架线长度、路上线长度；②总车站数：地下线车站数、高架线车站数、路上线车站数；③工程造价：土建工程部分、安装工程部分、车辆段及基地土建与安装部分、车辆部分造价；④安装设备；⑤土建工程工期、安装工程工期和车辆涉车期计划安排等。

（3）施工风险。地铁工程主要包括地铁车站、区间隧道以及联络通道,地铁车站又包括车站基坑、车站主体结构和附属设施等。

① 地下车站结构。

地下车站结构设计应根据各车站不同的结构类型、工程水文地质、荷载特性、环境影响、施工工艺、建设周期等条件作深入细致的比较和研究,综合确定车站的结构形式、满足车站的使用要求。地下车站结构的施工风险分成车站基坑施工风险、车站主体结构施工风险、附属设施施工风险三部分。

地下车站及其附属结构的基坑围护结构可采用地下连续墙、钻孔灌注桩节水泥搅拌桩隔水帷幕、孔咬合桩、型钢水泥搅拌桩等。

地下车站主体结构方案的选择,受到如沿线车辆工程范围内水文地质、所处环境、周围地面建筑、地下构筑物、河道及道路交通等多种因素的制约。

② 地下区间隧道。

根据沿线工程地质及水文地质条件、线路埋深、线路经过地区的环境条件及软土地区工程的经验,区间隧道的施工可分为明挖法和盾构法两大类。

③ 联络通道。

可参考隧洞工程施工软土盾构隧道工程联络通道施工风险。

5）基坑工程风险

有支护开挖基坑施工中的风险主要包括支护结构施工风险、基坑降水引起的环境风险、基坑加固不当风险和基坑开挖风险(图 5-13)。

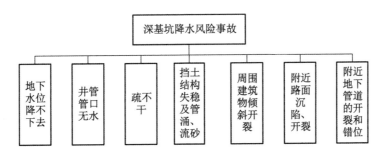

图 5-13 深基坑降水风险事故

（1）支护结构施工风险。基坑中常见的围护结构有地下连续墙、SMW 工法、钻孔灌注桩加搅拌桩、土钉支护、重力式挡墙、钻孔咬合桩等。

（2）基坑降水引起的环境风险。

（3）基坑加固不当风险如图 5-14 所示。

（4）基坑开挖风险。深基坑开挖往往施工条件很差、周边建筑物密集、地下管线众多、交通错落纵横、环境保护要求高，因而施工难度很大。在以往的深基坑工程开挖中出现过许多重大工程事故。花费巨大、延误工期，有的使周围建筑物沉降开裂、道路塌陷、地下管线断裂，影响供水、供电、供气，造成严重的经济损失和社会影响。

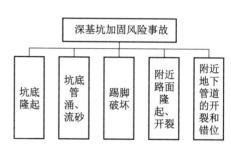

图 5-14 深基坑加固风险事故

6）港口码头工程风险

港口码头工程受洪水、台风、风暴潮等风险的影响较大，损失金额较高。

（1）环境风险。环境风险包括：①水文、气象条件；②洪水、台风、风暴潮等自然灾害；③船舶运营、碰撞等。

（2）设计风险。设计风险包括：①结构设计；②所用材料；③选址；④施工工艺等。

（3）施工风险。施工风险包括：①施工工艺；②施工进度安排等。

2. 设计、监理职业责任风险

1）设计责任

建筑设计图纸分为建筑、结构、给排水、暖通空调、电气、总图等专业，由设计总负责人对设计总体负责。根据《中华人民共和国建筑法》（以下简称《建筑法》）第七十三条，由设计单位承担法律责任。

2）监理责任

《建设工程安全生产管理条例》第十四条规定，工程监理单位应当审查施工组织设计中的安全技术措施或者专项施工方案是否符合工程建设强制性标准。

《建筑法》第三十五条和第六十九条有明确规定监理法律责任如下：

（1）不按照委托监理合同的约定履行监理义务，对应当监督检查的项目不检查或者不按照规定检查，给建设单位造成损失的，应当承担相应的赔偿责任。

（2）与承包单位串通，为承包单位谋取非法利益，给建设单位造成损失的，应当与承包单位承担连带赔偿责任。

（3）与建设、施工单位串通、弄虚作假、降低工程质量，造成损失的，承担连带赔偿责任。

3. 建筑施工人员人身意外伤害

建筑业施工从业人员中 80% 以上是农民工，他们受教育程度低，整体素质不高，专职安全员数量少、年龄偏大、学历偏低，自身安全意识和安全操作能力较低，因此在风险辨识、控制、措施制定等方面很难是高质量、高水平的。现行《建筑法》第四十七条、第四十八条对于建筑施工人员的人身安全保障有明确要求。

建筑业施工从业人员主要涉及的风险因素有：

（1）工程地域风险。海上施工＞高原＞山区＞丘陵＞平原。

（2）工程类型风险。纯高空作业工程＞隧道工程＞铁路、公路工程＞机站工程＞一般土木工程。

（3）工人自身情况。受年龄、受教育程度、专项工作经验等影响。

4．施工机具风险

建筑过程中，施工机具主要面临以下风险：

（1）损耗类物品缺乏：油、水、电及其他损耗类物品未及时补充，导致机具运作损坏；

（2）电力类因素：电气部分漏电，电气线路老化、电压不稳定；

（3）施工机具本身损耗：如主要受力构件发生腐蚀、变形、开裂等缺陷；

（4）人工风险：误操作等。

5．工程质量风险

建设工程质量是指在国家现行的有关法律、法规、技术标准、设计文件和合同中，对工程的安全、适用、经济、环保、美观等特性的综合要求。所涉风险因素有：①材料；②施工工艺；③施工进度安排；④设计风险；⑤监理等机构是否履责。

5.1.3　交通工程建设的风险评价

交通工程建设施工环境条件复杂，施工组织实施困难，作业安全风险居高不下。在施工阶段建立安全风险评估制度符合国际通行做法。在工程实施前，开展定性或定量的施工安全风险估测，能够增强安全风险意识，改进施工措施，规范预案预警预控管理，有效降低施工风险，严防重特大事故发生。

通过对施工作业活动（施工区段）中的风险源普查，在分析物的不安全状态、人的不安全行为的基础上，确定重大风险源和一般风险源。宜采用定量评估方法，对重大风险源发生事故的概率及损失进行分析，评估其发生重大事故的可能性与严重程度，对照相关风险等级标准，确定专项风险等级。

交通工程建设施工安全风险评估可分为总体风险评估和专项风险评估。

（1）总体风险评估。交通工程建设开工前，根据建设工程的建设规模、地质条件、气候环境条件、地形地貌、结构特点、施工工艺成熟度等风险环境与致险因子，估测桥梁或隧道工程施工期间的整体安全风险大小，确定其静态条件下的安全风险等级。

（2）专项风险评估。交通工程建设总体风险评估等级达到高度风险及以上时，将其中高风险的施工作业活动（或施工区段）作为评估对象，根据其作业风险特点以及类似工程事故情况，进行风险源普查，并针对其中的重大风险源进行量化估测，提出相应的风险控制措施。

风险等级评估还应考虑施工组织设计所确定的施工工法，分解施工作业程序，结合工序（单位）作业特点、环境条件、施工组织中的致险因子等，辨识施工作业中典型事故类型,从而建立风险源普查清单,并通过风险分析和估测,确定重大风险源。

风险等级评定综合考虑风险事故发生概率和事故发生造成的后果。发生概率高、造成后果严重的风险源风险等级高,发生概率低、造成后果轻微的风险源风险等级低。主要考虑人员伤亡和直接经济损失,根据实际情况考虑工期延误、环境破坏、社会影响等方面的后果,当多种后果同时产生时,应采取就高原则确定事故严重程度等级。

5.2 交通工程建设保险

5.2.1 交通工程建设保险现状

保险的风险财务转移的实施手段是购买保险。通过保险,投保人将自己本应承担的归咎责任(因他人过失而承担的责任)和赔偿责任(因本人过失或不可抗力所造成损失的赔偿责任)转嫁给保险公司,从而使自己免受风险损失。

工程保险(Engineering Insurance)是指以各种工程项目为主要承保对象的保险。一般而言,传统的工程保险仅指建筑、安装工程以及船舶工程项目的保险。进入20世纪以后,许多科技活动获得了迅速的发展,又逐渐形成了科技工程保险。工程保险也可以是指所有与工程项目有关的保险,它是涉及工程项目的多个险种的总称。

工程保险虽然承保了火灾保险和责任保险的部分风险,但与传统的财产保险相比较,它又有着如下特征:

(1)风险广泛而集中。工程保险的许多险种被冠以"一切险",即除条款列明的责任免除外,保险人对保险期间工程项目因一切突然和不可预料的外来原因造成的财产损失、费用和责任,均予赔偿;而船舶工程保险则综合了一般建筑和安装工程保险、船舶保险、保赔保险的主要责任范围,可见,其责任十分广泛。同时,现代工程项目集中了先进的工艺、精密的设计和科学的施工方法,使工程造价猛增,工程项目本身就是高价值、高技术的集合体,从而使工程保险承保的风险基本上是巨额保险。

(2)涉及较多的利害关系人。在工程保险中,由于同一个工程项目涉及多个具有经济利害关系的人,如工程所有人、工程承包人、各种技术顾问以及其他有关利益方(如贷款银行等),均对该工程项目承担不同程度的风险。所以,凡对于工程保险标的具有保险利益者,均具备对该工程项目进行投保的资格,并且均能成为该工程保险中的被保险人,受保险合同及交叉责任条款的规范和制约。

(3)工程保险的内容相互交叉。在建筑工程保险中,通常包含着安装项目,如房屋建筑中的供电、供水设备安装等,而在安装工程保险中一般又包含着建筑工程项目,如安装大型机器设备就需要进行土木建筑打好座基等。因此,工程保险业务虽然有险种差异,相互独立,但内容多有交叉,经营上也有相通性。

(4)工程保险承保的是技术风险。现代工程项目的技术含量很高,专业性极强,而且可能涉及各种多种专业学科或尖端科学技术,如兴建核电站、大规模的水利工程和现代化工厂等,因此,从承保的角度分析,工程保险对于保险的承保技术、承保手段和承保能力比其他财产保险提出了更高的要求。

保险具体涉及覆盖范围如图5-15所示。

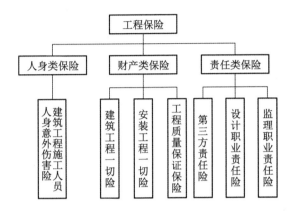

图5-15 工程保险覆盖的范围

按照保险市场上的承保惯例,工程保险一般分为建筑工程保险、安装工程保险、船舶工程保险和高科技工程保险。与工程项目有关的险种包括:

(1)建筑工程保险,即建筑工程一切险(Contractor's All Risks)。

(2)安装工程保险,即安装工程一切险(Erection All Risks Insurance)。

(3)建设工程质量潜在缺陷保险(Inherent Defects Insurance)。

(4)承包商机械设备保险(Contractor's Equipment Insurance);主要覆盖因保单承保的自然灾害及意外事故导致合法使用人在固定停放地点和使用保险标的的工地内使用被保险人自有的施工机具受到损失的风险。

(5)第三者责任险(Third Party Liability Insurance)。

(6)职业责任保险(Professional Liability Insurance);设计责任保险主要承保在保险期间或保险合同载明的追溯期内,被保险人在中华人民共和国境内完成设计的建设工程,因被保险人在设计上的过失而导致的工程质量事故造成建设工程本身的物质损失和第三者的人身损害或财产损失,依法由被保险人承担经济赔偿责任及纠纷处理过程中的法律费用。监理责任险主要承保被保险人的注册监理工程师根据被保险人的授权,在履行建设工程委托监理合同的过程中,因过失行为导致业主遭受直接财产损失,或者致使业主或其雇员遭受人身损害,依法应由被保险人承担经济赔偿责任及在纠纷处理过程中的法律费用。

(7)雇主责任险(Employer's Liability Insurance)。

(8)人身意外伤害保险(Personal Accident Insurance)。

根据上海交通工程建设的实际情况,目前主要投保和适合推广的保险险种为建筑工程一切险、安装工程一切险和建设工程质量潜在缺陷保险。

1. 建筑安装工程一切险

1）险种基本概念

建筑安装工程一切险是以承包合同价格或概算价格作为保额，以重置基础进行赔偿的，承保以土木建筑为主体的工程在整个建设期间因自然灾害和意外事故造成的物质损失、被保险人对第三者人身伤亡或财产损失依法承担的赔偿责任。施工过程中一旦发生安全生产事故，建设单位向保险公司提出索赔，保险公司及时按照建筑安装工程一切险合同条款开展理赔工作。建筑工程一切险适用于民用、工业用和公共事业用等所有建筑工程，如房屋、道路、水库、桥梁、码头、娱乐场、管道以及各种市政工程项目的建筑。这些工程在建筑过程中的各种意外风险，均可通过投保建筑工程一切险而得到保险保障。建筑工程一切险的被保险人包括工程所有人、工程承包人和其他关系方。

安装工程一切险是以设备的购货合同价和安装合同价加各种费用或以安装工程的最后建成价格为保障的，以重置基础进行赔偿的，专门承保机器、设备或钢结构建筑物在整个安装、调试期间，由于保险责任范围内的风险造成的保险财产的物质损失和列明的费用的保险。建筑工程一切险和安装工程一切险在形式和内容上基本一致，是承保工程项目相辅相成的两个险种，只是安装工程一切险针对机器设备的特点，在承保和责任范围方面与建筑工程一切险有所不同。

建筑工程一切险的保险标的包含工程建设期间因自然灾害和意外事故造成的物质损失，以及被保险人对第三者人身伤亡或财产损失依法承担的赔偿责任，保险金额为工程概算总造价。其保险责任包含列明的自然灾害、列明的意外事故、人为风险和建设工程第三者责任部分的保险责任。安装工程一切险的标的也分为物质财产本身和第三者责任两类，保险金额包括安装设备的总价值和安装合同的承包价两部分。其保险责任与建筑工程一切险基本相同，主要承保保单列明的除外责任以外的任何自然灾害和意外事故造成的损失及有关费用。

建筑工程一切险的保险期限，是在保险单列明的保险期限内，自投保工程动工日或自被保险项目被卸至建筑工地时生效，直至建筑工程完毕经验收合格或实际投入使用时终止。保险费率根据保险责任范围大小；工程本身的危险程度；承包人及其他工程关系方的资信、经营管理水平及经验等条件；保险人以往承保同类工程的损失记录；工程免赔额的高低及第三者责任和特种风险的赔偿限额理定。安装工程一切险的保险期限，是在保险单列明的安装期限内，自投保工程动工日或自被保险项目被卸至安装工地时生效，直至安装工程结束完毕经验收时终止。

2）市场情况

市政工程类项目隧道工程、轨道交通工程、道路建设工程、大型桥梁类型项目等投保率较高。因该类项目建筑工程与安装工程的密切不可分性，在购买建筑工程一切险时，业主方一并购买安装工程一切险。目前，在建设项目初步设计阶段中，预算设计不包括保险费用。但业主为了有效分散风险，积极投保，从机动费用中支出了保险费。自

2010 年起,包括但不限于以下项目均向保险公司购买了保险(表5-1)。

表 5-1　　　　　　　　　　　市政工程类项目投保情况

序号	项目名称	保险期限	保险金额/亿元
1	轨道交通 11 号线南段工程	2010 年 3 月至 2014 年 6 月	105.8
2	虹梅南路—金海路通道越江段工程	2010 年 8 月至 2016 年 1 月	31.1
3	川沙 A-1 地块场地形成、市政道路及附属设施项目	2011 年 1 月至 2016 年 10 月	23.1
4	S26 沪常公路主线高架新建工程	2012 年 9 月至 2015 年 12 月	31.4
5	中环路沪闵高架路立交西向南匝道新建工程	2012 年 10 月至 2015 年 6 月	2.34
6	S26 沪常公路地面道路新建工程	2013 年 4 月至 2015 年 12 月	4.5
7	周家嘴路越江隧道新建工程	2013 年 10 月至 2018 年 10 月	19.78
8	上海市轨道交通 13 号线二期工程	2014 年 1 月至 2017 年 12 月	18.16
9	上海市轨道交通 3 号线宝钢车辆段改扩建工程	2014 年 6 月至 2017 年 12 月	2.87
10	嘉闵高架及地面道路新建工程	2014 年 2 月至 2017 年 6 月	33.4
11	虹梅南路—金海路通道(虹梅南路段)工程	2014 年 1 月至 2017 年 6 月	36.07
12	中山南路地下通道工程	2014 年 4 月至 2019 年 3 月	8.42
13	轨道交通 17 号线工程	2014 年 6 月至 2024 年 6 月	26.3
14	沿江通道越江隧道(浦西牡丹江路—浦东外环线)新建工程	2014 年 12 月至 2018 年 6 月	47.90
15	北翟路(外环线—中环线)新建工程项目	2014 年 12 月至 2019 年 11 月	1.86

　　2002 年后,上海市所有隧道工程均参与投保,如大连路隧道、虹梅路隧道、周家嘴路隧道等;2014 年起,因涉及预算列支,业主开始转由施工单位投保,即在施工招标中包含保险费招标,如诸光路通道等。

　　上海自一号线建成时,便开启了全国第一张地铁保单。2003 年轨道交通四号线透水事故造成上海轨道交通四号线的损失和地面建筑的损害。保险公司不仅赔偿上海轨道交通四号线本身的损失,还将承担第三者责任险的赔偿责任,最终赔付金额超过 5 亿元。保险赔款的顺利支付体现了通过市场机制运作为政府分忧解难的良好效果。自此,上海轨道交通保险市场费率相应大幅上调,由国内保险公司中保、太保、平保轮流主承保。

2. 建设工程质量潜在缺陷保险

1) 建设工程质量潜在缺陷风险

建设工程建造和使用阶段均存在着质量缺陷风险,根据其产生的原因可分为自然风险和人为风险两大类。

(1) 自然风险。由于自然力作用造成房屋损毁的风险属于自然风险。包括地震、海啸、雷电、飓风、台风、龙卷风、风暴、暴雨、洪水、水灾、冻灾、冰雹、地崩、山崩、雪崩、火山爆发、地面下陷下沉或隆起及其他人力不可抗拒的自然现象。其破坏力强度超过房屋设计所依据的各类设计规范。这里的地面下陷下沉或隆起专指那些不是由于建筑物本身引起的地基运动。房屋的质量风险又可分为建设期自然风险和使用期自然风险。建设期内露天作业多,受自然因素影响大,地震、雷电、洪水、大风、暴雨等都可能造成工程质量缺陷或工程损毁。建成后的使用期内,上述自然风险也可能导致建筑物受到损害。

(2) 人为风险。人为风险是指由于人的活动而带来的风险,对于房屋质量来说包括建设主体违反基本建设程序风险、工程地质勘察失误或地基处理失误风险、设计风险、建筑材料及制品风险、施工风险、标准规范错误风险、维护使用风险、环境风险、意外事故风险等。可以将上述风险分为建设期和使用期人为风险。其中建设主体违反基本建设程序风险、工程地质勘察失误或地基处理失误风险、设计风险、建筑材料及制品风险、施工风险、标准规范错误风险属于建设期人为风险,维护使用风险属于使用期人为风险,环境风险、意外事故风险、地基下沉风险则同时存在于建设期和使用期。

2) 险种基本概念

建设工程质量潜在缺陷保险(Inherent Defects Insurance,IDI)主要覆盖保险建筑在正常使用条件下,因保单列明的部位、设施设备存在潜在质量缺陷而造成保险建筑损坏的,保险人按照保险合同约定负责赔偿修理、加固或重建的费用。

在按规定的建设程序竣工并交付使用后,按保险合同在正常使用条件下,因潜在缺陷在保险期间内发生下列质量事故造成工程项目损坏的,保险人将按照本合同的约定负责赔偿修理、加固或重建的费用有:

(1) 整体或局部倒塌;

(2) 地基产生超出设计规范允许的不均匀沉降;

(3) 阳台、雨篷、挑檐等悬挑构件坍塌或出现影响使用安全的裂缝、破损、断裂;

(4) 主体承重结构部位出现影响结构安全的裂缝、变形、破损、断裂。

绝大多数建设工程质量潜在缺陷保险的期限为 10 年,总保险金额为保险合同载明建筑物的总造价。

保险合同成立时,保险人依据建筑物施工合同上列明的工程总造价计收预付保险费。在建筑物竣工验收合格并完成竣工决算之日起一个月内,投保人应向保险人提供实际工程总造价,保险人据此调整总保险金额并计算保险费。预付保险费低于保险费的,投保人应补足差额;高于的,投保人退回高出部分。

保险人在建筑项目施工过程中,聘请第三方机构对于建筑施工环节、工艺、材料等进行把控。使得保险从传统模式的事后补偿改为事前控制,从源头上控制风险,保障建筑质量。

3)市场情况

由于目前国内现有的工程保险都是针对工程建设过程中遇到的风险和责任而确定的,但是工程竣工后对工程施工过程中存在的潜在质量缺陷风险没有得到任何的风险保障。

2005 年,上海市建委起草了《关于试行工程建设项目风险管理制度的指导意见》(征求意见稿),提出工程建设风险管理的新模式。2006 年 5 月上海市建交委和上海保监局以沪建交联〔2006〕307 号文件,联合出台《关于推进建设工程风险管理制度试点工作的指导意见》明确了开展建设工程风险管理的相关原则、风险管理机构的资格准入、参与各方的义务和责任等相关内容。

对此,在学习西方成熟经验的基础上,某保险公司依托"上海威宁路苏州河桥梁新建工程",首次在全国范围内通过引入"工程质量潜在缺陷保险"为手段,创新并深化了工程风险管理的新模式。

威宁路新建桥梁项目通过引入工程质量潜在缺陷保险(当时仍被称为"工程缺陷损失保险"),根据市沪建交联〔2006〕307 号"指导意见"的精神,积极响应和有序推进风险管理的各项工作,试行工程风险管理模式,对完善我国工程保险制度具有重要推进作用和实际意义。

所谓的建设工程风险管理全委托模式,即建设方将与工程相关的监理、审图、平行检测都纳入到风险管理的范畴之中,并且这些职能机构都直接由保险公司聘请的社会咨询公司负责其招投标及实施,在保险公司风险管理部门的指导下,共同对整个工程的实施过程进行全方位的监督与管理,对建设工程施工过程中可能存在的潜在的安全和质量事故的损失风险因素实施辨识、评估、控制、处理,促进工程质量进一步地提高,并以此来减少和避免施工过程以及工程验收完毕以后若干年内安全质量事故的发生。

该项目获 2010 年度上海金融创新成果奖一等奖。在此项目基础上,2011 年市政府沪府发〔2011〕1 号《上海市政府引发进一步规范本市工程建设质量管理若干意见》,并由市建交委牵头、市法制办配合,起草《上海市工程质量安全管理条例》。在该条例中引入了保险作为协助政府完善社会管理手段的理念,即:

(1)在工程建设中要求建设方可以投保质量缺陷保险产品;

(2)保险公司为有效降低质量问题而导致的损失,应当在施工过程中提供风险管控服务。

在条例指导下,2012 年由市法制办、市建交委、市房管局、市金融办和上海保监局共同推出《关于推行上海市住宅工程质量潜在缺陷保险的试行意见》,要求房地产开发商投保工程质量潜在缺陷或缴纳保证金。这是目前该险种在住宅范围的尝试。目前,针对房地产类项目保障范围,费率区间根据项目质量情况在1.7%上下浮动。

上海已经出台了较为成熟的建设工程风险管理制度,但自威宁路桥及小木桥路改建工程试点之后,并未在市政工程方面得到全面推广和落实。

在试点中,建设单位和保险公司签订建筑安装工程一切险(附加第三者责任险)、建设工程质量潜在缺陷保险的组合保险合同,为工程建设过程中的安全生产风险和项目完工后一段期间内的质量风险提供经济保障。保险公司采取一系列的技术、管理措施,降低安全质量风险的发生,减少理赔支出,一旦出险则提供保险理赔服务。

建筑安装工程一切险出险后,由建设单位通知保险公司。保险公司进行现场勘查,详细了解事故情况;对受损的财物、人身伤害进行必要的记录;保险双方对现场勘查记录进行签字确认。保险公司根据现场勘查情况进行保险责任认定,若事故属于保险内容,保险公司及时向项目管理机构通报出险具体内容,并就赔偿方案的实施与建设单位达成共识,按照保险条款在规定期限内进行理赔。索赔时,建设单位需向保险公司提供有关的索赔单证,包括出险通知书、损失清单、定损资料等。

建设工程质量潜在缺陷保险出险后,由被保险人通知保险公司。保险公司进行现场勘查,详细了解事故情况;对受损的财物项目名称、数量等进行必要的记录;了解初步的后续处理方案,并可就后续处理方案提出保险公司的意见;保险双方对现场勘查记录进行签字确认。保险公司根据现场勘查情况进行保险责任认定,若事故属于保险责任范围,保险公司及时向被保险人通报出险具体内容,并就赔偿方案的实施与被保险人达成共识,按照保险条款在规定期限内支付赔偿或根据被保险人的委托直接向维修单位支付赔款。索赔时,被保险人需向保险公司提供有关的索赔单证,包括出险通知书、损失清单、省级以上工程质量检测机构出具的检测报告、定损资料等。

3. 设计、监理职业责任险

设计责任保险主要承保在保险期间或保险合同载明的追溯期内,被保险人在中华人民共和国境内完成设计的建设工程,因被保险人在设计上的过失而导致的工程质量事故造成建设工程本身的物质损失和第三者的人身损害或财产损失,依法由被保险人承担经济赔偿责任及纠纷处理过程中的法律费用。

监理责任险主要承保被保险人的注册监理工程师根据被保险人的授权,在履行建设工程委托监理合同的过程中,因过失行为导致业主遭受直接财产损失,或者致使业主或其雇员遭受人身损害,依法应由被保险人承担经济赔偿责任及在纠纷处理过程中的法律费用。

投保人及被保险人一般均为设计单位或监理单位。目前两个险种投保率均较低。

4. 建筑工人团体人身意外伤害保险

建筑工人团体人身意外伤害保险主要承保被保险人在施工过程中,因遭受意外伤害而导致的死亡或身体残疾时,保险人依照合同规定给付保险金的人身保险。

投保人为建设方,被保险人为施工人员个人。根据保险方案设计的不同,除死亡残疾风险外,还可覆盖以下风险:

1) 普通伤害+突发疾病,更多意外保障责任

建工意外险不仅保障一般的意外伤害,更为施工现场工作人员的突发疾病提供保障,使保险责任更为全面。

2) 交通班车+因公出差,更大延伸保障范围

建工意外险不仅对施工现场工作过程中发生的意外事故进行保障,还对工程项目施工现场工作人员在因公外出期间或乘坐本单位交通车的上下班途中遭受的意外伤害进行保障,大大延伸了保障的范围。

3) 独有附加医疗保险,保护更加全面周到

建工意外险独有与之专门配套的建工医疗险。即使当意外伤害不幸发生时,也能替企业员工承担相应的医疗费用,使保护更加全面周到。

建筑工人所从事的工作本身带有极大的危险性,在工作中,购买一份建筑工人人身意外险尤为重要。它既保障了工人本身的安全,同时也是对企业的一份保障。

5. 施工机具保险

施工机具保险主要覆盖因保单承保的自然灾害及意外事故导致合法使用人在固定停放地点和使用保险标的的工地内使用被保险人自有的施工机具受到损失的风险。

投保人及被保险人多为施工机具的使用方。

目前,投保人及被保险人均有意愿投保施工机具,尤其是盾构机。从保险市场角度来看,因施工机具风险较高,不易单独承保。多通过现有建筑/安装工程一切险保单扩展,并额外加收保费。对于盾构机,保险公司仅承保全损的风险,并增收保费,单独出具保单。

5.2.2 交通工程建设保险模式

1. 投保险种

引入保险机制,转移工程建设期和质保期的安全质量风险。交通工程建设项目面临的最大风险为施工过程中的安全风险和项目完成后工程质量风险。针对这两类风险,拟选择建筑安装工程一切险(Construction All Risks,CAR)、建设工程质量潜在缺陷保险(Inherent Defects Insurance,IDI)等险种应对。

建设单位和保险公司签订建筑安装工程一切险(附加第三者责任险)、建设工程质量潜在缺陷保险的组合保险合同,为工程建设过程中的安全生产风险和项目完工后一段期间内的质量风险提供经济保障。保险公司采取一系列的技术、管理措施,降低安全质量风险的发生,减少理赔支出,一旦出险则提供保险理赔服务。

工程建设期发生安全生产事故,按照建筑安装工程一切险规定流程进行索赔和理赔。建筑安装工程一切险出险后,由被保险人通知保险公司。保险公司进行现场勘查,

详细了解事故情况;对受损的财物、人身伤害进行必要的记录;保险双方对现场勘查记录进行签字确认。保险公司根据现场勘查情况进行保险责任认定,若事故属于保险内容,保险公司及时向项目管理机构通报出险具体内容,并就赔偿方案的实施与建设单位达成共识,按照保险条款在规定期限内进行理赔。索赔时,被保险人需向保险公司提供有关的索赔单证,包括出险通知书、损失清单、定损资料等。

工程建成后在质量保障期内出现质量问题,由被保险人向保险公司提出索赔,保险公司及时按照建设工程质量潜在缺陷保险合同条款开展理赔工作。建设工程质量潜在缺陷保险出险后,由被保险人通知保险公司。保险公司进行现场勘查,详细了解事故情况;对受损的财物项目名称、数量等进行必要的记录;了解初步的后续处理方案,并可就后续处理方案提出保险公司的意见;保险双方对现场勘查记录进行签字确认。保险公司根据现场勘查情况进行保险责任认定,若事故属于保险责任范围,保险公司及时向被保险人通报出险具体内容,并就赔偿方案的实施与被保险人达成共识,按照保险条款在规定期限内支付赔偿或根据被保险人的委托直接向维修单位支付赔款。索赔时,项目管理机构需向保险公司提供有关的索赔单证,包括出险通知书、损失清单、省级以上工程质量检测机构出具的检测报告、定损资料等。

2. 建立保险保费浮动机制

实行保险保费浮动机制,保费的确定在两次浮动。基本费率根据建设、设计、施工单位的信用风险状况和工程本身的风险等级进行浮动,从而使风险管理的环节前置,促使建设单位选择技术力量强、市场诚信度高、安全质量保障严的设计、施工单位,从源头开始降低风险事故发生的概率。最终费率还要根据风险管理机构对施工过程中的检查评估情况进行浮动,工程建设安全质量状况也将反映在工程最终费率中,促进工程建设参与各方自身管理的到位和责任的落地,避免一旦投保后工程建设参与各方的道德风险。

5.3 交通工程建设风险管理和保险措施

5.3.1 交通工程建设风险管理现状

1. 现行保障不全面

目前,市政工程方面投保建筑/安装工程一切险积极性较高,覆盖率几乎达到100%。而对于其他类型的险种,如上文所罗列的设计、监理职业责任险,团体人身意外伤害险,建设工程质量缺陷保险等均无涉及,造成风险转移不全面的结果。在建设工程保险尚未成为强制性法定保险之前,该险种的最终实施效果很大程度上取决于人为因素,特别是建设单位主管人员的意志和态度。

2. 建设工程质量管理现行模式的局限性

当前,我们国家的建设工程的组织管理模式还是传统模式。建设单位获得建设项目的立项,取得项目土地的使用权;建设单位通过招标等途径确定设计单位根据规划进行设计;设计图纸经过审定;建设单位再确定施工单位开展施工;建设单位还要再委托监理企业全程对施工进行监理;由建设工程质量监督机构参与建设工程的监督,建设项目才能竣工并被建设单位验收才算完工。可以说虽然我国这种传统模式也能起到较好的作用,确保了工程质量的同时也促进了建筑市场的规范有序发展。可是随着时代的进步与发展,传统管理模式存在的缺陷也逐渐显现,不利于建设工程质量的真正把控。

目前,交通工程建设主要依靠监理单位进行监理,根据《建设工程监理规范》(GB/T 50319—2013),工程监理单位受建设单位委托,根据法律法规、工程建设标准、勘查设计文件及合同,对建设工程质量、进度、造价进行控制,对合同、信息进行管理,对工程建设相关方的关系进行协调,并履行建设工程安全生产管理法定职责的服务活动。

5.3.2 交通工程建设风险管理解决方案

1. 构建新的建设工程质量管理模式

在建设工程领域推行符合市场经济规律的保险制度,直接关系到广大群众的切身利益,关系到政府职能转变和社会的安定,对我国建设工程领域的质量安全管理和风险责任管理具有重要意义。

目前,世界上大多数国家均实行工程质量保险制度。国外建筑企业进入中国市场以及中国建筑企业进入国外市场都要求投保工程质量保险。建设工程质量保险的推行和建设工程质量保险制度的建立成为解决因工程质量问题而造成的各种风险,从而提高建筑的工程质量这一问题的关键,真正地迎合了市场的需求。建设工程缺陷损失保险是有效的风险管理与风险分散工具,将使建设工程投资风险转化为市场风险,而不是通过以外的政府财政拨款或追加投资等方式来解决。同时,保险人为了自身的利益,会利用自身的专业优势,密切关注工程建设的进程,重点防范可能发生事故赔偿的各个环节,由于保险人介入工程过程控制,运用市场机制进行外部监督,在把工程建设风险转化为市场风险的同时,还起到增强工程参与各方的风险意识和责任意识,有效控制工程质量,规范建筑市场秩序的作用,对规范各方行为有极大的促进作用,有效地完善了工程建设中的监督机制,有效地促使我国的建设工程风险管理与国际接轨。

2. 推行建设工程质量保险

推行建设工程质量保险有利于维护人民群众根本利益。我国正处于大规模工程建设时期,对工程质量缺陷建立保修制度,对于延长工程使用年限、提高投资效益显然十分重要,直接关系广大群众的切身利益,关系到政府的形象和社会的安定。

推行建设工程质量保险有利于规避工程技术风险。进入 20 世纪 90 年代以来,我国建筑业生产力得到了迅速发展,施工能力不断提高,大跨度预应力技术、悬索桥梁施工技术、地下工程盾构施工技术、大体积混凝土浇筑技术、大型复杂成套设备安装技术等都达到或接近了国际先进水平。但由于人类认识自然、掌握自然规律水平的限制，技术风险依然存在。现代建设工程结构体系日益复杂，突破原有技术标准的超大超长超高超深超厚结构不断涌现，对确保工程质量提出了新的挑战。

推行建设工程质量保险有利于进一步转变政府职能。7月1日，《行政许可法》正式实施。建设行政主管部门必须按照《行政许可法》的要求，完善和改革我国工程质量监督管理体制。推行工程质量保险制度，就是用符合市场经济规律的手段，加强对工程质量的管理。

推行建设工程质量保险有利于依法行政、维护建筑市场各方主体权益。《建筑法》和《建设工程质量管理条例》对参与工程建设的各责任主体，包括建设单位、勘察设计单位、施工单位、监理单位等的责任做了严格规定，除了必要的行政责任、刑事责任，也规定了民事赔偿责任。但我国设计、施工单位长期以来实行的是低价格、低利润政策，行业自身积累严重不足。发生事故或违约后，由于大部分的设计、施工企业不具备经济赔偿能力，致使受害方的权益得不到保证。甚至一些工程质量事故发生后，政府不得不出资承担善后工作。实施工程质量保险制度，有利于法律法规所规定的各方质量责任落到实处。

推行建设工程质量保险有利于促进工程质量水平的提高，对建筑质量进行全程管理。保险人和工程质量检查机构将参与建筑施工全过程，有利于进行建筑工程施工质量风险管控，有利于促进企业加强质量管理，塑造品牌。对于施工质量水平差的企业和信用差的企业，按照法规要求在保险公司投保就要付出高额保费，甚至无人愿意为其承保。长此以往，企业就会在市场竞争中处于不利的地位。这样将有利于建筑业优胜劣汰；有利于发挥"市场配置建筑资源"的基础性作用；有利于建筑市场信用体系的建立。

推行建设工程质量保险有利于增进施工单位、监理单位、设计单位诚信建设。费率差异化，建设工程质量保险根据开发商、施工单位的资质、历史记录等实行浮动费率，促进开发商、施工单位提高施工工艺和水平，实现优胜劣汰，有利于社会诚信体系的建设。可根据出险情况监理信用平台，方便政府管理部门通过平台了解相关企业情况，加强管理。

5.3.3 交通工程建设风险管理实施

交通建设工程项目多、投资金额大、施工难度高，安全质量事故时有发生。在交通工程建设领域实行风险管理，有利于推进交通运输安全体系建设，提升安全生产预防控制能力。

1. 风险管理的工作

交通工程建设风险管理配套实施管理工作包括：

（1）编制交通工程建设项目风险辨识手册和评估指南，科学系统地指导工程建设风险管理工作，实现风险管理标准化、规范化发展。

建设单位根据项目的设计、施工工艺、总承包资质能力、自然条件等客观因素和类似工程的事故统计情况,在施工前进行工程建设安全质量风险辨识和风险等级划分,建立本类工程项目的风险辨识手册和评估指南,制定风险应对方案。在施工过程中根据工程实际情况实时调整风险清单,积极应对,以减少交通工程建设安全质量风险。工程完成后,对本类建设项目的风险辨识手册和评估指南进行分析、归档,对以后的项目风险辨识和应对起指导作用。

(2)引入保险机制,充分利用保险对社会的服务功能,发挥保险风险控制和经济补偿作用,实现风险转移市场化。

交通工程建设项目面临的最大风险为施工过程中的安全风险和项目完成后工程质量风险。针对这两类风险,拟选择建筑安装工程一切险、建设工程质量潜在缺陷保险等险种应对。

建设单位和保险公司签订建筑安装工程一切险(附加第三者责任险)、建设工程质量潜在缺陷保险的组合保险合同,为工程建设过程中的安全生产风险和项目完工后一段期间内的质量风险提供经济保障。保险公司采取一系列的技术、管理措施,降低安全质量风险的发生,减少理赔支出,一旦出险提供保险理赔服务。

(3)引入工程风险管理机构(Technical Inspection Service,TIS),现阶段可由工程监理单位承担,实现风险管控社会化。

2. 工程建设参与各方关系和任务分工

试点工程建设项目中,建设单位作为投资人,同时设立项目管理机构,全面负责工程建设项目管理,建设项目实施合同关系如图 5-16 所示,建设项目管理关系如图 5-17 所示。建设单位及其项目管理机构、风险管理机构等工作内容的划分,如表 5-2 所列。

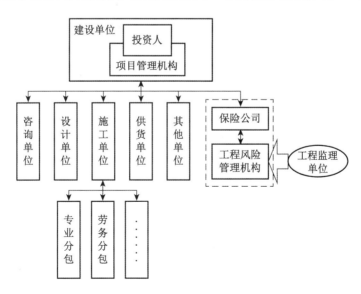

图 5-16 建设项目实施合同关系图

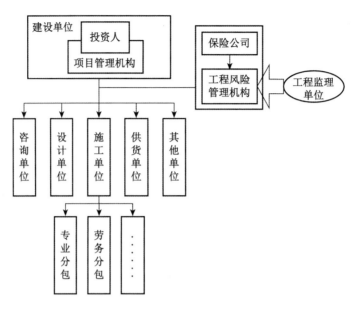

图 5-17　建设项目管理结构图

工程建设参与各方的任务分工如表 5-2 所列。

表 5-2　　　　　　　　　　　　工程建设项目实施任务分工

项目阶段	编号	工作任务	建设单位		保险公司	工程风险管理机构
			投资人角色	项目管理机构		
决策阶段	1	项目概念和构思、目的和要求	提出			
	2	组织建设项目的机会研究		执行	审查	审查
	3	组织可行性研究		执行	审查	审查
	4	组织建设项目评估		执行	审查	审查
	5	为建设项目的决策、立项而需要的其他工作		执行		
设计阶段	1	项目建设实施方案	决策	编制	审查	审查
	2	完成向政府部门报批的相关工作	执行	协助		
	3	确定项目定义	决策	协助		
	4	征地拆迁	执行			
	5	编制设计任务要求		编制	审查	审查
	6	确定技术定义及设计基础	决策	协助	审查	审查
	7	进行资源(技术、人力、资金、材料)评价		执行	审查	审查
	8	进行风险分析并制定管理策略		执行	审查	执行

项目阶段	编号	工作任务	建设单位		保险公司	工程风险管理机构
			投资人角色	项目管理机构		
设计阶段	9	选择专利技术	决策	协助	审查	审查
	10	审查专利商提供的工艺包设计文件		审查	审查	审查
	11	组织委托项目总体设计、装置基础设计、项目初步设计和施工图设计		执行	审查	审查
	12	审查设备、材料供应商名单	检查	审查	审查	审查
	13	项目设计应统一遵循的标准、规范和规定	审核	提出	审查	审查
	14	项目融资方案	决策	提出		
	15	完成融资工作	执行	协助		
	16	制定分包策略，编制招标文件	审核	执行		
	17	对投标商进行资格预审		执行	审查	审查
	18	完成招投标和评标工作	检查	执行		
	19	与工程承包公司进行合同谈判	决策	协助		
	20	支付款项	执行			
施工阶段	1	编制并发布工程施工应遵守的标准、规范和规定	审核	编制	监督	监督
	2	对承包商进行管理——工程安全、质量、文明施工等	检查	执行	监督	执行
	3	对承包商进行管理——工程造价、进度等	检查	执行		
	4	进行生产准备	执行	配合		
	5	试车，装置性能考核、验收	组织	参与		
	6	移交全部文件资料	接收	移交		
收尾阶段	1	处理遗留问题	执行	协助		
	2	项目终结	执行	协助		

3. 工程安全质量风险转移

运用保险机制，转移工程建设期和质保期的安全质量风险。

交通工程建设项目试点工作中，建设单位和保险公司签订建筑安装工程一切险（附加第三者责任险）、建设工程质量潜在缺陷保险的组合保险合同，为工程建设过程中的安全生产风险和项目完工后一段期间内的质量风险提供经济保障。保险公司采取一系列的技术、管理措施,降低安全质量风险的发生,减少理赔支出,一旦出险提供保险理赔服务。

4. 组建工程建设风险管理与保险协调机构

建议组建工程建设风险管理与保险协调机构,以推进工程建设参与各方进行工程建设风险管理工作。由该机构指导和协调交通工程建设风险管理具体工作,并履行监督管理职责。交通工程建设管理中心、交通工程建设安全质量监督站确定专人专岗,直接向风险管理与保险协调机构汇报。

5. 风险管理与保险试点工作开展步骤

交通工程建设项目风险管理与保险试点工作开展步骤如下:

(1) 组建风险管理与保险协调机构,指导和协调交通工程建设风险管理工作;

(2) 试点项目建设单位设立项目管理机构;

(3) 试点项目建设单位制订风险辨识清单和等级划分原则;

(4) 试点项目建设单位择优选择保险公司,为试点项目投保建筑安装工程一切险和建设工程质量潜在缺陷保险;

(5) 保险公司建立风险管理机构(TIS),现阶段可聘请工程监理单位作为 TIS 专业技术服务机构,并需得到建设单位认可;

(6) 工程风险管理机构(TIS)负责建设项目实施中安全质量风险管理,同时履行工程监理单位的职责;

(7) 建设期出现安全生产事故,建设单位向保险公司提出索赔,保险公司进行理赔;

(8) 项目完成后,质保期内出现质量问题,被保险人向保险公司提出索赔,保险公司进行理赔。

5.3.4 交通工程建设风险管理机构(TIS)

1. TIS 相关内容简介

TIS 是指受保险公司委托,对被保险建设工程潜在的质量风险因素实施辨识、评估、报告、提出处理建议,促进工程质量的提高,减少和避免质量事故发生,并最终对保险公司承担合同责任的机构。

TIS 的工作范围:风险管理机构的工作范围与保险公司承保的建设工程质量潜在缺陷保险的保单责任范围一致。风险管理机构的工作范围应当涵盖建设工程的实施过程,包括勘察、设计、施工、验收及回访检查等。

TIS 的工作内容:风险管理机构应准确理解建设工程质量潜在缺陷保险条款内容,根据委托合同的风险管控要求对建筑工程建设施工过程进行质量检查和评价,提供质量风险判断的依据,其工作内容按照施工进程大致可以分为三阶段,即施工前期准备阶段、施工过程检查阶段和竣工验收评价阶段。其主要工作内容如表 5-3 所列。

表 5-3		TIS 主要工作内容
项目工作阶段	编号	工作内容
施工前期准备阶段	1	评估勘察设计文件合规性
	2	初步评估项目实施风险
	3	编制质量检查工作计划
	4	质量检查首次交底
施工过程检查阶段	1	质量风险检查
	2	质量风险检查分析
	3	质量风险跟踪
	4	质量风险阶段汇总分析
竣工验收评价阶段	1	竣工质量风险评价
	2	竣工回访检查(质量缺陷责任期)
	3	竣工两年后质量风险评估

2. TIS 的主要工作形式

TIS 的主要工作形式分为现场不定期检查、关键节点检查和质量风险跟踪,并对现场的质量风险情况进行分析和评估,出具风险评估报告,必要时可建议召开风险管理会议,协调解决潜在质量风险。

(1)现场不定期检查:即采用每个月至少一次的不定期检查方式进行现场随机抽查,抽查内容按照质量保险范围设定,并形成相关的记录和质量风险检查分析报告。

(2)关键节点检查:即对关键性施工节点进行现场检查,关键节点的选取由 TIS 设定,建设单位根据关键检查点的设定和工程的实际进展情况预先与质量检查机构沟通,确定每个关键性节点具体的检查时间。

(3)质量风险跟踪:即对以前检查过程中发现的、并要求加以整改的质量风险进行处理结果的跟踪检查和记录,以调整最终的风险评估结果。

3. TIS 与监理的异同

1)TIS 与监理的不同之处

(1)TIS 服务阶段前置,体现质量控制的主动性:TIS 服务从勘察设计方案审查开始到竣工后两年,涵盖了勘察设计方案及成果的审查、施工过程质量监督、竣工后的质量回访等,有利于从源头上保证工程质量和使用功能;而监理服务阶段主要为工程施工阶段,目前主要为现场质量安全的被动控制。

(2)TIS 服务委托方式不同,体现质量控制的独立性:TIS 服务受保险公司的委托,按照保险约定来开展工作,公正独立地出具风险评估与现场动态报告,可以客观反应质量状况;而监理单位受建设单位委托,受制于建设单位较多,不能有效反应问题和解决问题。

(3)TIS 服务结果直接与保费挂钩,体现质量控制的有效性:TIS 工作方式虽然不是现场全过程控制,但是强调事前技术分析和关键点的把握,有针对性地开展工作,每次评价报告均有明确的风险提示和相关整改建议,落实情况作为最终确定保费的依据,可以倒逼参建各方主动加强管理,提高质量管理水平;而监理只能靠通知单来解决,没有工程支付手段的保证。

2)TIS 与监理的相同之处

(1)都以保证工程质量为目标,具备质量目标分解和动态控制的能力;

(2)都以现行质量验收标准为依据,需要十分熟悉国内工程质量验收与评价的标准规范;

(3)都需要具备对现场质量情况进行检查和控制的能力和装备,具有现场全过程质量行为和实体质量控制的经验;

(4)都需要相关工程专业技术能力,并配备足够的质量控制专业技术人员;

(5)都需要有完整的企业管控体系,对项目组进行有效指导和动态控制。

4. 引入 TIS 及相关问题处理

我国工程建设实行监理制度,施工现场由监理单位受建设单位委托负责工程项目的安全质量管理。监理单位和监理人员在工程施工安全质量监理工作方面,通过近 30 年的努力,积累了大量的经验,但工程监理的发展目前也遭遇瓶颈。

国家发展改革委 2015 年 2 月 11 日发布《国家发展改革委关于进一步放开建设项目专业服务价格的通知》(发改价格〔2015〕299 号),全面放开包括工程监理在内的建设项目专业服务价格,实行市场调节价。交通运输部 2015 年 4 月 13 日发布《交通运输部关于深化公路建设管理体制改革的若干意见》(交公路发〔2015〕54 号),提出按照项目的投资类型及建设管理模式,由项目建设管理法人自主决定工程监理的实现形式。还可以参考的是北京市 2016 年 1 月 1 日起实施的《北京市建设工程质量条例》中规定,北京市推行建设工程质量保险制度和建设单位工程质量保修担保制度。

试点项目中,交通工程建设项目建设单位不再单独聘请工程监理单位,而通过购买保险,通过建设单位和保险公司签订的风险管理与保险合同,要求保险公司建立工程风险管理机构(TIS),现阶段可聘请工程监理单位进行施工现场的安全质量风险管理。通过工程风险管理机构(TIS)在施工现场的专业化的工作,将降低安全事故发生的风险,减少保险公司的出险理赔。工程风险管理机构(TIS)负责施工现场的工程质量控制、安全生产管理、文明施工、工程保修阶段服务工作任务和履行目前法规要求的监理工程师的职责,其工作内容可遵照《建设工程监理规范》(GB/T 50319—

2013),如表 5-4 所列。

表 5-4　　　　　　　　　　　建设工程风险管理机构(TIS)工作内容

工作任务	编号	工 作 内 容
工程质量控制	1	制订和实施相应的监理措施,采用旁站、巡视和平行检验等方式对建设工程实施监理
	2	审查施工单位报审的施工组织设计、施工单位报送的开工报审表及相关资料、分包单位资格报审表
	3	督促检查施工单位的施工管理制度和质量安全文明施工保证体系的建立、健全与实施
	4	对有关的更改设计、施工技术措施等内容的必要性和合理性进行核定,并将审核意见报委托人备案
	5	审核施工单位提供的材料、构配件和设计的数量和质量
	6	设计对工程进行风险分析,并应制订工程质量、造价、进度目标控制及安全生产管理的方案,同时应提出防范性对策
	7	审查施工单位现场的质量管理组织机构、管理制度及专职管理人员和特种作业人员的资格
	8	审查施工使用的原材料、半成品、成品、设备的质量,进行独立平行检验和试验
	9	审查施工单位报送的新材料、新工艺、新技术、新设备的质量认证材料和相关验收标准的适用性,必要时应要求施工单位组织专题论证
	10	检查、复核施工单位报送的施工控制测量成果及保护措施,签署意见
	11	监督施工单位严格按现行规范、规程、标准和设计要求施工,控制工程质量。在关键的施工工序上必须进行旁站监理
	12	监理单位全面负责施工现场的监测管理,建立监测现场的巡视制度,抽查工程施工质量,对隐蔽工程进行复验签证
	13	对工程的施工质量提出质量评估报告,对安全、档案资料、文明施工提出评估意见,竣工验收按建设工程竣工验收备案制执行
	14	参与质保期内出现的工程质量问题的研究、分析,提出整改措施并落实整改
	15	审批质量事故或质量问题的处理报告,并检查质量事故或质量问题的处理质量
	16	负责编制一份包括所有竣工检验和测试的详细计划表。管理及负责所有竣工验收过程的检验和测试
	17	负责保管和更新缺陷及剩余工程的清单,并管理剩余工程的完成,缺陷工程的修补,再验收及接受
	18	审查竣工资料,负责汇编要求的所有工程记录

续 表

工作任务	编号	工 作 内 容
安全生产管理	1	审批专项安全技术方案,建立安全监理台账。建立安全监理管理体系,明确各项管理制度和措施,并加以实施
	2	审查施工单位现场安全生产规章制度的建立和实施情况
	3	审查施工单位报审的专项施工方案
	4	督促承包商依照安全生产的法规、规定、标准及监理合同的要求,制订相应的安全技术措施和安全生产责任制,建立完善的安全生产保证体系
	5	督促承包商落实安全交底制度
	6	巡视检查危险性较大的分部分项工程专项施工方案实施情况
	7	及时发现并制止承包商的各种违章作业,督促其整改。发现工程存在安全事故隐患时,应签发监理通知单,要求施工单位整改,情况严重时,应签发工程暂停令,并应及时报告建设单位
	8	检查并审核承包商的施工机械设备数量、性能、检修证,以及特种工种作业人员操作证等,确保机械设备的正常运转,消除安全隐患
	9	定期或不定期地对施工现场的安全用电、动用明火、防护设施、施工机械的安全性能、消防器材的设置、安全技术措施等落实情况进行专项检查
	10	检查主要施工机械质量鉴定证书和安全鉴定证书,督促承包商对主要施工机械进行定期的保养和安全检查,保证设备的安全和正常使用
	11	主持安全生产工作例会,并编写会议纪要
	12	执行国家、地方有关职业安全健康管理的法律、法规和标准,并督促施工单位执行
文明施工	1	督促、检查并协助承包商办理各类政府主管部门许可证及申报
	2	督促并检查承包商按规定做好施工区域与非施工区域之间分隔、路拦的设置
	3	检查并审核承包商对公用管线的保护措施和应急措施的落实情况
	4	检查并督促承包商保持施工沿线单位居民的出入口和道路的畅通,并按规定设置交通标识牌,夜间设示警灯,防止事故发生
	5	检查并督促承包商按规定进行各类材料及土方的堆放,严格控制施工噪声,减少施工对市容环境和绿化的污染
	6	检查并督促承包商,并按规定落实"五小"设施,落实防台、防汛、防涝等三防措施;消防措施;减少大气污染的措施等,建立各项管理制度
	7	加强文明施工的检查,每月组织文明施工例会,并编写会议纪要
	8	检查督促施工单位严格执行施工承包合同附件中所规定的"工程过程中环境的目标及要求"及职业安全生产健康要求
	9	工程竣工后,检查并督促承包商在规定期限内完成现场的清场工作

续　表

工作任务	编号	工 作 内 容
工程保修 阶段服务	1	定期回访
	2	检查和记录建设单位或使用单位提出的工程质量缺陷
	3	对工程质量缺陷原因进行调查,并应与建设单位、施工单位协商确定责任归属
项目监理 机构及其 设施	1	在施工现场派驻项目监理机构
	2	将项目监理机构的组织形式、人员构成及对总监理工程师的任命书面通知建设单位
	3	工程监理单位调换总监理工程师时,应征得建设单位书面同意;调换专业监理工程师时,总监理工程师应书面通知建设单位
监理文件 资料管理	1	建立完善监理文件资料管理制度,应设专人管理监理文件资料
	2	及时、准确、完整地收集、整理、编制、传递监理文件资料
	3	采用信息技术进行监理文件资料管理

建设单位作为投资人,同时设立项目管理机构,全面负责工程建设项目管理,建设单位及其项目管理机构、风险管理机构(TIS)等工作内容的划分,如图 5-18 所示。

图 5-18　工程建设项目实施工作划分

相关问题处理:

(1) 在监理工作不可缺失的情况下,可先考虑由有监理资质的 TIS 机构代替完成原监理在质量控制方面的工作任务,以满足法律上对强制监理的要求。

(2) 对于替代监理后监理安全职责缺失的问题,可以投保建安一切险,让保险公司委托 TIS 机构在过程管理中一并控制。

（3）对于其他职能的缺失如协调、进度等，可由项目管理公司或代建公司承担相关工作（目前实际也确实由项目管理公司或业主聘请的其他机构进行管理控制）。过渡阶段让有监理资质的监理单位履行也是一种方式。

（4）在对于 TIS 的委托问题上，可考虑由建设单位和保险公司共同协商 TIS 的选择问题，以满足 TIS 在承担监理角色中服务于建设单位和保险公司。

第6章 轨道交通的风险管理与保险

6.1 轨道交通的风险评估

6.1.1 轨道交通的风险辨识

自1993年5月28日上海轨道交通一号线试运营至今,历经22年的建设和运营,上海轨道交通网络的规模逐步扩大,目前已基本建成了"覆盖中心城区、连接市郊新城、贯通重要枢纽"的轨道交通网络。1993年,在上海轨道交通刚刚开通运营时,日均客流量仅为0.4万人次,而2015年10月上海轨道交通网络的日均客流量已经超过了1 034万人次,客流量增长十分迅速。

上海轨道交通自20世纪90年代初起建设,21世纪以来进入快速建设和发展的时期。经过20多年的不懈努力,截至2015年年底,本市已开通运营14条轨道交通线路(不含磁浮线),运营线路总长达548 km,运营车站337座,车辆配属数596列3 546辆。2014年,全年路网安全运送乘客28亿人次,日均客流达774万人次,同比增长12.8%;单日最高客流达到1 028万人次,首破千万人次大关。运营质量稳步提升,正点率和兑现率分别达99.57%和99.75%。2015年轨道交通客运量首度超越地面公交,占公共交通出行比重达到42%,公共交通的骨干地位已经确立,为保障城市安全有序运行发挥了不可替代的作用。

随着轨道交通的发展,尤其城市轨道交通的普及,轨道交通网络化运营情况日趋复杂、管理人员紧缺和管理经验不足等问题日益显现,与轨道交通迅速发展不相适应,给轨道交通加强安全运营监管工作带来严峻挑战。其中地铁具有地下运营环境独特、人员流动量大、一旦发生事故社会影响较大等特点。加强风险源控制,形成大客流安全危险源管控机制,提高轨道交通的安全性。

通过查阅国内外城市轨道交通安全事故分析相关报告研究,结合上海轨道交通运营现状,总结出目前影响上海轨道交通安全的风险主要有9类:大客流、设施设备故障、客伤、火灾、列车相撞或脱轨、外部侵限、公共安全、自然灾害及内部员工管理缺失。

轨道交通运营区域内发生的乘客人身伤亡及财产损失是重点需要防范的安全生产事故,其风险因素主要为:

(1)乘坐自动扶梯、垂直电梯或升降平台不慎或设备故障;

（2）在地面、楼梯滑倒；

（3）被站台门、列车门或通道门等夹住；

（4）撞击闸机三杆；

（5）乘降时站台缝隙踏空；

（6）侵入轨行区；

（7）与列车发生碰擦；

（8）在车厢内摔倒或撞击扶手；

（9）列车运营事故导致；

（10）其他可能引起乘客人身伤亡及财产损失的风险因素。

轨道交通是一个涉及部门众多、运营组织技术复杂的大系统，同时结构复杂、客流密集、网络联通性强、空间布局狭窄；轨道交通又是一个开放的服务平台，无论是外界的自然环境、社会环境还是政治环境都会对轨道交通产生影响。安全风险管理主要考虑的风险有：大客流风险、运营风险、疏散风险、自然灾害风险。根据上海城市轨道交通运营的实际情况和自身特点，对目前轨道交通存在的安全风险隐患进行梳理、分类，主要包括以下方面：

（1）从可能产生的风险隐患情况分析，主要体现在运营大客流矛盾突出。

随着网络规模的快速扩张和乘客出行方式的改变，轨道交通承担的客流负荷加速攀升，目前极端客流已突破千万级。特别是早晚高峰时段、换乘枢纽车站和突发情况下人流高度聚集，易发客流对冲情况，对客流疏导和应急处置提出更高要求。

主要原因是：①规划建设前期缺陷。现阶段轨道网络还未完全建成，网络连通性水平不高，乘客可选择的换乘站点较少；在规划立项等前期阶段，往往采用的标准依据较实际运营需求来说，功能配置水平较低；沿线用地布局混合度不够，造成线路客流朝向较为单一，形成"潮汐式"客流特征，容易形成客流的不均衡性。②运能与运量的矛盾。运营大客流基本可分为常规出行大客流和非正常大客流两类，其中常规出行大客流主要成因有：运能运力不足、换乘集聚等；非正常大客流主要成因有：设施设备故障、突发性事件、轨道交通周边大型活动（体育赛事、大型演出等）等。

（2）从发生事故的主要情况分析，主要是由设施设备的故障、人员违章操作和各种外部干扰因素引起。

① 在设施设备故障方面，设施设备的可靠性还有待于进一步提高，设施设备引发的故障还时有发生，部分设施设备老化带来设备状态不稳定的问题，直接影响运营安全与效率。

主要原因是，对轨道交通列车控制等关键设施设备核心技术不掌握，在设施设备维护保养、应急抢修和零部件替换等方面受制于人，导致部分设施设备维修管理较为被动。目前，部分线路运营时间较长，设施设备存在不同程度老化现象，同时高强度的运营导致了部分设备欠修的问题。

② 在人员违章操作方面,表现在人员业务素质不高,或员工有章不循,导致了各类事故的发生。这说明了行业员工队伍整体素质与轨道交通发展要求不相适应,在网络规模迅速扩张的形势下,人员队伍被稀释摊薄,关键岗位人才缺乏,社会化支撑有限,造成管理能力和效率不能满足高强度安全运营的需要。

主要原因是,上海轨道交通的迅速发展,对日常运营生产的人员储备、技术储备形成了严峻考验。轨道交通大发展前提下,现行人员教育、培训的周期远远不能满足网络快速发展的需求。同时,大批新进人员的补充,形成了职工队伍"年轻化"现象。此外,全国轨道交通建设的陆续启动,形成了对运营经验人才的迫切需求。上海轨道交通有一定比例的运营人员,尤其是一批有一定运营经验的管理型人才转投参与其他城市轨道交通建设、运营,造成现有轨道交通人员衔接脱节、运营管理人员缺乏的局面。另外,员工的责任心和安全意识方面有待加强。

③ 在外部干扰因素方面,外部施工违章作业、异物侵限、乘客不当行为都可能直接影响正常的运营秩序。一旦发生这些情况与问题,如处置不当,轻者造成运行效率下降,迅速形成客流积压和拥堵,重者甚至造成线路运行瘫痪和人员伤亡的严重后果。

主要原因是,随着城市建设的发展,轨道交通沿线重大施工数量激增,个别施工单位不按照规定要求做好保护措施和办理相关施工手续,违章施工或事故造成运营线路损害,给轨道交通正常运营带来一定的干扰和安全风险。轨道交通还面临自然灾害威胁,包括夏季台风、汛期暴雨、冬季降雪冰冻等。另外,乘客的不文明乘车行为,如自杀、擅拉紧急拉手等也是不可忽视的外部干扰因素。

6.1.2 轨道交通的风险评价

根据轨道交通安全生产主要风险源清单,其中重点是大客流、乘客人身伤害等风险辨识结果,以及确定重大风险源和一般风险源。

风险源等级划分依据主要为相关法律法规、行业规范和轨道交通运营企业规范,同时参考事故数据和保险出险、赔付数据。风险等级划分主要考虑人员伤亡和直接经济损失。其主要考虑因素包括:对大客流应急预案进行危险源辨识,主要针对预案可操作性、覆盖面等;对换乘站、客流大站的通行能力进行危险源辨识,主要针对拥堵点、站台承受能力、出入口应急疏散等;对客运设施设备进行危险源辨识,主要针对维护保养制度及落实情况、设备状态等;对应急联动进行危险源辨识,主要针对信息传达、应急响应、应急队伍等。

风险等级评定综合考虑风险事故发生概率和事故发生造成的后果。发生概率高、造成后果严重的风险源风险等级高;发生概率低、造成后果轻微的风险源风险等级低。考虑事故发生产生的环境破坏、社会影响、事故发生概率等方面的后果,当多种后果同时产生时,应采取就高原则确定事故严重程度等级。

6.2 轨道交通保险

6.2.1 轨道交通保险现状

对于地铁运营中存在的风险,现有的保险中主要由财产一切险和公众责任险两种保险来覆盖,其中财产一切险主要可以覆盖。此外,对于车站内运行的车辆、机电设备、电梯等还可以要求生产厂家对其产品投保产品责任险(电梯可投保电梯安全责任险),分担运营公司的责任压力,分担风险。

1. 财产一切险

1)保单责任

在保险期间,由于自然灾害或意外事故造成保险标的直接物质损坏或灭失,保险人按照本保险合同的约定负责赔偿。

前款原因造成的保险事故发生时,为抢救保险标的或防止灾害蔓延,采取必要的、合理的措施,而造成保险标的的损失,保险人按照本保险合同的约定也负责赔偿。

保险事故发生后,被保险人为防止或减少保险标的的损失所支付的必要的、合理的费用,保险人按照本保险合同的约定也负责赔偿。

2)保险情况

2011年保单情况和赔付情况如下:

被保险人:上海某地铁运营公司、各线路项目公司、各运营公司及/或所属的分公司、子公司。

保险标的:被保险人所拥有的或被保险人所使用的全部地铁车辆;被保险人所拥有的或被保险人所使用的室外自动扶梯及升降梯。

地域范围:被保险人所有经营、活动、调试、运输所涉及的区域;包括但不限于办公经营区域,运营区域,调试区域,地铁车辆存放、检修等场所,以及运输区域。

营业性质:轨道交通的建设,运营及相关的资源开发。

保险期限:自2011年1月1日0:00时起至2011年12月31日24:00时止。

保险金额:地铁车辆RMB 111.228 0亿元;室外自动扶梯及升降梯RMB 2.928 0亿元。

免赔额:地铁车辆RMB 50 000.00元/每次事故;室外自动扶梯及升降梯:RMB 1 000.00元/每次事故。

费率:试车条款0.53%;车辆运输条款0.022%;不含上述两个条款的本保单费率为地铁车辆部分0.0361%、室外自动扶梯及升降梯0.022 5%。

总保险费:地铁车辆部分总保险费RMB 4 015 330.80元;室外自动扶梯及升降梯RMB 65 880元;试车部分和车辆运输部分保险费根据具体发生时,依照保单约定另行计算。

保险责任:在保险期间内,由于自然灾害或意外事故造成保险标的直接物质损坏或灭失,保险人按照本保险合同的约定负责赔偿。前款原因造成的保险事故发生时,为抢救保险标的或防止灾害蔓延,采取必要的、合理的措施而造成保险标的的损失,保险人按照本保险合同的约定也负责赔偿。

2. 公众责任险

1) 保单责任

在保险期限内,被保险人在本保险单明细表列明的区域范围内从事经营业务时,因意外事故造成第三者的人身伤亡和财产损失,依照中华人民共和国法律(不包括港澳台地区法律)应由被保险人承担的经济赔偿责任,保险公司按照保险合同以及下列条款的约定负责赔偿。

对被保险人因上述原因而支付的仲裁或者诉讼费用以及事先经保险公司书面同意而支付的其他费用,保险公司亦负责赔偿。

保险公司对每次事故引起的赔偿金额以法院或政府有关部门根据现行法律裁定的应由被保险人偿付的金额为准。但在任何情况下,均不得超过本保险单明细表中对应列明的每次事故赔偿限额。在本保险期限内,保险公司在本保险单项下对上述经济赔偿的最高赔偿责任不得超过本保险单明细表中列明的累计赔偿限额。

2) 保险情况

2011 年的保单情况和赔付情况如下:

被保险人:上海某地铁运营公司、各线路项目公司、各运营公司及/或所属的分公司、子公司。

被保险地址:被保险人所有经营、活动、调试、试车、运输所涉及的区域;包括但不限于运营区域,调试区域,试车区域,地铁车辆存放、检修等场所,以及运输区域,以及被保险人所辖或/及所需管理或/及实际负责的区域或/及被保险人之广告设施之区域。

保险期限:自 2011 年 1 月 1 日 0:00 时起至 2011 年 12 月 31 日 24:00 时止。

业务范围:轨道交通的建设、管理、规划、运营及相关范围。

保险责任:按公众责任险条款及后附扩展条款。

(1) 在保险期限内,被保险人在本保险单明细表列明的区域范围内从事经营业务时,因意外事故造成第三者的人身伤亡和财产损失,依照中华人民共和国法律(不包括港澳台地区法律)应由被保险人承担的经济赔偿责任,保险公司按照保险合同以及下列条款的约定负责赔偿。

(2) 对被保险人因上述原因而支付的仲裁或者诉讼费用以及事先经保险公司书面同意而支付的其他费用,保险公司亦负责赔偿。

(3) 保险公司对每次事故引起的赔偿金额以法院或政府有关部门根据现行法律裁定的应由被保险人偿付的金额为准。但在任何情况下,均不得超过本保险单明细表中对应列明的每次事故赔偿限额。在本保险期限内,保险公司在本保险单项下对上述经济赔偿的最高赔偿责任不得超过本保险单明细表中列明的累计赔偿限额。

赔偿限额:每次事故赔偿限额 RMB 6 000 000 元;累计赔偿限额:RMB 12 000 000 元。每次事故指不论一次事故或一个事件引起的一系列事故。

保险费:RMB 5 689 708.74 元;费率:142.242 7%。

计费基础:参照运营公司 2009 年以及 2010 年的两年的客流量,对 2011 年客流量进行预估,如表 6-1 所列。

表 6-1 运营线路客流及保费情况

运营公司	线路	预计日客流/万人次	保费/元
运营一公司	1、5、9、10	179.45	1 962 384.05
运营二公司	2、11	118.48	1 295 608.32
运营三公司	3、4、7	149.26	1 632 266.07
运营四公司	6、8	73.11	799 450.30
合　计		520.30	5 689 708.74

保单到期后如实际日客流量在预测日客流量±5%以内,则保费不做调整。如实际日客流量超过±5%,则按 RMB 5 689 708.74 元×实际日客流量/预测日客流量调整保费,但实际 2011 年保费未调整。

6.2.2 轨道交通保险模式

上海某地铁运营公司目前投保的保险险种有两种,即为公众责任险和财产一切险。公众责任险主要是乘客在乘坐轨道交通过程中发生意外时的赔付保障,范围含盖该公司及所属各运营单位负有管理职责的运营区域内,包括从检票进站始至验票出计费区域、自动扶梯(含残障人士电梯)内、以及其他属于轨道交通所属单位管辖范围内的非计费区和附属设施内,如检验票闸机外、车站出入口、地下通道等涉及的人身伤亡和财产损失。

集团负责整个轨道交通路网(不含磁浮线)公众责任险的统筹、协调和办理,与相应保险公司谈判签订保险合作协议,规定当年保费以上一年的保费为基准,根据当年客流增长量和前 3 年综合赔付情况等相关因素进行调整,每年一签。由各运营公司按管辖线路领取保单,并支付保费。由于集团统一采购,所以在公众责任险中单个客伤案件的最高保险金额达到 2 000 万元,对乘客受到意外伤害提供有效保障。

目前的客伤主要是个案,极少部分涉及多人。轨道交通的客伤从发生地点来看,主要原因是电梯伤害,占 35%～40%,其次是楼梯、地面摔跤,也占 35%左右,另外被车门或屏蔽门夹伤占 10%,车厢内摔倒撞伤的占 5%～10%,站台缝隙踏空约 5%,其他原因占 2%～5%。2010—2011 年由于保费较低,且发生 9·27 事故,公众责任险的赔付率超过 200％。近几年来,上海轨道交通加强管理,提升安全管控措施,除 2011 年"9·27"事故外,未发生人身伤害事件,客伤发生处于较低水平,赔付率在 50％～80％。

财产一切险主要目标为地铁设施设备,范围涵盖该地铁运营公司所拥有和全部使用的地铁车辆(包括保险期内新增车辆),室外的自动扶梯和升降梯(包括保险期内新增线路的自动扶梯及升降梯)。

近 5 年的赔付情况中,车辆赔付率除去 2011 年的 79.25％和 2013 年的 13.5％,其余年份的均为零,2010—2015 年的 5 年赔付率为 11.58％,2013—2015 年的 3 年赔付率为 4.75％。2010—2015 年的 5 年电梯赔付率为零。

截至 2015 年 12 月,上海地铁全网运营线路总长 548 km、车站 337 座。2014 年上海轨道交通日均客运量达 775 万人次,工作日日均客流量 840 万人次。周末大客流成常态化,尤其是遇重大活动或节假日因素客流量增长显著,12 月 31 日全网客流达到 1 028.6 万人次。公众责任险的保费,逐年大幅增长,给运营方带来一定的压力。

因此,除公众责任险和财产一切险两个险种外,对于车站内运行的车辆,机电设备,电梯等还可以要求生产厂家对其产品投保产品责任险(电梯可投保电梯安全责任险),来分担运营公司的责任压力,分担风险。目前,这一领域投保的厂家相对较少。即上海市轨道交通推广投保公众责任险、财产一切险、产品责任险(由设施设备原厂家投保)、电梯安全责任保险(由电梯原厂家投保)。

1. 产品责任险保险责任

在保险期间或追溯期内,在保险单约定的承保区域内,由于被保险产品存在缺陷,造成第三者人身伤害或财产损失且被保险人在保险期限内首次受到赔偿请求,依照中华人民共和国法律(不含香港、澳门特别行政区和台湾地区法律,下同)应由被保险人承担的经济赔偿责任,保险人按照本保险合同约定负责赔偿。

保险事故发生后,被保险人因保险事故而被提起仲裁或者诉讼的,对应由被保险人支付的仲裁或诉讼费用以及事先经保险人书面同意支付的其他必要的、合理的费用,保险人按照本保险合同约定也负责赔偿。

2. 电梯安全责任保险责任

在保险期间内,保险单中列明的电梯在正常运行过程中发生事故,导致第三者遭受财产损失或人身损害,经国家有关行政部门组成的电梯事故调查组认定,该事故属于电梯安全责任事故,依照中华人民共和国(不含港、澳、台地区)法律应由被保险人承担经济赔偿责任,保险人将根据本合同的规定对下列赔偿责任在约定的赔偿限额内负责赔偿:第三者的伤残、死亡和医疗费用赔偿责任;第三者的财产损失赔偿责任。

发生保险事故后,对于被保险人为减少损失或防止损失扩大而支付的必要、合理的费用,保险人亦根据本合同的规定,在约定的赔偿限额内也负责赔偿。

对于轨道交通来说,现阶段地铁运营公司采取投保财产一切险和公众责任险的方式来转移日常运营风险,并根据特点针对城市轨道交通站、城市轨道线路、城市轨道交通车辆这三个方面来设计并附加大量附加条款来覆盖人、物、环境、管理这几个方面可能出现的风险,总体来说风险可控。目前,面临的最大挑战就是日益增加的客流量,建议应根据赔付情况,适时调整公众责任险费率,用经济手段控制风险,并通过鼓励相关厂家对其供货产品投保产品责任险,特别是电梯安全责任险来减轻管理方压力,并分散部分风险。

6.3 轨道交通风险管理措施

1. 进一步加强轨道交通运营安全监管工作

上海长期以来一直非常重视轨道交通安全及应急管理工作,已基本建成围绕安全政策与目标、风险管理、安全保证和安全促进这4大方面的安全管理体系。加强轨道交通运营安全管理,要坚守安全生产底线,系统梳理查找网络运行等各方面存在的不足和短板,狠抓安全管理薄弱环节整改,努力确保轨道交通运营安全平稳有序。

1) 加强规划建设源头治理

一是深化完善网络布局。根据城市发展规划和产业布局完善路网规划,结合十三五规划研究,完善轨道网络结构,丰富系统制式,增强外环区域和人口导入区的线路、站点覆盖密度和换乘功能。二是开展系统能力评估。督促企业持续开展网络设施与能力的分析评估,找准规划设计中的薄弱环节,通过管理改造等综合措施,有效消除安全风险。梳理网络化运营以来的经验教训,积极研究新线建设功能需求,提高适应大客流管控需求的线网设计标准,优化完善车站建筑、配线设置等建设标准,提高运营保障和应急处置能力。三是充分发挥统筹协调机制作用。贯彻落实《上海市轨道交通管理条例》,加大政府职能部门参与深度和广度,充分调动和发挥各区县、各部门、轨道交通企业的积极性和合力作用,提升轨道交通建设工程安全质量和网络运营服务水平,确保轨道交通安全有序发展,进一步优化完善指挥部机制。

2) 提升大客流管控能力

一是实施运力挖潜。督促企业进一步解决高峰时段运能与运量矛盾,2015年计划增加8条线路运能,全路网运能增加6%。二是加强现场管控。指导企业结合日常大客流车站、重要赛事举办情况等,认真排查梳理汇总客流对冲、积压等风险点。同时,根据风险点梳理情况,研究制订客流疏导"一点一方案",细化明确分流、限流等措施,并在拥堵点处增加"执勤岗台""升降指挥岗""硬隔离护栏"等设施以及值守力量。三是加大科技创新。支持企业研究建立基于客流信息系统(TOS系统)、Wi-Fi管控技术和移动视频技术的轨道车站大客流智能系统,实时监测轨道车站出入口的客流数量、变化规律和客流通勤状态,形成轨道区域人流动态监测预警和大客流风险评估机制。四是完善诱导机制。针对预警发现的可能出现客流拥堵的车站、部位,建立即时宣传诱导机制,通过车站车厢移动传媒平台即时发布提示信息,诱导客流避开拥堵区域,严防发生拥挤踩踏事故。

3）加强运营设备设施管理

一是强化设施设备网络专业管理。督促企业推进设备全寿命管理理念,强化状态监测分析,充分利用网络监控等科技手段改进专业管理维护模式提高维护保障质量,针对多发故障和难点问题开展技术攻关,确保设施安全可靠运行。二是规范运营关键设备准入和退出机制。建议研究自2014年1月1日起施行的《中华人民共和国特种设备安全法》,对直接关系轨道交通运营安全的信号、车辆等重要设备引入特种设备管理理念,突出关系乘客安全设备的重点监管。督促轨道交通企业在运营过程中逐步建立供货商的责任追溯机制或退出机制。三是强化监督考核。行业主管部门探索利用保险机制,建立运营关键设施设备的第三方安全督导机制。

4）提高应急处置能力

（1）提高事故影响判断准确性。督促企业持续加强员工应急技能培训,一旦发生事故,应迅速进行预判,准确预估事故影响的程度、处置时间与客流规模,果断采取对应的预警响应等级,有效调动各方救援处置力量,避免措施准备不足造成被动。

（2）加强事故信息预警发布。根据事故可能对行车安全、线路和网络运行造成的危害和影响范围,依次用红色、橙色、黄色、蓝色和灰色预警发布。并告知出行影响信息,引导乘客通过换乘其他线路或地面公交,防止人员在个别站点聚集。同时,必要情况下可采取故障线路停止换乘的措施,通过人为阻断乘客换入减轻故障线路和公交接驳的客流压力。

（3）完善应急管理信息报告。强化事故信息报告归口管理,解决企业多头报送的问题,提升信息报送及应急处置效率。同时,进一步明确和提升信息报告的时限要求。

（4）修订预案加强演练。根据《上海市轨道交通管理条例》的有关要求,组织修订《上海市处置轨道交通运营突发事件应急预案》,2015年在市政府批复后正式实施,并加强预案的宣传,适时开展综合预案演练。督促企业做好专项预案的修订,重点组织开展线路系统故障、大客流处置、区间应急疏散等专项应急演练,信号、供电等多系统故障处置演练,提高应对突发事件的实战合成能力。积极开展公共安全社会宣传,不定期组织开展公众参与的逃生演练。

（5）严肃事故调查和责任追究机制。按照"四不放过"的原则,依事故层级开展事故调查和责任追究工作,对负有事故责任的事故发生单位和有关人员依照法律、行政法规的规定和市政府批复进行处理,从而不断强化员工队伍安全责任心和安全意识。

5）落实属地化管理责任

（1）建立轨道交通属地化管理的责任制。通过市轨道交通指挥部办公室平台,协调相关区县政府落实轨道交通安全监管属地责任,解决外部影响轨道交通运营安全问题。

（2）加强保护区范围的巡查管控。督促企业合理配置保护区专职巡查人员,完善控制保护区巡查机制。建设"轨道交通安全保护区信息管理系统",加强对控制保护区的管理和控制。

（3）严肃执法保障轨道安全。对于违反轨道交通相关规章,危及公共安全的行为要严肃查处,及时消除隐患;对于造成后果的,及时移送公安部门,依法追究相应法律责任。

6) 加强社会安全宣传教育

城市轨道交通的安全工作要全民参与。目前还存在着安全意识薄弱的人群,并且在许多地方地铁还是新生事物,更谈不上全民的安全意识。要加大公众宣传力度,加强安全文化建设,强化公众的安全意识,提高公众的安全素质,营造安全的乘车氛围。

2. 轨道交通风险管理和保险具体措施

目前面临的最大挑战就是日益增加的客流量,轨道交通日均客流量从2011年520万人次/日,大幅增加到2015年近840万人次/日,单日峰值更是频频突破1 000万人次/日,建议应根据赔付情况,适时调整公众责任险费率,用经济手段控制风险,并通过鼓励相关厂家对其供货产品投保产品责任险,特别是电梯安全责任险来减轻管理方压力,并分散部分风险。

运营单位安全生产风险管理具体工作包括:危险源辨识,对大客流应急预案进行危险源辨识,主要针对预案可操作性、覆盖面等;对换乘站、客流大站的通行能力进行危险源辨识,主要针对拥堵点、站台承受能力、出入口应急疏散等;对客运设施设备进行危险源辨识,主要针对维护保养制度及落实情况、设备状态等;对应急联动进行危险源辨识,主要针对信息传达、应急响应、应急队伍等。制定危险源划分标准,针对辨识出的危险源进行评估,划分危险源等级。针对每项危险源采取相应的安全管控措施。编制危险源管控手册对相关人员开展危险源管控培训教育。健全和完善危险源管控落实、检查、整改机制。

1) 建立站台实时监控系统

建立车站、站台、车内实时监控系统,覆盖乘客从入站安检、乘车到下车出站全部路程,实时监控站内、车内状况,全面掌握地铁站及地铁运行状况。

对大客流风险进行应急与预案可操作性及覆盖面分析。

采取事先研判预测、多级运力配置、强化应急联动、制订"一站一预案"、优化车站限流等措施,对拥堵点、站台承载能力、出入口应急疏散等方面进行风险评估。完善设备维护保养制度,开展专项隐患排查和整治,重点针对信号、车辆、供电、轨行区、隧道结构等关键设施设备集中进行安全隐患排查、梳理和建档,制订消缺整改计划。优化安全设计标准,配置安全防护设备等措施,加强现场防护力度。定期开展供电、消防设备的检修维护工作,严格施工管理,从根源上保障设备质量。

加强大客流、高峰期的监控和电梯等事故高发地点的监控。制定专人专岗,一旦发生突发事件能够及时响应,充分利用监控系统,为事故后追责及赔偿提供证据,着力解决客伤理赔中责任认定困难等问题。

2）推动电梯等机械设施由原厂家维保、购买保险

提倡电梯等机械设施由原厂家维保、购买保险,明确划分轨道交通运营企业和电梯等机械设备厂家的责任划分。电梯等机械设备造成的乘客人身伤亡由电梯厂家进行赔偿,承担公众责任。

电梯等机械设施由原厂家维保、购买保险可以强化原厂家的责任质量意识,能够督促其加强电梯的日常维护及保养,从源头上减低事故发生率,保障乘客人身安全。

3）降低乘客人身伤亡及财产损失发生率,运营单位可采用的措施

（1）安全宣传。通过广播、张贴安全注意事项、微博宣传等措施,引导乘客文明乘车,规避乘客人身伤亡及财产损失风险。

（2）安全提示。通过警示标识、禁止标识、使用须知等措施,为乘客提供安全提示信息。

（3）规范作业。严格执行行车作业、客运服务、设施设备维护等作业标准,避免违章作业。

（4）设施设备维护。做好设施设备日常巡检、定期维护养护工作,确保设施设备处于良好工作状态。

（5）乘车行为监督。及时劝阻、制止有危及行车安全、设施设备安全或对其他乘客造成安全影响的行为。

（6）车站、列车保洁。确保地面整洁、干燥、平整,营造舒适的乘车环境。

（7）安全培训。定期开展现场乘客人身伤亡及财产损失处置人员培训工作,提高现场处理突发事件的能力,降低乘客伤害程度。

第7章 水上交通的风险管理与保险

7.1 水上交通的风险评估

7.1.1 水上交通的风险辨识

上海港位于长江三角洲前缘,居我国18 000 km大陆海岸线的中部、扼长江入海口,地处长江东西运输通道与海上南北运输通道的交汇点,是我国沿海的主要枢纽港,我国对外开放,参与国际经济大循环的重要口岸。上海市外贸物资中99%经由上海港进出,每年完成的外贸吞吐量占全国沿海主要港口的20%左右。作为世界著名港口,2013年上海港货物、集装箱吞吐量均位居世界第一。荣获中国世界纪录协会世界货物吞吐量最大的港口世界纪录。

上海市水上交通包括港口码头、航道、水上交通三个方面。上海的地理位置对水上交通的影响十分突出,桥梁建设给船舶交通带来的影响日益突出;港内工程作业船舶和运砂船等小型船舶对辖区水上交通的影响也相对突出;此外港口存放货物,尤其是危险品存储也是水上交通行业的重要风险因素。

上海市水上交通由三个政府部门主管不同领域业务,分别是航务处、引航站、码头管理中心。

航务处试点企业风险点包括:企业的危险货物作业情况;企业的安全生产管理情况;企业的管理和作业人员持证情况;设备、设施情况;企业的专项安全评价情况。船舶作为巨额移动财产,常见风险包括:因自然灾害、火灾、爆炸等外来原因造成船体受损,或在可航水域碰撞他船或触碰码头、港口设施、航标,致使船体和上述物体发生的损失和费用;或因燃油或载运的油品泄露而造成对水域的污染损害以及清污费用。

引航作业面临风险的识别可从以下角度考虑:船舶机械设备的机械能、电能、热能、化学能等非正常释放,为确保机械设备正常而进行的维护保养中人为失误和作业不良所产生的危险因素;被引航船舶和引航站站属船舶航行、靠离泊、引航接送及应急反应等过程和与之相关的各种作业过程中产生的各种不安全因素。

上海码头管理中心提供的近年来上海港口行业安全生产事故统计如表7-1所列。

表7-1 上海港口行业安全生产事故统计

年份	发生时间	发生单位	事故类型(简况)	后果
2007	4月9日	闸北发电厂油码头	油驳在倒舱过程中,作业人员操作失误和擅自离岗,8号舱发生重油溢出并落入黄浦江	造成约40余吨重油泄漏
2007	9月15日	捷东水泥制品有限公司	"嘉善02668号轮"船舱内清仓工在扫仓时不慎被吊车抓斗砸伤	1人重伤,因抢救无效死亡
2009	3月18日	上港集团宝山分公司	堆高机操作途中,集装箱左侧碰撞擅自进入作业区域死角的船员	1人重伤,因抢救无效死亡
2009	9月9日	上港(集团)张华浜分公司	作业铲车车尾挂倒工作人员	1人重伤,因抢救无效死亡
2010	1月7日	上港集团煤炭分公司	作业人员从舱盖板上摔入11 m深舱内	1人重伤,因抢救无效死亡
2010	7月17日	上海集装箱码头有限公司	SCT军工路码头4泊位"福天龙8号"轮甲板上,桥吊司机戴嘉伟吊装外档箱子时,将正在放锁脚的甲板指挥手方锡明,挤压在两个箱子左右夹缝间	1人重伤,因抢救无效死亡
2013	4月20日	上港集团罗泾分公司	进栈堆桩防腐钢管,堆桩使用专用插桩固定,当堆至6支钢管高时,专用插桩一端突然移位约3 m,造成桩脚一侧倒塌,在钢管上作业的两人随倒塌钢管一起滑下,造成两人腿被钢管挤压受伤	2人受伤,1人因抢救无效死亡
2013	8月22日	上港集团张华浜公司	在公司6泊位"昭东机1058驳"进行钢管起驳作业,起吊驳船外档一根钢管,吊起时钢管晃动碰撞站在驳船里档的装卸工造成伤害	1人重伤,因抢救无效死亡

由事故统计表可以看出,港口码头发生的事故多为起吊驳等机械作业时发生的事故,易造成人员伤亡。由于码头营运人的疏忽或过失行为导致第三者财产损失和人身伤害,以及作业中断甚至码头被迫关闭而造成重大损失。

从事水上交通运营的企业,各项规章制度的健全和有效执行、消防设施的配置和使用规范、人员的培训、安保管理的落实以及应急预案的建立和演练等,均对减少和降低意外事故发生的概率和程度起到至关重要作用。

1. 码头风险

码头是船舶停靠、装卸货物以及各类物资的集散地。上海港作为我国最大的港口之一,往来及停泊船舶众多,船上货物种类繁多。尤其是易燃、易爆品的装卸、堆放、仓储等环节存在诸多风险,再加上船舶本身价值较高,一旦发生火灾,将会给码头、船方、货方造成巨大的经济损失。

码头运输业属于技术密集型行业,包括各类特种作业,如高空、立体交叉、水上、起重等危险性较大的作业。由于码头营运人的疏忽或过失行为导致第三者财产损失和人身伤害,以及作业中断甚至码头被迫关闭而造成重大损失。

1) 港口客运作业

港口客运作业存在的主要风险为人员伤亡、码头基础设施损坏、靠系船舶损坏(倾覆)、候船室损坏、大量旅客滞留、大量船舶滞留、停水停电、火灾事件、危品事件、保安事件等。具体包括:

(1) 人员方面:各级管理人员、从业人员,身体健康状况、安全管理知识储备、安全操作技能等;现场操作是否规范、现场是否违规、行业监管是否到位等。其表现形式有:

① 客船超载;

② 企业负责人、安全管理人员、安检人员、系解缆工及食品卫生从业人员等未经培训,进行不正确操作,未及时发现隐患并加以解决、管理不善、规章制度不健全;

③ 国际客运滚装船卸货违规作业、指挥失误、麻痹大意;

④ 靠离泊时,船、岸之间的通信、信息交流有误或衔接不当;

⑤ 轮渡码头非机动车未熄火、减速,直冲渡船,易碰擦乘客。

(2) 环境(市场)方面:自然灾害、社会不稳定事件、公共卫生事件、市场运行状况等。其表现形式有:

① 因不良的水文、气象条件等原因,造成航道淤积、船舶搁浅;

② 码头布局不科学、不合理,如与渣土码头相邻,频繁进出的渣土船对客运船只的靠离泊构成严重安全隐患等;

③ 发生台风、地震、暴雨等自然灾害对码头、引桥等造成破坏;

④ 港口保安工作不到位,发生人为破坏(包括船舶碰撞事故,恐怖分子破坏);

⑤ 船舶在靠、离码头过程中,因操作不当,或因水文气象条件不良等原因,有可能造成船舶与码头相撞,进而导致船舶或码头破损及泄漏事故;

⑥ 在码头前沿水域,由于操作失误,船舶之间发生碰撞,造成泄漏导致水域污染。

(3) 设施设备方面:车船检测维保、现场操作工具的使用保养、安全设施设备的使用等。其表现形式有:

① 轮渡引桥等设施设备老旧残损,超龄使用;

② 临时性客运码头无遮风挡雨的候船区域,无法应对灾害性天气;

③ 客运站内未按规定设置无障碍设施,或未对这些设施、设备进行定期检修;

④ 未根据客运站规模配置相应的安检设施、设备,并定期维护、保养;

⑤ 未保障应急疏散通道畅通;

⑥ 标志标识不健全、不科学、不准确或不醒目;

⑦ 未按要求安装视频监控系统,并对其内容按要求进行保存;

⑧ 岸电供应装置发生故障以及误操作;

⑨ 到港船舶状况较差,检测维保欠缺,不符合装载、运输方面的安全要求。

（4）管理方面：行业生产经营单位对相关人员、现场操作、日常经营等方面的安全管理；各级行业管理部门对管辖行业、管辖企业的日常监管，相关管理政策、体制、机制等方面。其表现形式有：

① 管理不善、规章制度不健全或执行不严格，导致违章指挥和违章作业；

② 船岸双方信息沟通不畅导致操作失误；

③ 作业人员操作技能差或麻痹大意，造成船舶驾驶不当，指泊有误或系解缆不当等；

④ 作业人员巡回检查不到位，设备维护保养不及时，导致设备发生故障；

⑤ 船岸交接制度不完善，导致客运船舶超载；

⑥ 相关行业管理部门对管辖行业、管辖企业的日常监管缺位，作业安全监督不力；

⑦ 相关港口客运管理政策、体制、机制等存在缺陷；

⑧ 相关港口客运设施设备行业技术标准缺失。

2）港口危险货物作业

危险货物装卸作业过程中存在的危险危害因素主要有危险货物泄漏扩散事故危险，火灾爆炸事故危险，船舶靠离泊碰撞事故危险等。此外，还存在发生作业人员落水淹溺、触电、高处坠落、机械伤害、急性中毒等事故的危险，以及有毒作业危害、化学灼伤危害、高温作业危害等。具体包括：

（1）人员方面：部分从业人员安全意识薄弱，或由于指挥不当，流动频繁；一些装卸人员违反操作规程，违法操作；以及存在人为破坏的可能，易导致各类事故发生，其表现形式有：

① 船舶超装导致溢出；

② 企业负责人、安全管理人员及生产作业人员未经培训，进行不正确操作，未及时发现隐患并加以解决、管理不善、规章制度不健全；

③ 违章作业、指挥失误、麻痹大意；

④ 船和岸，库区和码头间的通信、信息交流有误或衔接不当；

⑤ 现场吸烟、船上明火、电器和静电放电、机械火花、违章动火等或防护措施不力，引发火灾、爆炸事故；

⑥ 装卸作业时，作业人员由于防护不当会造成中毒、触电、淹溺、机械伤害、高处坠落、化学灼伤等。

（2）环境（市场）方面：不良的水文、气象条件，台风地震等自然灾害的发生都会增加泄漏事故的危险性。其表现形式有：

① 因不良的水文、气象条件等原因，影响装卸过程中的正常操作，造成船舶与码头发生相撞，导致船舶、吊装设备工具、管道等损坏、破损和泄漏事故；

② 码头地基不均匀下沉，导致吊装设备倾倒、输送管道断裂等；

③ 发生台风、地震、风暴潮、滑坡等自然灾害对码头、吊装设备、管道等造成破坏；

④ 港口保安工作不到位,发生人为破坏(包括船舶碰撞事故,恐怖分子破坏);

⑤ 船舶在靠、离码头过程中,因操作不当,或因水文气象条件不良等原因,有可能造成船舶与码头相撞,进而导致船舶或码头面管线破损及泄漏事故;

⑥ 在码头前沿水域,由于操作失误,船舶之间发生碰撞,造成泄漏导致水域污染。

(3) 设施设备方面:设备设施存在质量缺陷或运行时发生故障是导致危险货物作业事故或液体危险品泄漏,具体如下:

① 工索具、金属软管、固定管道、阀门及法兰等设备选型不当、材质低劣或产品质量不符合设计要求;

② 工索具、固定管道使用过程中因焊缝开裂或出现气孔;

③ 不按规定进行安全检测及接地、防雷或保护装置等失灵;

④ 机械起重钢丝、管理法兰密封等不良,材质老化、阀门劣化等断裂或出现内漏;

⑤ 作业机械腐蚀、磨损或液体输送固定管道因腐蚀、磨损而造成管壁减薄穿孔;

⑥ 作业机械使用超规定期限或管道因疲劳而导致裂缝增长;

⑦ 现场操作工具的使用保养,焊接质量缺陷,存在气孔、夹渣或未焊透等问题;

⑧ 安全检测及保护装置失灵,导致系统发生故障以及误操作;

⑨ 到港船舶状况较差,车船检测维保欠缺,不符合装载、运输方面的安全要求;

(4) 管理方面:管理不善、沟通不畅及违章操作等作业人员的不安全行为也是导致危险货物作业事故的重要原因,具体如下:

① 管理不善、规章制度不健全或执行不严格,导致违章指挥和违章作业;

② 危险货物船舶、码头及库区三个方面信息沟通不畅导致操作失误;

③ 作业人员操作技能差或麻痹大意,造成吊装不当或管道超压破损或跑料;

④ 作业人员巡回检查不到位,设备维护保养不及时,导致设备发生故障;

⑤ 危险货物船舶超载导致船舶翻沉或液体危险货物溢出;

⑥ 相关行业管理部门对管辖行业、管辖企业的日常监管缺位,作业安全监督不力;

⑦ 相关港口危险货物管理政策、体制、机制等存在缺陷。

2. 内河水上交通

水上交通事故易造成沉船、人员伤亡、沿跨河桥梁等基础设施损坏、船载货物泄露特别是水污染物泄露造成水体污染等。

1) 人员方面

(1) 内河船员总体素质低,操作技能有限,很多内河水上交通事故都是船员操作不当造成的。

(2) 航务(海事)管理体制和管理人员紧缺。上海航务(地方海事)系统在管理体制上,实行市区两级管理模式,区(县)机构、人员编制和党组织关系隶属于当地交通主管部门,由于市管航道通航安全管理责任主体市区两级划分不明确,各区(县)交通行政主管部门对海事管理的认知、重视程度及工作要求不同,海事处分区而设不能完全符合内河流域管理,直接影响了安全监管效果;同时上海航务系统在职人员不到编制的70%(截至2015年2月底系统共有人员编制1 192人,在职人员825人,空编367人),人员力量的积贫积弱,对安全管理工作的落实带来隐患。

2) 环境方面

除了受恶劣天气影响,船舶大型化与航道设施不匹配也是产生水上交通安全风险的重要因素。随着本市内河水运的发展,平均吨位500 t级以上的内河运输船舶逐渐占据越来越大的比重,按照航道通航尺度要求,500 t级的船舶需要在四级以上的航道通行,但是目前本市内河四级以上航道仅占航道总里程的10%,85%以上的航道是六级以下的航道,大量的大型船舶在小航道航行,容易发生船舶搁浅和桥梁碰撞事故,有重大的通航安全隐患。

3) 设施设备方面

部分铁路桥梁缺少安全警示标志。目前,在全市多达60余座的跨内河航道铁路桥梁中,仅金山铁路的4座桥梁按照国家技术标准安装了内河通航水域桥梁警示标志,其余跨内河航道铁路桥梁均未安装(或未按标准安装)警示标志,船舶夜航时因缺乏助航标志的指引,无法清楚辨认桥梁设施的具体形状和位置,加之多数铁路桥因建造年限较长通航净空尺度远低于现行通航标准,极易发生船舶碰撞铁路桥梁事故,有重大的通航安全隐患。

4) 管理方面

(1) 黄浦江上游浮吊问题。2013年下半年以来,黄浦江上游段浮吊船骤增,作业浮吊船达到超饱和状态,由于港口管理体制变革等历史原因,相关港口管理法规体系的制订实施相对滞后且不完善,加上监管不到位,导致作为港口经营活动方式之一的水上过驳作业基本处于无证(《港口经营许可证》)经营状态。特别是一些浮吊船没有锚泊在经海事部门许可的指定水域,擅自移动,随意选择作业地点,甚至占用航道从事水上过驳作业,给该区域过往船只带来极大的通航安全隐患,浮吊船之间无序竞争的情况也时有发生。

(2) 内河老码头无证经营。目前,上海有107户内河码头没有取得《港口经营许可证》,这些码头在《港口法》和《港口经营管理规定》实施前就已经存在,由于各种原因无法取得《港口经营许可证》,无证经营有重大的安全隐患。

(3) 内河小型旅游客运码头无适合的管理办法。本市内河共有小型旅游客运码头20户,目前法律法规对内河小型旅游客运码头没有相应的规范和安全管理具体要求,客观上造成管理部门开展监管工作"无法可依",给内河旅游带来重大安全隐患。

(4) 船舶污染物处置经费问题。船舶有大量的燃油,在航行过程中一旦发生船舶事故或者误操作,易造成燃油泄漏污染水域,而船舶本身没有能力处置,需要社会力量的介入,但船舶污染事故是偶发的,而船舶污染应急防备是长期的,收取应急处置费用无法保障队伍的日常运营,需要有经费保障,否则出现污染而不能及时处置,对水源安全有很大的隐患。

3. 船舶风险

船舶作为巨额移动财产,风险系数极高。常见风险包括:因自然灾害、火灾、爆炸等外来原因造成船体受损,或在可航水域碰撞它船或触碰码头、港口设施、航标,致使船体和上述物体发生的损失和费用;因前述风险事故致使载运货物、乘客遭受财产损失和人身伤害而依法应承担的赔偿责任;或因燃油或载运的油品泄露而造成对水域的污染损害以及清污费用。

4. 引航站风险源识别

(1)对引航接送(包括宝交中心、长江口、洋山和陆上车辆引航接送)进行危险源辨识,主要针对引航员人身安全。

(2)对引航过程(航行、靠离泊等)进行危险源辨识,主要针对引航安全,包括危险航段、特殊船舶引航(邮轮、一级危险品船、军舰、LNG 船等)。

(3)创新技术的危险源辨识,主要针对引航技术,如反潮水、套泊。

(4)对引航员技术素养进行辨识。

5. 管理风险

从事水上交通运营的企业,各项规章制度的健全和有效执行、消防设施的配置和使用规范、人员的培训、安保管理的落实以及应急预案的建立和演练等,均会对减少和降低意外事故发生的概率和程度起到至关重要的作用。

7.1.2 水上交通的风险评价

根据水上交通安全生产主要风险源清单,进一步确定重大风险源和一般风险源。

风险源等级划分依据主要为相关法律法规、行业规范和企业规范,同时参考事故数据和保险出险、赔付数据。风险等级划分主要考虑人员伤亡和直接经济损失,根据实际情况考虑主营业务行业类型、承运人类型、行驶区域、船舶状况、驾驶员状况、企业的危险货物作业情况、企业的安全生产管理情况、企业的管理和作业人员持证情况、设备设施情况、企业的专项安全评价情况等客观因素,和事故发生产生的环境破坏、社会影响、事故发生概率等方面的后果,当多种后果同时产生时,应采取就高原则确定事故严重程度等级。

7.2 水上交通保险

7.2.1 水上交通保险现状

1. 水上交通保险险种

1)码头营运人责任保险及其附加险

(1)险种主要承保范围:负责赔偿码头营运人在码头区域范围内从事码头作业过程中,因疏忽或过失造成意外事故并导致作业货物或船舶的损失、第三者的人身伤亡或财产损失,依法应承担的经济赔偿责任。

（2）险种主要除外责任：被保险人或其雇员的人身伤亡，以及被保险人或其雇员所有或管理的财产的损失；精神损害赔偿责任；罚款、罚金及惩罚性赔款；由于震动、移动或减弱支撑引起任何土地、财产、建筑物的损坏责任；疏浚航道、挖泥过程中造成的损失或伤害责任；处理废物或垃圾过程中包括运输、倾卸和填埋、造成的损失或伤害责任；码头机械设备造成的损害赔偿责任；非保险标的因烟熏、大气污染、土地污染、水污染及其他各种污染所造成的损失和责任；投保人、被保险人及其代表的故意行为或重大过失；战争、敌对行动、军事行为、武装冲突、罢工、骚乱、暴动、恐怖主义活动；核爆炸、核裂变、核聚变；放射性污染及其他各种环境污染；地震、海啸等自然灾害；行政行为或司法行为。

2）沿海内河船舶险其附加险

（1）险种主要承保范围：因自然灾害造成的船体损失和费用；保险船舶在可航水域碰撞其他船舶或触碰码头、港口设施、航标，致使上述物体发生的直接损失和费用，包括被碰船舶上所载货物的直接损失，依法应当由被保险人承担的赔偿责任。在投保附加险的基础上，扩展承保船东依法应负的直接经济赔偿责任，包括对承运货物、船员及第三者死亡或伤残；由于被保险船舶上的油泄漏而造成水域的污染，被保险人采取合理措施清除或减少污染而支出的费用；由于被保险船舶上的油泄漏而造成对第三者的污染损害；执法机构依法因油污而对保险船舶的罚款。

（2）险种主要除外责任：船舶不适航、不适拖包括船舶技术状态、配员、装载等，拖船的拖带行为引起的被拖船舶的损失、责任和费用，非拖轮的拖带行为所引起的一切损失、责任和费用；浪损、座浅；被保险人及其代表包括船长等的故意行为或违法犯罪行为；清理航道、污染和防止或清除污染、水产养殖及设施、捕捞设施、水下设施、桥的损失和费用。

3）水路客运承运人责任险

（1）险种主要承保范围：乘客在乘坐由被保险人合法经营的运输工具过程中遭受伤残或死亡，依法应由被保险人承担的经济赔偿责任。

（2）险种主要除外责任：行政行为或司法行为；核爆炸、核裂变、核聚变，放射性污染及其他各种环境污染；因违反安全生产管理规定导致保险事故发生。船舶未经检验或检验不合格，超期或超限经营；被保险人使用不符合法律、法规规定标准的运输工具从事乘客运输；未经被保险人允许的驾驶人操作运输工具的或运输工具驾驶人不符合法律法规规定的资格条件的；海事部门发布禁航令后运输工具继续航行的；发生地震、海啸及其次生灾害的；违章搭乘人员的人身伤残或死亡；乘客因疾病、传染病、分娩、流产、自残、殴斗、醉酒、自杀、欺诈、犯罪行为或其他自身原因造成的人身伤残或死亡。

4）国内水路、陆路货物运输险及其附加险

（1）险种主要承保范围：运输过程中，因自然灾害和意外事故造成货物的损失和费用。

（2）险种主要除外责任：战争或军事行动，核事件或核爆炸；货物本身的缺陷、自然损耗，以及货物包装不善；被保险人的故意行为或过失。

5）水路货物运输承运人责任险

（1）险种主要承保范围：在承运过程中，因火灾、爆炸、运输工具发生碰撞、搁浅、触礁、沉没造成承运货物损失而依法应有承运人承担的经济赔偿责任。

（2）险种主要除外责任：承运船舶不适载、超载、配载不当，承运船舶无自航自运能力、无有效适航证书或航行区域超过适航证书准予航行范围，或其他违反国家现行安全运输管理规定的情况；自然灾害、不明原因造成的火灾；放射性污染及其他各种环境污染；易燃、易爆、易碎物品的损失。

2. 保险市场情况

1）码头风险保险情况

目前，上港集团下属 7 个集装箱码头、7 个散货码头以及 1 个专业滚装码头，均通过保险招标的形式购买商业保险，由保险公司按专属保险条款提供风险保障。

2）承运人责任风险保险情况

（1）人身伤害

依据《国内水路运输条例（征求意见稿）》第三十一条"国内水路旅客运输业务经营者应当在其所经营管理的客运船舶投入运营前为该客船投保责任保险或者取得责任保证，在该客船运营期间保证其责任保险或责任保证的有效性，并应当在开航前将投保或者取得责任保证的情况告知水路运输主管部门。"随着该条例的颁布，水运旅客的相关责任险被列为政府强制约束投保的险种。

目前，大多数客运船舶选择单独投保责任保险或在船舶保险单下附加此类责任风险。从保险公司承保的数据来看，由于船主或客运经营人为降低保险费成本，往往选择较低的保额即赔偿限额。随着人均生活水平的不断提高，一旦发生重大安全事故，保险公司支付的赔款额度难以达到被侵权人的赔偿诉求，而船方自身的资产也难以补偿差额，给和谐社会带来不安定因素。

（2）财产损失风险保险情况

载于各类水路运输工具上的货物，一般由货主购买保险。货主出于保费成本的考虑，以及货物起运后的监管责任将移至承运人，因此除了对大宗物资或价值较高的货物有较强的保险意愿外，对于普通货物的风险意识普遍较弱。但就单一运输工具而言，船舶的载货量远高于其他运载工具，由此产生风险的累积，一旦发生重大事故，将会涉及每一个货主。同时，因船东对于承运货物损失部分免责的情况下，尽管可以在其船舶险保单下扩展承保，但投保意愿并不强烈。

船舶互碰以及碰撞码头损失，由船东购买保险。船东基于自身财产的保障、揽货能力、港口许可以及银行贷款等目的，投保意愿较高。保险公司从自身承保能力和经营风险的角度出发,对于大型船队业务或具有丰富管理经验的船舶管理公司业务持积极的态度,但对于资产质量不良的业务较为谨慎。

(3) 环境污染

根据 2010 年 10 月 1 日起施行的《中华人民共和国船舶油污损害民事责任保险实施办法》第二条规定:在中华人民共和国管辖海域内航行的载运油类物质的船舶和 1 000 t 以上载运非油类物质的船舶,其所有人应当按照本办法的规定投保船舶油污损害民事责任保险或者取得相应的财务担保。同时,由船港所在地的直属海事管理机构核发相应的船舶油污损害民事责任保险证书。

目前,远洋船舶可投保《船东保障和赔偿责任保险》或在其船舶险保单项下附加油污责任保险,保险公司根据船舶具体条件和法规要求设定保单赔偿限额。

7.2.2 水上交通保险模式

现阶段,运营企业或政府相关管理部门与保险公司处于矛盾的地位,一方面被保险人为了节约保费成本,希望最低的价格购买到最大程度的风险保障;另一方面近几年来各地自然灾害和意外事故频繁,案件损失金额逐年攀升,保险公司基于盈利的要求,市场价格已无下降空间。

建议购买险种为:码头营运人责任保险;沿海内河船舶保险;水路客运承运人责任保险;国内水路、陆路货物运输保险;水路货物运输承运人责任保险。

运营企业应依法购买强制保险,根据企业情况选择购买建议保险。

7.3 水上交通风险管理和保险措施

政府管理部门应加强水运企业的安全意识和风险意识宣传,提高企业保险意识,大力督查强制险购买,提倡多种保险组合购买,引进社会资源进行水上运输行业安全生产风险管理,同时分担事故损失。

由保险公司制定保险方案,同时委托风险管理机构介入安全生产风险管理,督促企业对设施、设备进行定期检测,企业配合风险管理机构展开风险管理,加强对危险品等的运输、装卸、清污等环节的控制,同时对企业设备设施、船只等装备进行定期检查监控。

保险公司委托风险管理机构建立船舶的实时监控及定位服务,对重点、危险航段、特殊船舶引航、敏感时段设置针对水域的实时监控措施,对航行运营进行风险源管控。

政府单位对港口危险货物作业认可范围(品种和作业量)和管理人员的上岗资格证书进行严格的管控,根据企业实际情况及时修订和完善原有的安全管理制度和操作规程。

企业和相关管理部门可通过建立完善的保险招投标制度,采纳专业机构的建议和评分标准,以严谨和科学的态度,按公开、公平、公正的原则择优选取保险人,或由各家保险公司组成共保体以共担风险。同时,政府也应进一步加强市场监管力度,制止保险企业为抢夺市场而恶性竞争,因为无序的市场行为既增加了保险企业的经营风险,也不利于水上交通行业开展安全生产风险管理。

第8章 路政设施的风险管理与保险

8.1 路政设施的风险评估

8.1.1 路政设施的风险辨识

路政设施业涉及的范围广、数量多,造成损失的原因主要分为自然灾害和意外事故两类。此外,还有小型路政设施(如公路标识牌、排水井等)造成的人员意外伤害。在管理上很难做到针对每一处设施进行实时监管,同时设施损坏的事故多发,造成经济财产损失及安全隐患。

从保险的角度出发,对于路政设施的风险源分类如图8-1所示。

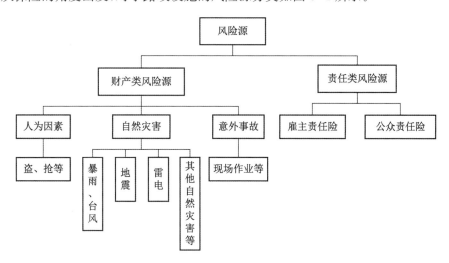

图8-1 路政设施的风险源

根据发生事故实际情况,对于路政设施的主要危险源梳理如下:

1. 自然灾害方面的危险源(如台风、暴雨、地震等)

不少研究表明,对上海可能造成影响和威胁的主要自然灾害有台风、暴雨、风暴潮、赤潮、龙卷风、浓雾、高温、雷击、地质、地震灾害。

上海市人民政府发布的《上海市灾害事故紧急处置总体预案》指出,上海容易遭受太平洋热带气旋的袭击。1949—2002年,以上海为中心的550 km范围内受到了186个热带气旋带来的大风、暴雨、风暴潮的影响。《2012 上海市海洋环境质量公报》显示,2011—2012 年,崇明东滩海岸(海滩)侵蚀长度为 3.42 km(位于南侧的奚家港至团结闸之间),平均侵蚀宽度为 22.1 m,最大侵蚀宽度为 47 m,侵蚀总面积为 0.075 6 km²,在一定程度上损害了路政设施使用的耐久性。冰雪天极易发生交通事故,在冰雪天路况条件不好的情况下容易发生连环交通事故,并且在路面结冰的情况下,对施救工作也增加了极大的难度。

2. 意外事故危险源(现场作业维护等)

所有交通设备都需要定期维护,例如在某些车流量特别大的高速路段,目前采用封道养护方式作业,在封道期间摆放标志标牌过程中与拆除封道过程中的风险较大,在摆放第一块标志标牌和收取最后一块标志标牌过程中后方是没有任何提示的,特别在快车道摆放过程中一旦有司机在行车过程中开小差、注意力不集中、疲劳驾驶等情况,难免发生交通事故。

3. 防盗窃方面的危险源

高速公路收费站、电缆,配电房偷盗屡有发生,由于地处偏僻且管养设施线路较长,这给偷盗人员有机可乘。一旦发生电缆、配电房被盗情况,可能对立交灯光、道路电子显示屏等设施造成损害。

4. 危险品车辆方面的危险源

危险品运输车辆的运输安全问题一直都是交管部门十分关注的焦点,稍不注意便会造成难以估计的严重后果。危险品车辆若是发生事故,可能会导致路政设施的损毁(坏)。

5. 超限超载方面的安全隐患

据了解,上海 S20 外环高速每年都要进行一次路面大修,其原因正是由于超载的大型货车、集装箱卡车流量过多。上海公路路政部门相关负责人透露,上海的 S20、G1501 等高速由于大型货车、集装箱卡车等超载超限运输,早已不堪重负。2001 年至今,公路管理部门每年要对 S20 外环高速进行路面大修。G1501 上海绕城高速(原来的 A30 郊环)上的集卡、大型货车流量非常大,是超限超载"重灾区",通车以来路面损坏严重。严重超限超载运输不仅会造成道路交通事故频发,同时,也致使公路基础设施损坏严重,道路和桥梁使用寿命缩短。

6. 设施结构方面危险源

目前,一般大桥引桥板梁设施较多,局部可能存在板梁铰缝渗水现象,有可能逐步发展到桥面纵向裂缝,有必要逐步进行预处理,避免大面积板梁铰缝损坏单梁受力现象的发生。诸如此类,在设施结构方面危险源也有部分存在。

7. 运行安全

如重大交通事故,防汛防台、道路结冰、火灾、异物侵入、人员非法进入等。社会人员随意在该桥孔堆放杂物,存在液化气钢瓶、氧气瓶、油桶、易燃物社会车辆停滞较多。大桥桥孔下成为驳运停靠码头堆料场地的临时中转站,建筑石料堆积。沿线桥孔存在消防设施配备不足,电线私拉乱接现象。

此外,还有责任类风险源:雇主责任风险、公众责任风险等。

路政设施可分为道路桥隧和道路附属设施两方面。

1) 道路桥隧方面主要风险

(1) 结构安全,如渗漏水、周边环境施工、结构开裂、沉降异常、变形异常等。

主要原因为建造时间早,建设时期投资预算、设计标准、施工标准比现行的国家、行业标准低;原地方公路改建成高速公路(如 S19、S36)提高使用等级,尤其是重载、超载车辆也同步增加,给高速公路的道路和桥梁加重了负担;桥梁主要病害,如横向及纵向裂缝的、梁体及墩台露筋、铰缝失效梁体单板受力、边梁被过往大型车辆撞击形成空洞、预应力钢筋断裂等问题;市管公路桥梁危桥抢修机制不完善,就目前来说,针对发现的D、E类桥(或四、五类桥),原则上是"发现一座、处置一座"。但在维修加固的机制上,存在危桥维修加固流程不简洁、危桥抢修与封交间矛盾等阻滞,影响了危桥维修加固的及时性,导致桥梁设施的安全运行得不到保障;隧道安全隐患,隧道病害,结构渗漏水、机电和附属设施老化,部分应急照明灯、指示标志损坏。

(2) 设备安全,如设备故障、设备缺失等。

(3) 运行安全,如重大交通事故、防汛防台、道路结冰、火灾、异物侵入、人员非法进入等。

社会人员随意在该桥孔堆放杂物、存在液化气钢瓶、氧气瓶、油桶、易燃物、社会车辆停滞较多;大桥桥孔下成为驳运停靠码头堆料场地的临时中转站,建筑石料堆积;沿线桥孔存在消防设施配备不足,电线私拉乱接现象。

2) 道路附属设施(路网运行、道路井盖、道路标识、四类设施及下立交)主要风险

(1) 设施结构安全。涉及结构安全的设施主要包括各类机电设施的立杆、以及部分可变信息标志的承载龙门架(S20区域除桥梁段)、以及市域内主干快速路、高速公路及相关区域的可变信标志。风险的表现形式为立杆、龙门架不稳固;可变信息标志与支架松动。

(2) 重点区域消防安全。中心涉及重点区域主要包括路政行业内收费、监控中心大厅及其机房以及与消防安全的相关系统设施。风险的表现形式为机房消防系统失灵或消防功能缺失,遇到灾情无法有效处置等。

(3) 系统运行安全。中心涉及系统安全主要内容为交通监控系统、联网收费系统以及呼叫中心。风险的表现形式为系统遭到病毒等非法入侵攻击,系统瘫痪无法正常运行等。

8.1.2 路政设施的风险评价

根据路政设施安全生产主要风险源清单,进一步确定重大风险源和一般风险源。

风险等级评定综合考虑风险事故发生概率和事故发生造成的后果。发生概率高、造成后果严重的风险源风险等级高,发生概率低、造成后果轻微的风险源风险等级低。等级划分依据主要为相关法律法规、行业规范、路政设施验收标准和企业规范,同时参考事故数据和保险出险、赔付数据。风险等级划分主要考虑人员伤亡和直接经济损失,根据实际情况考虑公路(或隧道、桥梁等)类型、公路(或隧道、桥梁等)等级、运营年限、

地域条件、环境等客观因素和事故发生产生的环境破坏、社会影响、事故发生概率等方面的后果,当多种后果同时产生时,应采取就高原则确定事故严重程度等级。

8.2 路政设施保险

8.2.1 路政设施保险现状

路政设施保险包括对路政设施自身损失的保险以及由于路政设施造成的人员、财产伤害的保险。路政设施可保风险和不可保风险如表 8-1 所列,主要险种包括公路运营期财产基本险、财产综合险、财产一切险、财产一切险附加利润损失险和偷盗险、公众责任险、雇主责任险等。

表 8-1　　　　　　　　　　路政设施风险的可保性与不可保性

风险类型	保险险种	风 险 源	
可保风险	财产一切险	自然灾害危险源	台风
			暴雨
			地震
			雷电
			洪水等
		意外事故危险源	现场作业维护导致设施损坏(毁)
			危险品车辆发生事故
			火灾、爆炸
		防盗窃方面的危险源	交通设备被偷盗
		危险品车辆方面的危险源	危险品车辆发生事故导致交通设备损毁(坏)
		超限超载方面的安全隐患	大型车辆超限超载导致路政设施损毁(坏)
	雇主责任险	被保险人雇员发生工伤事故,可给予一定经济补偿	
	公众责任险	在被保险人经营场所内发生的事故	
	现金险	由于大客流造成收费站留存相当多的现金导致的安全隐患	
	人身意外险	被保险人雇员发生意外事故,可给予一定经济补偿	
	机器损坏险	由于被保险人员操作不当导致交通设备损毁(坏)	
不可保风险	类似设施结构方面危险源		
	路政设施本身质量问题导致无法使用		

1. 财产一切险

1) 险种基本概况

投保人:业主。

被保险人：业主。

保险标的：路政设施。

建议投保人：各区县公路设施管理署等相关机构、企业。

财产一切险属于财产险类保险范围内最大的一种保险，主条款如附件《财产一切险》主条款。

保险责任：在保险期间内，由于自然灾害或意外事故造成保险标的的直接物质损坏或灭失，保险人按照本保险合同的约定负责赔偿。前款原因造成的保险事故发生时，为抢救保险标的或防止灾害蔓延，采取必要的、合理的措施而造成保险标的的损失，保险人按照本保险合同的约定也负责赔偿。保险事故发生后，被保险人为防止或减少保险标的的损失所支付的必要的、合理的费用，保险人按照本保险合同的约定也负责赔偿。

运用财产一切险，可以有效避免由于自然灾害和意外事故导致的交通设备的损坏。

路政设施存在的大部分危险源都可被财产一切险覆盖。

例如，外环隧道在大流量车辆通行环境中，经常发生超高车辆闯入隧道损毁（坏）事件，且损毁（坏）隧道设施设备后逃逸或拒赔之事常有发生。同时，也增加了许多计划外的抢修工作量，其中损坏的设备，因产品的升级或换代存在与原有规格型号无法直接使用，对恢复设备和系统工作带难度。如：水喷雾系统（现场控制箱）、闭路电视系统（光发机箱）、射流风机现场（远程）控制箱等重要配套设备。那么这些被意外事件破坏的路政设施在没有保险的情况下就需要另外的费用承担者，无形之中带来的影响不仅仅是费用上的，更是时间的拖延，很有可能会带来更大的风险隐患。相反，若是在有保险公司承保的情况下，那么这些被损毁（坏）的路政设施的修复费用不仅由保险公司来承担，并且抢修的进度也会大大加速，有效起到风控作用。

运营设施偷盗风险源主要为道路设施、照明设施及养护防撞设施被盗等情况。通过财产一切险的附加险种，此类风险的损失也可以被覆盖掉。

2）市场情况

路政设施业涉及的范围广、数量多，在管理上很难做到针对每一处设施进行实时监管，同时设施损坏的事故多发，造成经济财产损失及安全隐患。引入市场机制，降低政府管理难度及经济负担。

财产险类2011—2015年保险情况如表8-2所列。

表8-2　　　　　　　　　　财产险类 2011—2015 年保险情况

年份	类　型	保单保额/元	出险件数
2015	建筑业—路桥隧道	17 392 775 761	43
	建筑业—轨道交通	7 532 460 800	0
	合　计	24 925 236 561	43

年份	类　型	保单保额	出险件数
2014	建筑业—路桥隧道	29 961 096 468	141
	建筑业—轨道交通	6 764 555 600	0
	合　计	36 725 652 068	141
2013	建筑业—路桥隧道	31 186 446 570	153
	建筑业—轨道交通	8 105 816 300	2
	合　计	39 292 262 870	155
2012	建筑业—路桥隧道	29 998 008 374	100
	建筑业—轨道交通	—	—
	合　计	29 998 008 374	100
2011	建筑业—路桥隧道	30 146 117 596	124
	建筑业—轨道交通	—	—
	合　计	30 146 117 596	124
合计	建筑业—路桥隧道	138 684 444 768	561

2. 公众责任险

1) 险种基本概况

投保人：业主。

被保险人：业主。

承保对象：被保险人的公众责任/第三者的财产及人身意外。

受益人：除保险公司以及业主及其雇员的第三者。

建议投保人：路政设施所对应的相关负责单位。

通过运用公众责任险覆盖各路政设施多的场所，可以有效避免该场所内发生的意外事故造成第三者人身伤亡与财产损失。

比较典型的，屡见不鲜的停车场事故纠纷，一些市民反映，在一些停车场停放车辆时有时会受到"意外伤害"例如车内物品被盗、车辆丢失、车辆损坏等。可为此进行索赔时，停车场方面通常持回避态度。双方在理赔时常常陷入纠结。但实际上，这种矛盾并非不可调和，公众责任险可以有效避免这样的纠纷。但现实是，这一险种并未引起社会的重视，鲜有停车场、泊车公司购买此险种。

高架上的花盆花架虽然对城市美化增色不少，但也是一个很大的风险源，特别是像暴雨、台风、年久失修等情况极易引起这些设施坠落，对行人的财物与机动车辆等会造成伤害。通过公众责任险的投保来有效的规避此类事故发生。在一些交通枢纽当中，例如有天花板墙体石膏滑落砸中行人，此类事件也会成为市民关注的焦点，遭到市民强烈呼吁加强对路政设施的维护与保养。

如果路政设施造成第三者的伤害,公众责任险就可以覆盖掉这部分风险。

2) 市场情况

据悉,目前各交通枢纽,例如虹桥火车站,浦东机场都购买了公众责任险。公众责任险 2011—2015 年保险情况如表 8-3 所列。

表 8-3 公众责任险 2011—2015 年保险情况

年份	保 额/元	出险件数
2015	450 000 000	14
2014	439 700 000	23
2013	438 200 000	19
2012	443 700 000	38
2011	469 200 000	43
合计	2 240 800 000	137

其中,过去 5 年,公众责任险的赔付率高达 110.85%。建议将公众责任险大范围铺开,覆盖到全市路段,可有效转移被保险人经营场所范围内发生的事故风险。

3. 雇主责任险

投保人:业主。

被保险人:业主。

保险标的:是根据劳动合同或者有关劳工赔偿法规,雇主对所雇佣的员工在受到意外伤害事故而受伤,残疾或者因患与业务有关的职业性疾病,导致残疾或者死亡时应承担的经济赔偿责任。

受益人:雇员。

建议购买人:养护单位、维修单位以及为路政设施提供服务的相关企业。

雇主责任险是很多企业员工福利的首选,公共道路是风险相对高的工作环境,此保险能够保障业主和路政设施相关员工的利益。

4. 现金综合险

现金综合保险可以减少由于大客流造成收费站留存相当多的现金导致的安全隐患。

投保人:业主。

被保险人:业主。

保险责任:火灾、雷电、爆炸;风暴、飓风、台风、旋风、洪水、海啸、冰雹、滑坡、地震、火山爆发、地陷、地火;飞机坠毁和飞机部件坠落;以及抢劫或入宅抢劫等原因所造成的被保险现金的损失。

保险标的:被保险现金。

建议购买人：经营、管理高速收费站的相关单位或企业。

5．不可保风险

相对于绝大多数可以被保险覆盖的风险，有一些交通设备风险是保险公司无法承保的。例如结构设施方面的危险源，由于结构设施的不完善，或者是在设计过程中缺乏对未来的估计导致设施的老化失灵等。

8.2.2 路政设施保险模式

目前，公路设施保险理赔一般由业主通过招投标确定保险公司，保险险种一般有财产一切险、雇主责任险和第三者责任险，保险费率在万分之三至千分之一之间，根据设施情况确定，保额一般为建设费用。

理赔与常规保险一致，一般由业主委托养护单位进行理赔，赔付业主与养护单位有相关授权，也可直接赔付给养护单位。

保险对常规设施偷盗、损坏等都可以理赔，一般设施保险由于保额比较大，都是多家保险公司联保，有保险经济公司代理，所以常规理赔代理公司还算比较配合。

1．投保问题及解决方案

目前，部分政府相关管理养护单位进行投保及索赔，其实如此方式会导致业主在投保及理赔当中走弯路。建议政府相关管理直接向保险公司投保，原因为：

（1）路政设施标的大、责任范围广，由保险公司直接行使沟通职能较好；

（2）充分保证保费充足率，对被保险人有利。

2．索赔问题及解决方案

业主在委托养护单位投保的同时，也将索赔权益转让给了养护单位。建议业主自行索赔，不委托养护单位进行索赔。原因为：

（1）有效监督养护单位的养护工作，业主可以更充分地了解自有财产的索赔情况；

（2）防止养护单位将养护责任转嫁到保险公司，让养护公司更有动力去行使他应尽的职责。

（3）自行行使索赔权益可使理赔交流更加顺畅，加快理赔进度。

3．财务问题及解决方案

其中，大部分委托养护单位进行投保的业主都称是因为财务做账没有办法列支保险费，导致他们只能把保险费交予养护公司进行投保。建议由相关职能机构出具规定业主可在做财务报表时有相关对应保险费栏目，如此便可使业主直接向保险公司投保。

8.3　路政设施风险管理和保险措施

8.3.1 路政设施管理单位的风险管理

目前，路政设施存在的风险大部分是可以运用保险覆盖的，建议路政设施管理机构直接向保险公司购买财产一切险、公众责任险、雇主责任险、现金综合险等保险转移风险。引入市场机制,降低政府对路政设施管理的难度及经济负担。通过将保险带入到路政设施当中虽然可以有效转移很多风险至保险公司,并让企业或政府部门得到一定经济补偿,但是,要想从根源上规避风险还是需要业主对风险提高识别能力并重视风险的管理,建议采取一系列风险管理措施。

(1)对安全风险隐患较大的地点重点监控,加大巡查频率,确保安全可控。

(2)加大对员工及分包单位员工的安全培训力度,强化安全意识,灌输安全思想,从源头上抓紧安全这根弦。

(3)加强对设施的投入,确保道路设施完好,路容路况良好,安全设施到位。

(4)制订定期检查维护工作表,对各交通设施展开有效的检查维护,并实施风险评估与预防。风险预防是根据风险评估结果,对风险进行预防方式的决策,使得风险通过预防方式进行有效的风险回避、风险转移以及风险分散的过程,从而化解过程中风险的存在。同时加强与保险公司的沟通与交流,让保险公司定期展开防灾防损专题宣讲,加强各单位对路政设施的风险意识,呼吁各级单位重视各类风险源的检测。

保险公司将会同被保险人一起,根据保险标的制订系统的防灾防损工作计划,建立定期的防损防灾检查及例会制度,建立良好的风险管理体系。

8.3.2 保险公司安排防灾防损服务

保险公司安排防灾防损服务包括:

(1)保险公司与被保险人的安全部门配合,抽查相关现场,进行风险查勘,并根据查勘的情况有针对性地提供参考意见和建议,及时消除风险隐患,并提出进一步的防损措施;

(2)提前两周将现场所在地区的灾害性天气预报传真给业主,以便事先做好安全防范工作;

(3)建立定期到保险地点巡查制度,与保险人保持良好的沟通,及时听取被保险人对保险工作的意见反馈,及时改进工作计划和工作思路;

(4)及时提供现场风险管理的建议报告,配合被保险人及时改进或完善现场安全管理工作。

与此同时,保险公司还应准备一些风险应急措施。风险的应急是风险管理体系中最后的一道屏障,是在风险预防失效的情况下采取的紧急风险管理措施,其意味着对风险的接受,是在没有任何风险处理的情况下所能接受的唯一方式。

第三篇 | 交通安全风险管理与保险资料汇编

本篇汇编了道路运输企业危险品运输本质安全建设评价标准、内河桥梁工程建设风险评估、轨道交通运营安全评价和高速公路路政风险等级评定,是道路运输、交通工程建设、轨道交通和路政设施 4 个领域的风险辨识和等级评定的示例,为交通行业编写风险源辨识手册和评估指南提供参考。

本篇汇编了包括道路运输、交通工程建设、轨道交通、水上运输和路政设施这 5 个领域的相关保险险种和保险条款,为交通港航保险抵御机制建设提供参考。

第9章 风险辨识和评估案例

9.1 道路运输企业危险品运输本质安全建设评价标准

道路运输企业危险品运输本质安全建设评价标准表如表9-1所列。

表9-1　　　　　道路运输企业危险品运输本质安全建设评价标准

序号	评价项目	标准分	工作要求与评分标准	必备文档资料	安全指标		实得分
					单位	目标值	
一	资质	30	危险品运输企业具备安全生产资质	(1)《道路危险货物运输经营许可证》; (2) 企业经理人取得经安监部门考核合格的从业资格证书,无较大及以上安全责任事故; (3) 自有专用车辆5辆以上; (4) 年度审验、考核合格; (5) 场地符合要求; (6) 取得安全生产许可证		100%	
二	组织建设	140		归入"组织建设"文档卷			
(一)	安全生产委员会以下简称"安委会及办公室"	20	(1) 成立安委会或领导小组; (2) 法人代表任安委会主任,分管安全及与安全生产或监管有关工作副职任副主任; (3) 设立安委会办公室;分管安全工作副职或安全科处长兼任安办主任	(1) 安委会及安办成立文件; (2) 安委会主任各副主任"一岗双责"; (3) 安办主任岗位工作职责		100%	
(二)	安全管理机构	30	(1) 设置安全总监专职岗位; (2) 按照每20辆危险品运输车辆车配备专职安全管理人员1人的标准配备,并具有危化品运输知识,安全管理经验,能力;	(1) 单位"三定方案"文件; (2) 单位设立安全专职机构文件; (3) 安全管理机构工作职责; (4) 安全工作总结汇报材料		100%	

续 表

序号	评价项目	标准分	工作要求与评分标准	必备文档资料	安全指标		实得分
					单位	目标值	
(二)	安全管理机构	30	(3) 安全管理部门工作职责明确、健全; (4) 每季度未写出书面本季度安全工作总结				
(三)	安全管理人员	20	(1) 安全处(部)配备专职人员达到规定要求; (2) 安全管理人员具有中级及以上专业技术职称; (3) 具有三年以上安全管理工作经历	(1) 安全科、处人员花名册; (2) 各岗位工作职责、工作标准; (3) 有关文件、纪要等文本		100%	
(四)	安全经费	20	(1) 每年提取安全经费不少于企业收入的1.5%,安全经费专款专用; (2) 年度安全经费投入使用不得低于提取总额的80%; (3) 全员足额交纳风险抵押金; (4) 风险抵押金必须同奖同罚	(1) 单位有关文件; (2) 财务安全经费科目; (3) 安全经费列支账簿及报销凭据		按文件规定落实	
(五)	交通工具	20	按规定配备安全专用车	(1) 有关文件、会议纪要等; (2) 了解及工作情况掌握	辆	按文件规定落实	
(六)	安全装备	30	安全管理机构安全装备配备 (1) 台式计算机; (2) 传真机; (3) 照相机(摄像机); (4) 专用电话; (5) 办公桌椅、柜橱等齐全	(1) 装备实物; (2) 有关台账资料; (3) 现场演示	部/台	3	
三	安全责任制	150		归入安全责任制文档卷			
(一)	责任制实施办法	20	健全完善的安全生产责任制并制订实施办法	企业有关文件资料		100%	

序号	评价项目	标准分	工作要求与评分标准	必备文档资料	安全指标		实得分
					单位	目标值	
（二）	一岗双责	40	（1）企业负责人要取得道路运输经理人从业资格证，无较大及以上安全生产管理责任事故； （2）单位领导班子成员"一岗双责"； （3）单位科(处)负责人"一岗双责"； （4）安全管理部门负责人、专(兼)职管理人员职责明确； （5）相关处室安全职责清楚	企业有关文件资料		100%	
（三）	签订责任书	40	（1）层层签订责任书； （2）安全责任制定要规范	安全生产责任书文本		100%	
（四）	安全承诺或保证书	20	安全生产承诺书或保证书；承诺(保证)项目要齐全	安全生产承诺书或责任书文本		100%	
（五）	责任制考核兑现	30	（1）具有完善的考核、奖惩制度； （2）年度安全责任制检查考核； （3）企业责任制奖罚兑现； （4）所属单位安全奖罚兑现	（1）单位安全考核文件资料； （2）单位安全责任制奖罚兑现文件； （3）责任制奖罚兑现财务账册及有关凭证； （4）按照责任书奖惩兑现		100%	
四	安全管理机制	400		归入相对应文档资料卷			
（一）	制度建设	50	建立健全： （1）安全生产管理评价标准； （2）安委会工作规则； （3）责任制实施办法(经费投入)； （4）各部门安全职责； （5）安全会议； （6）教育培训； （7）消防管理； （8）安全检查； （9）各岗位安全操作规程； （10）隐患排查治理； （11）危险源监控管理； （12）事故报告； （13）安全举报；	查阅资料	项	100%	

续　表

序号	评价项目	标准分	工作要求与评分标准	必备文档资料	安全指标		实得分
					单位	目标值	
（一）	制度建设	50	（14）应急预案； （15）应急救援制度； （16）事故调查处理； （17）责任追究； （18）信息统计； （19）安全奖惩； （20）劳保用品管理； （21）签订劳动合同； （22）对从业人员进行户籍化管理,建立电子信息数据库； （23）制定《汽车运输装卸危险货物作业规程》； （24）制定完善的危险品运输车辆维护、保养、检测、审验等安全操作程序； （25）制定风险评价及防控制度,并建立档案； （26）严格值班制度,值班记录齐全	查阅资料	项	100％	
（二）	安全活动	30	（1）开展"安全生产月""反三违月""安全警示月""安全杯"等竞赛活动； （2）认真开展各项整治活动,活动方案齐全； （3）各项活动有书面总结	（1）名称、日期、封面； （2）活动方案； （3）活动宣传教育、检查有关材料； （4）活动总结	项	4	
（三）	安全培训	40	（1）每年度举办脱产安全生产管理或业务技术培训班； （2）方案、计划(课程安排表)； （3）教材； （4）试卷,及格率达到95％； （5）驾驶员、押运员、装卸人员年度培训不少于60学时	将每次培训资料按下列顺序归入专门文档资料： （1）培训通知； （2）培训计划或课程安排表； （3）培训教材； （4）培训试卷； （5）参训人员考核成绩统计表； （6）其他有关资料	及格	95％	
（四）	持证上岗	50	（1）从业人员参加岗前培训取得企业考核合格的证照,上岗作业； （2）驾驶员持有效合法驾驶证、从业资格证等有效证件上岗	现场检查各类人员上岗所持有效证件	人	100％	

序号	评价项目	标准分	工作要求与评分标准	必备文档资料	安全指标		实得分
					单位	目标值	
（五）	安全检查	40	（1）每年定期组织对重点部门、重点岗位、重点环节进行专项检查； （2）春运、"两会"、"五一"夏季防汛。"十一""冬季年终"安全检查不于少得6次； （3）每次检查要有实施方案，检查总结	将每次检查材料按下列顺序装订成卷宗： （1）名称、日期、封面； （2）安全检查方案（通知）； （3）检查记录（复印件）； （4）检查总结； （5）其他有关材料	次	5	
（六）	隐患排查治理	50	（1）对现场排查出的各类隐患，下达整改通知书； （2）安全生产事故隐患存在单位要有整改治理方案、措施，整改完成率要达到100%； （3）要按时上报事故隐患整改治理； （4）重大隐患一时不能整改的要经有关部门同意，期间要有专人负责人看守； （5）隐患复查合格要有结论报告	（1）隐患整改通知书； （2）隐患整改方案或计划； （3）整改完成报告； （4）复查合格结论报告	起	100%	
（七）	应急预案	40	（1）要制定3种以上较大事故（险情）应急救援预案； （2）每年组织开展或参加当地政府组织应急救援演练一次；演习（练）预案、图片资料和专项总结要齐全； （3）建立应急救援组织机构；应急救援车辆,物资及装备落实到位； （4）定期修订完善补充应急预案	（1）一、二、三级等3种以上应急预案； （2）应急演习（练）方案和相关图片资料； （3）应急组织机构、车辆及物资、装备	种	3	
（八）	安全文件信息	30	（1）及时完成公文管理（文件、汇报、总结等）； （2）按规定上报安全检查（方案、通知、执法文书等）	（1）查内业资料； （2）座谈了解		100%	

| 序号 | 评价项目 | 标准分 | 工作要求与评分标准 | 必备文档资料 | 安全指标 | | 实得分 |
					单位	目标值	
（九）	事故处理	40	（1）制定完善的事故责任追究倒查制度； （2）事故发生及时启动应急预案； （3）按规定时限、内容及时报告； （4）严肃按"四不放过"追究处理事故责任。 备注："四不放过"：①事故原因查清；②干部职工未受到教育；③整改措施不落实；④当事人、责任人未受到处理不放过	将每次事故的下列材料按顺序装订成卷宗： （1）名称、日期封面； （2）事故报告； （3）应急救援（处置）相关汇报材料； （4）事故责任认定书或调查报告； （5）按照"四不放过原则落实处理的有关文件材料"		100%	
（十）	统计报表	30	按照省局规定及时报送各类安全生产情况（月、季、年度）及专项统计报表。不得拖报、漏报、瞒报、错报	查阅资料		100%	
五	安全会议	100		归入会议文档资料卷			
（一）	年度安全会议	30	每年至少召开一次安全会议	将会议材料按下列顺序装订： （1）会议名称、日期、封面； （2）会议通知； （3）签到簿； （4）会议日程表； （5）会议文件； （6）会议材料； （7）领导讲话等	1	100%	
（二）	安委会会议	30	每年至少召开四次安委会会议或党政领导研究安全生产工作会议	将会议材料按下列顺序装订： （1）会议名称、日期、封面； （2）签到簿； （3）汇报或文件材料； （4）会议记录； （5）会议纪要； （6）其他有关材料	4	100%	
（三）	专题会	40	每年春运、"五一"或汛期、"十一"前等重要时段召开一次"运输安全"工作专题会	材料装订： （1）会议名称、日期、封面； （2）签到簿； （3）会议议程； （4）会议文件； （5）领导讲话； （6）其他有关材料	4	100%	

序号	评价项目	标准分	工作要求与评分标准	必备文档资料	安全指标		实得分
					单位	目标值	
六	现场管理	180		归入安全检查资料卷			
（一）	车辆管理	60	(1) 车辆技术性能符合国家标准（GB 18565）（GB 1589)(JT、T198)规定的一级技术等级； (2) 运输剧毒、爆炸、易燃放射性危险货物的,应具备专用车辆并安装 GPS 监控系统； (3) 专用车辆经质检部门检验合格； (4) 运输爆炸、强腐蚀性罐式专用车辆罐体不得超过 20 m³； (5) 运输剧毒危险货物的专用车辆罐体容积不得超过 10 m³,罐式集装箱除外； (6) 运输剧毒、爆炸、强腐蚀性危险货物的非罐式专用车辆核载不得超过 10 t； (7) 按照国家标准、规范及车辆出厂说明等制定车辆安全操作规程； (8) 车辆按期维护、审验合格,达到一级车技术等级要求； (9) 罐体应符合 CB 150 及《汽车运输液体危险货物常压容器(罐体)通用技术条件》(GB 18564)并检验合格； (10) 消防器材、灭火设备要齐全有效； (11) 车辆张贴危险品反光标志、标志牌、标志灯等标志齐全有效； (12) 车辆按照国家标准及时更新； (13) 依法缴纳车辆保险； (14) 车辆实行户籍化管理,一车一档、建立电子信息数据库； (15) GPS 监控系统正常,确保 24 小时值班	现场检查,查阅资料		100％	

序号	评价项目	标准分	工作要求与评分标准	必备文档资料	安全指标		实得分
					单位	目标值	
（二）	应急演练	30	做好应急演练,制定演练制度及演练程序	现场检查,查阅资料		100%	
（三）	消防管理	30	(1) 要将消防安全列入安全生产检查内容,督导单位和相关处室落实消防安全职责; (2) 按消防技术规范要求,配置合格的各类消防器材,按规定期维护保养; (3) 严格履行消防审核和验收程序,要经公安消防部门验收合格; (4) 对公安消防部门或上级有关部门排查出的火灾隐患,按"隐患排查治理"要求,及时整改,建立火灾隐患整改专项文档资料	现场检查,查阅资料		100%	
（四）	人员管理	60	(1) 驾驶员符合国家规定,年龄在60周岁并取得合法驾驶证、从业资格证,3年内无较大交通责任事故; (2) 具有安全行车常识及易燃易爆等危险品运输业务知识; (3) 熟练掌握危险品运输途中发生碰撞、泄漏、疏散、处置等常识; (4) 驾驶员出车前、行驶途中、收车后安全注意事项熟练掌握; (5) 熟练掌握《道路交通安全法》及安全行车各项规章制度; (6) 驾驶员应对所驾车辆的构造、性能及维修保养程序熟练掌握;熟悉掌握突发事故、应急救援、报告程序、采取措施等; (7) 车辆安检员:具有3年以上车辆维修经验,具有分析、判断、识别和排除车辆故障的能力,做好车辆出入库安全检查,检查不得有漏项,并做好记录,确保车辆安全运行;	现场检查,查阅资料		100%	

续　表

序号	评价项目	标准分	工作要求与评分标准	必备文档资料	安全指标		实得分
					单位	目标值	
（四）	人员管理	60	(8) 押运员具有初中以上学历,经考核合格,取得押运员资格证件,并熟练掌握危险品运输突发事件、报告程序、应急处理等程序; (9) 制定装卸人员操作规程,具有初中以上学历,对危险品货物装卸注意事项、应急处理等知识熟练掌握; (10) 监督装卸人员遵守操作规程	现场检查,查阅资料		100%	
七	年度安全指标控制			归入年度安全检查考评资料卷			
（一）	重大及以上安全事故	—	年内发生重大及以上责任事故(同等责任及以上)安全评价标准总分为 0 分	查单位及有关单位统计报表资料、信息反馈	次	无	
（二）	其他事故	—	年度内计发生一次较大事故,总分中减 150 分;两次及以上较大事故,安全评价标准总分为 0 分。一次一般事故,总分中减 50 分,两次一般事故,减 150 分,三次级以上安全评价标准分为 0 分	查单位及有关统计报表资料、信息反馈	次	无	
（三）	预控指标	—	(1) 行车责任肇事频率低于 3 次百万车公里; (2) 行车责任死亡率低于0.3人百万车公里; (3) 行车责任伤人率低于1.6人百万车公里; (4) 行车责任事故经济损失率低于 3.5 万元百万车公里	查有关单位及有关统计报表、信息反馈	项	4 项指标按省交通厅规定考核	

9.2　内河桥梁工程建设风险评估

1. 风险评估方法说明

风险评估方法是根据风险发生的概率和风险影响的严重程度来对风险进行分析。

表 9-2 为风险发生概率的估算方法。表 9-3 为风险影响的严重程度的估算方法。

表 9-2 风险发生概率的估算方法

概率	概率区间	估值	说明
罕见	<0.000 3	1	风险极难出现一次
偶见	0.000 3~0.003	2	风险不大会出现
可能	0.003~0.03	3	风险可能会发生
预期	0.03~0.3	4	风险会不止一次地发生
频繁	>0.3	5	风险会频繁发生

表 9-3 风险影响的严重程度的估算方法

程度	估值	说 明
轻微	1	风险并不导致延误或明显损失
中等	2	风险导致少量损失(10 万元以内)及/或 2 天内的延误
严重	3	风险导致可补偿的损失(100 万元以内)及/或 2 周内的延误
重大	4	风险导致相当大而可补偿损失(1 000 万元以内)及/或 3 个月内的延误
灾难性	5	风险导致不可补偿的损失(死亡,1 000 万元以上)及/或超过 3 个月的延误

根据风险的概率及损失严重程度,将二者相乘,得出风险等级,如表 9-4 所列。

表 9-4 风险等级

风险等级	估值	说 明
低度	1~4	风险是可容忍的,不必另设措施
中等	5~9	风险处于可容忍的边缘,预防措施可能需要
严重	10~15	明确并执行预防措施以减少风险
极高	16~25	为减少风险的预防措施必须不惜代价实行

将工程风险分解,形成树状风险图(图 9-1)。

根据每层风险事故的发生概率、风险影响的严重程度、每个风险事件的发生比重,确定上一级风险事件的风险等级,从而确定工程总体风险情况和总体风险等级。

事件权重、风险概率、风险损失根据具体工程情况确定。风险事件的风险等级为风险概率、风险损失相乘所得。每一类别的风险等级为风险事件风险等级、事件权重相乘、求和所得。

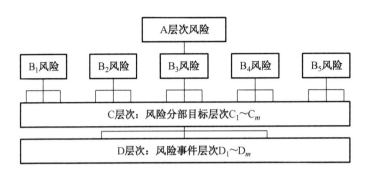

图 9-1　树状风险图

2. 主要风险评估

各类主要的风险等级评估表见表 9-5—表 9-23。

表 9-5　　　　　　　　　　工程地质查勘风险等级表

类别	风险等级	风险事件	事件权重	风险概率	风险损失	风险等级
工程地质查勘		勘探因素引起的判别失误				
		地基土空间变异性				
		勘探工作中孔距过大				
		勘探工作中孔深不足				
		勘探孔高程测量误差				
		勘探孔平面定位误差				
		试验方法的不确定性				
		室内试验造成的判别失误				
		土性参数的试验与统计误差				
		计算公式的不确定性				

表 9-6　　　　　　　　　　钻孔灌注桩施工风险等级表

类别	风险等级	风险事件	事件权重	风险概率	风险损失	风险等级
钻孔灌注桩施工查勘		桩位测量不准				
		护筒变形、倾斜度过量与塌孔				
		制备的泥浆不符合要求				
		桩径与垂直度偏差过大				
		清孔不完全,孔底沉渣厚度大于 10 cm				

类别	风险等级	风险事件	事件权重	风险概率	风险损失	风险等级
钻孔灌注桩施工查勘		钢筋笼制作不规范				
		导管直径偏差超过±2 mm或超过壁				
		水下混凝土灌注质量不达标				
		混凝土灌注中出现塌孔,导管提升和拆除不及时				

表 9-7 　　　　　　　　　　　　　承台施工风险等级表

类别	风险等级	风险事件	事件权重	风险概率	风险损失	风险等级
承台施工查勘		承台轴线测量存在误差				
		承台开挖中出现基坑失稳				
		垫层浇筑施工不规范				
		安装、绑扎钢筋不符合相应规范要求				
		模板变形,内外支撑失稳				
		混凝土浇筑及养护不达标				
		基坑一次回填至自然地面标高,回填质量无法保证				

表 9-8 　　　　　　　　　　　　　墩柱施工风险等级表

类别	风险等级	风险事件	事件权重	风险概率	风险损失	风险等级
墩柱施工查勘		测量放样有误差				
		脚手架处地基未夯实,无法提供足够支撑力				
		立柱钢筋绑扎不规范				
		模板平面尺寸、垂直度、平整度不达标				
		浇筑的混凝土存在质量缺陷				
		拆模时碰撞立柱混凝土				
		包裹养护时间不够				

表 9-9 主桥上部结构施工风险等级表

类别	风险等级	风险事件	事件权重	风险概率	风险损失	风险等级
主桥上部结构		支架地基产生不均匀沉降				
		贝梁与工字钢组成悬挑结构失稳				
		模板底模标高与拱度的预设不符合相关要求				
		钢筋笼制作不规范				
		墩顶临时支座的施工及盆式支座的安装不达标				
		梁体施工中临时支座解除困难				
		梁体模板的安装不规范				
		梁体混凝土浇筑未按大体积混凝土施工				

表 9-10 悬浇段挂篮施工风险等级表

类别	风险等级	风险事件	事件权重	风险概率	风险损失	风险等级
悬浇段挂篮施工		挂篮某组装部件未经检查,不符合设计要求				
		挂篮安装条件不具备				
		挂篮安装顺序与方法不对				
		挂篮拼装完成后,未进行荷载试验,无法消除挂篮结构的塑性变形,无法测量弹性变形值				
		挂篮节段钢筋制作不规范				
		挂篮节段模板制作不规范				
		挂篮节段混凝土浇筑不符合要求				
		节段预应力张拉施工没有达到设计要求				
		落模距离过大,超过 10 ~ 15 cm				
		落模中,后吊带脱落时底模绕前吊点转动				
		张拉压浆完工后水泥浆还未终凝,而且模板与箱梁未全部脱开就将挂篮前移				

续　表

类别	风险等级	风险事件	事件权重	风险概率	风险损失	风险等级
悬浇段挂篮施工		挂篮前移中出现倾覆				
		挂篮拆除顺序不对				
		梁体标高、梁底线型和水平位置偏离设计预期的状态,导致难以顺利合拢				
		箱梁悬臂现浇施工时,梁体的挠度达不到设计要求				

表 9-11　　　　　　　　　　　管线保护及搬迁风险等级表

类别	风险等级	风险事件	事件权重	风险概率	风险损失	风险等级
管线保护及搬迁		无保护方案或方案不全				
		施工作业不规范,破坏管线				
		开挖不当,造成塌陷,破坏周边环境				

表 9-12　　　　　　　　　　　施工图设计风险等级表

类别	风险等级	风险事件	事件权重	风险概率	风险损失	风险等级
施工图设计风险		设计错误				
		设计不够细致				
		设计优化缺少必要监督				
		施工困难				

表 9-13　　　　　　　　　　　土方开挖风险等级表

类别	风险等级	风险事件	事件权重	风险概率	风险损失	风险等级
土方开挖		施工机械有缺陷导致机械伤害				
		施工机械的作业位置不符合要求导致倾覆、触电等				
		挖土机司机无证或违章作业导致机械伤害				
		其他人员违规进入挖土作业区域导致机械伤害				

表 9-14　　　　　　　　　　　　基坑开挖与支护风险等级表

类别	风险等级	风险事件	事件权重	风险概率	风险损失	风险等级
基坑开挖与支护		支护方案或设计缺乏或者不符合要求导致坍塌等				
		临边防护措施缺乏或者不合要求导致坍塌等				
		未定期对支撑、边坡进行监视测量导致坍塌等				
		坑壁支护不符合要求导致坍塌等				
		排水措施缺乏或者措施不当或产生流砂导致坍塌等				
		积土料具堆放或机械设备施工不合理造成坑边超载导致坍塌等				
		人员上下通道缺乏或设置不合理导致高处坠落等				
		基坑作业环境不符合要求或缺乏隔离防护措施导致高处坠落、物体打击等				

表 9-15　　　　　　　　　　　　脚手架工程风险等级表

类别	风险等级	风险事件	事件权重	风险概率	风险损失	风险等级
脚手架工程		施工方案缺乏或不符合要求导致高处坠落等				
		脚手架材质不符合要求导致架体倒塌、高处坠落等				
		脚手架基础不能保证架体的荷载导致架体倒塌、高处坠落等				
		架体稳定性不符合要求导致架体倒塌、高处坠落等				
		脚手架荷载超载或堆放不均匀导致架体倒塌、倾斜等				
		架体防护不符合要求导致高处坠落等				
		无交底或验收导致架体倾斜等				

类别	风险等级	风险事件	事件权重	风险概率	风险损失	风险等级
脚手架工程		人员与物料到达工作平台的方法不合理导致高处坠落、物体打击等				
		架体不按规定与建筑物拉结导致架体倾斜等				
		脚手架不按方案搭设导致架体倾斜等				

表 9-16　　　　　　　　　　　　悬挑脚手架风险等级表

类别	风险等级	风险事件	事件权重	风险概率	风险损失	风险等级
悬挑脚手架		悬挑梁安装不符合要求导致架体倾斜等				
		外挑杆件与建筑物连接不牢导致架体倾斜等				
		架体搭设高度超过方案规定导致架体倾斜等				
		立杆底部固定不牢导致架体倾斜等				

表 9-17　　　　　　　　　　　　模板工程风险等级表

类别	风险等级	风险事件	事件权重	风险概率	风险损失	风险等级
模板工程		施工方案缺乏或不符合要求导致倒塌、物体打击等				
		无针对混凝土输送的安全措施导致机械伤害等				
		混凝土模板支撑系统不符合要求导致模板倒塌、物体打击等				
		支撑模板的立柱的稳定性不符合要求导致模板倒塌等				
		模板存放无防倾倒措施或存放不符合要求导致模板倒塌等				
		悬空作业未系安全带或系挂不符合要求导致高处坠落等				
		模板工程无验收与交底导致倒塌、物体打击等				

类别	风险等级	风险事件	事件权重	风险概率	风险损失	风险等级
模板工程		模板作业 2 m 以上无可靠立足点导致高处坠落等				
		模板拆除区未设置警戒线且无人监护导致物体打击等				
		模板拆除前未经拆模申请批准导致坍塌、物体打击等				
		模板上施工荷载超过规定或堆放不均匀导致坍塌、物体打击等				

表 9-18   **钢筋冷拉作业风险等级表**

类别	风险等级	风险事件	事件权重	风险概率	风险损失	风险等级
钢筋冷拉作业		钢筋机械的安全不符合要求				
		钢筋机械的保护装置缺陷				
		作业区防护措施不符合要求导致机械伤害等				

表 9-19   **起重吊装作业风险等级表**

类别	风险等级	风险事件	事件权重	风险概率	风险损失	风险等级
起重吊装作业		起重吊装作业方案不符合要求导致机械伤害等				
		起重机械设备有缺陷导致机械伤害等				
		钢丝绳与索具不符合要求导致物体打击等				
		路面地耐力或铺垫措施不符合要求导致设备倾翻等				
		司机操作失误导致机械伤害等				
		违章指挥导致机械伤害等				
		起重吊装超载作业导致设备倾翻等				
		高处作业人员的安全防护措施不符合要求导致高处坠落等				

续　表

类别	风险等级	风险事件	事件权重	风险概率	风险损失	风险等级
起重吊装作业		高处作业人员违章作业导致高处坠落等				
		作业平台不符合要求导致高处坠落等				
		吊装时构件堆放不符合要求导致构件倾倒、物体打击等				
		警戒管理不符合要求导致物体打击等				

表 9-20　　　　　　　　　　　**电焊作业风险等级表**

类别	风险等级	风险事件	事件权重	风险概率	风险损失	风险等级
电焊作业		未做保护接零、无漏电保护导致触电等				
		无二次侧空载降压保护器或无触电保护器导致触电等				
		一次侧线长超过规定或不穿管保护导致触电等				
		气瓶的使用与管理不符合要求导致爆炸等				
		焊接作业人员个人防护不符合要求导致触电、烧伤等				
		焊把线接头超过 3 处或绝缘老化导致触电等				
		气瓶违规存放导致火灾、爆炸等				

表 9-21　　　　　　　　　　　**安全管理风险等级表**

类别	风险等级	风险事件	事件权重	风险概率	风险损失	风险等级
安全管理		施工组织设计中安全措施不符合要求导致各类事故				
		未按法规要求建立健全安全生产责任制导致各类事故				
		未对分部工程实施安全技术交底导致各类事故				
		安全检查制度的建立与实际不符合要求导致各类事故				
		安全标志的管理不符合要求导致高处坠落、物体打击等				
		防护用品的管理不符合要求导致各类事故				

表 9-22　　　　　　　　　　　　质量缺陷及相关风险等级

序号	质量缺陷	产生原因	风险等级
1	预应力锚头处混凝土开裂	混凝土设计强度不够	
2	混凝土强度不够	由于利益驱动商品混凝土供应商在混凝土配合比设计时常取下限值	
3	挂篮施工桥梁线型控制不当,标高出现问题	施工监控不利	
4	桥面铺装层混凝土出现早期破坏	粉煤灰掺灰量太多	
5	桥梁支座垫石损坏	垫石强度不够	
6	桥梁伸缩缝出现早期损坏	由于排水设计与结构设计常常是分开设计的,设计综合时又考虑不周,造成进水口设在伸缩缝中;没有采用防水伸缩缝	
7	预应力混凝土空心板梁铰缝破坏	起拱度不够;施工处理不当;支座脱空或受力不均等	
8	梁体裂缝、挠曲变形(较大跨径预应力连续箱梁)和伸缩缝、支座损坏	设计考虑不周或施工不当	
9	墩身裂缝、墩帽裂缝、桥台背墙、耳墙裂缝、挡块破损等	地基处理不当或混凝土强度不够	
10	桥台锥坡沉降	施工处理不当	
11	沥青路面出现坑槽、车辙或破损现象	沥青混凝土配合比设计不周或施工不当	
12	沥青路面裂缝和唧浆等	路基压实度不够	
13	窨井下沉	回填不密实	
14	桥头跳车	台背回填压实度不够	

注:定性评定风险等级,直接评定为轻微、中度、严重、重大、灾难性,根据各项质量缺陷项目评定,最终确定质量缺陷风险等级。

表 9-23　　　　　　　　　　　　其他管理风险评估

序号	工程各方的管理风险	说明	风险等级
1	企业承建工程出险情况	近 3 年承建工程无风险事故发生	低等
2		近 3 年承建工程无重大风险事故发生	中等
3		近 3 年承建工程出现过重大风险事故	严重
4	企业同类项目经营记录	承建过同类工程项目 3 项以上	低等
5		承建或参与同类工程项目 3 项以内	中等
6		未参与建设过同类工程项目	严重

序号	工程各方的管理风险	说明	风险等级
7	企业业绩	企业近年来承建或参与了大量的重大工程项目,并获得了很多国家级、省市级奖项	低等
8		企业近年来参与了一些类似的工程项目,也获得了一些奖励	中等
9		企业近年来未参与过类似工程,也没有获得过任何奖项	严重
10	项目负责人(经理)资质	项目经理参与过大量的相似工程,具有丰富的工程经验,很强的协调的能力,并具有很高的个人素质	低等
11		项目经理参与过类似工程,具有一定的工程经验,具有一定的协调能力,并具有较高的个人素质	中等
12		项目没有类似的工程经验,协调能力一般,个人素质一般	严重
13	项目参与(施工)人员素质或学历	素质一般	低等
14		素质较高	中等
15		素质高	严重
16	企业的质量管理体系、环境管理体系	企业质量管理体系得到认证	低等
17		企业具有较为完善的管理体系但无认证	中等
18		企业无质量管理体系	严重
19	企业的职业健康管理体系	企业完全能够控制职业健康安全风险,并改进企业的绩效	低等
20		企业在一定程度上能够消除或减小因组织的活动而使员工可能面临的职业健康安全风险	中等
21		企业员工在遭受到职业健康安全的威胁,企业相关组织也没有采取有效的应对措施	严重

注:定性评定风险等级,直接评定为低等、中度、严重,根据各项评定,最终确定质量其他管理风险等级。

工程总体风险情况,如表9-24所列。

表9-24　　　　　　　　　总体风险等级评定表

类别	工程地质查勘	高压架空线	防汛防台	桥梁桩基施工	桥梁承台施工	桥梁墩柱施工	主桥上部结构施工	悬浇段挂篮施工	施工图设计	管线保护及搬迁
风险等级										
风险等级										
所占权重										

表 9-25 总体风险等级评定表(续)

类别	土方开挖	基坑支护	脚手架工程	悬挑脚手架	模板工程	起重吊装作业	钢筋冷拉作业	电焊作业	安全管理	质量缺陷风险	其他管理风险
风险等级											
风险等级											
所占权重											
总体风险											

9.3 轨道交通运营安全评价

1. 安全管理评价指标

轨道交通运营安全管理评价指标见表 9-26。

表 9-26 安全管理评价指标(100分)

评定项目及分值	分项及分值	子项序号	定性定量指标	分值	得分
安全管理机构与人员(10)	安全管理机构(3)	A01	应设有专门的安全生产管理机构	3	
	安全管理专职人员(3)	A02	公司及部门应设有专职的安全管理人员	3	
	安全管理人员资质(4)	A03	应建立严格的资质准入标准	2	
		A04	安全管理人员应通过上岗前考核合格且最新考核应在有效期内	2	
安全生产责任制(10)	主要负责人(3)	A05	主要负责人应签订安全生产责任制	1	
		A06	安全生产责任制应切实落实	2	
	安全管理人员(6)	A07	部门经理应签订安全生产责任制并切实落实	2	
		A08	一般安全管理人员应签订安全生产责任制并切实落实	2	
		A09	其他从业人员应签订安全生产责任制并切实落实	2	
	安全生产责任制档案管理(1)	A10	应建立健全的安全生产责任制的档案管理	1	

评定项目及分值	分项及分值	子项序号	定性定量指标	分值	得分
安全管理目标(10)	安全生产控制指标(4)	A11	应制定安全生产控制指标	3	
		A12	应制定安全生产控制指标档案管理制度	1	
	各级安全生产目标(6)	A13	应建立各级安全生产目标	2	
		A14	针对未能实现的安全生产目标应制定补救措施	2	
		A15	应配置实现安全生产目标所需要的资源	2	
安全生产投入(10)	安全投入保障制度(4)	A16	应投入具备安全生产条件所必需的资金	2	
		A17	决策机构、主要负责人或者个人经营的投资人应保证安全生产条件所必需的资金投入,并对由于安全生产所必需的资金投入不足导致的后果承担责任	2	
	安全投入落实(4)	A18	应每年投入相当数量的安全专项资金	2	
		A19	应安排用于配备劳动防护用品及进行安全生产培训的经费	1	
		A20	应依法参加工伤社会保险,为从业人员缴纳保险费	1	
	安全奖惩制度(2)	A21	应建立安全考核和奖惩制度	1	
		A22	安全考核和奖惩制度应切实落实	1	
事故应急救援体系(20)	应急救援组织机构(3)	A21	应建立事故应急救援组织机构	1	
		A22	应急指挥系统应明确总公司和分公司的应急指挥系统的构成及其相关信息	1	
		A23	应明确应急救援专家委员会的构成,确定应急救援专家委员会的负责人和组成人员	1	
	预案制定情况(4)	A24	应制定企业级预案,预案中有外部联动机制	1	
		A25	针对轨道交通运营线路发生火灾、列车脱轨、列车冲突、大面积停电、爆炸、自然灾害以及因车辆、设备故障及客流冲击、恐怖袭击等其他异常原因造成影响运营的非正常情况时,地铁运营单位应制定相应的应急救援预案	3	
	预案管理情况(1)	A26	应依据我国有关应急的法律、法规和相关政策文件,地铁运营单位向市轨道指挥办公室(或类似职能部门)申请,经政府组织有关部门、专家对市轨道交通运营突发事件应急预案进行评审工作,并报市政府	0.5	

续　表

评定项目及分值	分项及分值	子项序号	定性定量指标	分值	得分
事故应急救援体系(20)	预案管理情况(1)	A27	地铁运营单位应向市轨道指挥办公室(或类似职能部门)申请,定期组织有关单位修订一次轨道交通运营突发事件应急预案,并上报市政府备案	0.5	
	应急救援设备和应急救援人员配备情况/救援设备的维护体系(6)	A28	各专业部门应根据自身应急救援业务需求,配备现场救援和抢险装备、器材,建立相应的维护、保养和调用等制度	2.5	
		A29	应按照统一标准格式建立救援和抢险装备信息数据库并及时更新,保障应急指挥调度使用的准确性	0.5	
		A30	建立应急救援队伍	1	
		A31	应急救援人员应掌握应急救援预案	2	
	事故应急培训与应急救援演练(4)	A33	应定期针对不同事故进行应急救援演练	2	
		A34	对演练中发现的问题应及时整改	1	
		A35	应有完整的应急救援演练记录	0.5	
		A36	应对应急救援人员进行定期培训	0.5	
	当年紧急事故处置评价(2)	A37	发生紧急事故后,是否启动应急救援预案	1	
		A38	应急救援后,是否对事故处置进行总结,是否对应急救援预案提出必要的整改意见	1	
安全培训教育(9)	安全培训教育制度(5)	A39	应建立各级领导定期安全培训教育制度并切实落实	1	
		A40	应建立全体员工定期安全培训教育制度并切实落实	1	
		A41	应建立新员工岗前三级教育制度并切实落实	1	
		A42	应建立转、复岗人员上岗前培训制度并切实落实	1	
		A43	应建立教育培训记录的档案	1	
	特种作业人员安全培训(2)	A44	特种作业人员应持证上岗并定期考核	1	
		A45	特种作业人员应进行继续培训	1	
	临时工安全培训(1)	A46	应建立临时工安全培训考核制度并切实落实	1	
安全培训教育	租赁承包人员安全培训(1)	A47	应建立租赁承包人员安全培训考核制度并切实落实	1	

评定项目及分值	分项及分值	子项序号	定性定量指标	分值	得分
安全信息交流(3)	信息交流机构(1)	A48	应建立安全信息交流的渠道	0.5	
		A49	安全信息交流渠道应畅通	0.5	
	旅客意见反馈(1)	A50	应建立旅客意见反馈管理程序	0.5	
		A51	旅客反馈意见的处理情况	0.5	
	员工意见处理(1)	A52	应建立员工安全意见反馈管理程序	0.5	
		A53	员工安全建议的处理情况	0.5	
事故隐患管理(10)	事故隐患清查(1)	A54	应分类建立事故隐患统计表	0.5	
		A55	应建立事故隐患报告制度	0.5	
	事故隐患治理(4)	A56	应对事故隐患及时提出整改措施	1	
		A57	对事故隐患应采取防护措施	3	
	事故隐患监控(4)	A58	应配备相应的安全隐患监控设备	4	
	事故隐患档案管理(1)	A59	应建立事故隐患监控及整改的档案管理制度	0.5	
		A60	应建立完整的事故隐患监控及整改的档案	0.5	
安全作业规程(11)		A61	应制定各专业各工种安全作业规程	5	
		A62	安全作业规程落实情况	6	
安全检查制度(7)	安全检查制度(6)	A63	应建立年度、季度及特殊时期安全检查制度并切实落实	2	
		A64	应建立日常安全检查制度并切实落实	2	
		A65	安全检查出的问题应及时处理	2	
	安全检查档案管理(1)	A66	应建立安全检查档案管理制度	0.5	
		A67	安全检查档案应完整	0.5	

2. 运营组织与管理评价指标

轨道交通运营组织与管理评价指标见表 9-27。

表 9-27　　　　　　　运营组织与管理评价指标(100 分)

评定项目及分值	分项及分值	子项序号	定性定量指标	分值	得分
系统负荷(20)	线路负荷(10)	B01	最小行车间隔不应超过系统设计能力	3	
		B02	车辆满载率不应大于 130%,高峰小时断面客流量不应大于系统设计能力	3	
		B03	日客流量应符合设计的规定值	2	
		B04	年客流量应符合设计的规定值	2	

评定项目及分值	分项及分值	子项序号	定性定量指标	分值	得分
系统负荷（20）	车站设施负荷（10）	B05	站台高峰小时集散量不应大于站台设计最大能力	4	
		B06	通道和楼梯每小时通过人数应不大于相应规范要求的数值	4	
		B07	车站可随时通过 AFC 系统控制乘客流量	2	
调度指挥（28）	调度规章（5）	B08	应具有相对独立、全面的行车组织规则或同等效力的规章文件	1	
		B09	调度规章中应包括对运营设备故障和事故模式下的行车组织措施	2	
		B10	调度规章中应包括对突发事件的应对措施，并且切实可行	2	
	指挥系统（5）	B11	指挥系统应具备中央控制和车站控制两种控制模式，并在任何情况下都有一种模式起主导作用	3	
		B12	指挥系统应有自动闭塞或移动闭塞瘫痪的情况下，采用电话闭塞的考虑和能力	2	
	调度人员培训（8）	B13	应建立调度人员培训制度	1	
		B14	培训内容应包括正常业务流程和应急预案救援指挥	4	
		B15	培训方式应包括授课、实战演练或模拟演练	3	
	调度人员素质（10）	B16	调度人员应经过专业、系统的地铁运营调度指挥培训并取得相应的资格证书	4	
		B17	调度人员应具备正常情况下，熟练指挥调度和行车工作的能力	3	
		B18	调度人员应具备在紧急或事故情况下，沉着冷静，快速制定应对方案和组织救援的能力	3	
列车运行（25）	列车运用规章（4）	B19	应制定明确、顺畅的列车日常运用规章	1.5	
		B20	应制定故障列车下线和救援列车运用规章	1.5	
		B21	上述规章与调度规章应接口良好	1	
	列车操作规程（6）	B22	应制定明确、实用的列车操作规程	4	
		B23	规程中应明确写出列车故障模式下的操作要点	2	
	驾驶员培训（6）	B24	应建立驾驶员培训制度	1	
		B25	培训内容应包括正常操作流程和故障情况下的操作要点	3	
		B26	培训方式应包括授课和实战演练或模拟演练	2	

评定项目及分值	分项及分值	子项序号	定性定量指标	分值	得分
列车运行（25）	驾驶员素质（9）	B27	驾驶员应经过专业、系统的列车驾驶培训并取得相应的资格证书	3	
		B28	驾驶员应具备正常情况下，熟练驾驶列车运行的能力	2	
		B29	驾驶员应熟悉各种可能的突发事件的基本应对流程	2	
		B30	驾驶员应具备事故情况下，沉着冷静，在区间组织疏散乘客的能力	2	
客运组织（27）	乘客安全管理（10）	B31	服务标志系统应具有警示标志、禁止标志、紧急疏散指示标志	5	
		B32	在容易发生事故部位，应设置提示标志或有专人引导或设置安全防护设施	4	
		B33	应设置盲道、轮椅通道、垂直电梯等保证残障人士安全进出车站的引导设施	1	
	乘客安全监控系统（3）	B34	应至少设置中央和车站两级乘客安全监控系统	1	
		B35	乘客安全监控系统应能够监控车站所有客流集中部位和意外情况易发部位	2	
	乘客安全宣传教育（4）	B36	应对乘客进行安全乘车常识的宣传教育	2	
		B37	应对乘客进行紧急情况下正确疏散以及逃生自救知识的宣传	2	
	站务人员培训评价（4分）	B38	应建立站务人员培训制度	1	
		B39	培训内容应包括正常情况下的工作要点和突发状况应对措施	2	
		B40	培训方式应包括授课、实战演练或模拟演练	1	
	站务人员素质评价（6分）	B41	站务人员应经过客运组织培训并取得相应的资格证书	2	
		B42	站务人员应具备辨识危险品的基本方法和技巧	2	
		B43	站务人员应熟悉各种可能的突发事件的基本应对流程	2	

3. **车辆系统评价指标**

轨道交通车辆系统评价指标见表 9-28。

表 9-28 车辆系统评价指标(100 分)

评定项目及分值	分项及分值	子项序号	定性定量指标			分值	得分
车辆(85)	车辆安全性能与安全防护设施(45)	C01	车辆应在使用年限内	不符合要求	该辆车评价不得分		
		C02	车辆的脱轨系数应小于 0.8;轮重减载率应小于 0.6;倾覆系数应小于 0.8			5	
		C03	列车两端的车辆可设置防意外冲撞的撞击能量吸收区	不符合要求	不扣分		
				符合要求	加分:5		
		C04	地面或高架运行的列车两端可装设防爬装置	不符合要求	不扣分		
				符合要求	加分:5		
		C05	动车转向架构架电机吊座与齿轮箱吊座在寿命期内不发生疲劳裂纹			5	
		C06	客室车门应具有非零速自动关门的电气联锁及车门闭锁装置,行驶中确保门的锁闭无误			2	
		C07	客室车门处应设置紧急解锁开关			2	
		C08	司机台应设置紧急停车操纵装置和警惕按钮			2	
		C09	列车在平直道上实施紧急制动时,应能在规定的距离内停车			2	
		C10	在列车意外分离时,应立刻自动实施紧急制动,保证分离的列车自动制动			2	
		C11	列车应有两台或两台以上独立的电动空气压缩机组,当一台机组失效时,其余压缩机组的性能、排气量、供气质量和储风缸容积应均能满足整列车的供气要求;储风缸的容积应满足压缩机停止运转后列车三次紧急制动的用风量			2	
		C12	前照灯在车辆前端紧急制停距离处照度不应小于 2 lx			1	
		C13	在未设安全通道的线路上运行的列车两端应设紧急疏散门			2	
		C14	列车各车辆之间应设贯通道			2	

评定项目及分值	分项及分值	子项序号	定性定量指标	分值	得分
车辆(85)	车辆安全性能与安全防护设施	C15	车门、车窗玻璃应采用一旦发生破坏时其碎片不会对人造成严重伤害的安全玻璃	1	
		C16	蓄电池应能够满足车辆在故障情况下的应急照明、外部照明、车载安全设备、广播、通讯、应急通风等系统工作不低于45 min;地面与高架线路不低于30 min	2	
		C17	车辆应有列车自动防护系统(ATP)或列车自动防护系统(ATP)与自动驾驶系统(ATO),以及可保证行车安全的通讯联络装置	3	
		C18	电气设备过电压、过电流、过热保护功能应齐全	2	
		C19	采用受电弓受电的列车应设避雷装置	1	
		C20	凡散发热量的电气设备,在其可能与旅客、乘务人员或行李发生接触时,应有隔热措施,其外壳或防护外罩外面的温度不得超过50 ℃	1	
		C21	对安装采暖设备部位的侧墙、地板及座椅等应进行安全隔热处理,车用电加热器罩板表面温度不应大于68 ℃	1	
		C22	车厢内应设置乘客紧急按钮或与司机紧急对讲装置、应急照明灯、应急装备、消防器材	5	
		C23	车辆应有各种警告标识:司机室内的紧急制动装置、带电高压设备、电器箱内的操作警示、消防器材、紧急按钮或司机紧急对讲装置的位置与使用方法	2	
	车辆防火性能(30)	C24	车辆的车顶、侧板、内衬、天花板、地板应使用不燃或阻燃材料	10	
		C25	车厢地板上铺物、座椅、扶手、隔热隔音材料、装饰及广告材料等应使用不燃或阻燃材料	7	
		C26	车厢内非金属材料应具有耐熔化滴落性能	3	
		C27	各电路的电气设备联结导线和电缆应使用低烟、低卤阻燃材料(性能均应符合 TB/T 1484—2001 的要求)	10	
	车辆可靠性(10)	C28	车辆由于故障退出服务统计不大于0.1次/万组公里	10	
维修体系(15)	维修制度(5)	C29	应建立车辆维修制度	2	
		C30	应制定车辆各级检修规程	2	
		C31	对车辆故障信息应有记录、有分析、有纠正和预防措施	1	
	维修人员(5)	C32	应车辆维修人员应持证上岗	3	
		C33	应对车辆维修人员定期培训	2	

续　表

评定项目及分值	分项及分值	子项序号	定性定量指标	分值	得分
维修体系(15)	维修配件(5)	C34	应选择有资质的维修配件供货商	2	
		C35	应建立维修配件检验制度	2	
		C36	对维修配件的质量信息应有记录、有分析、有纠正和预防措施	1	

4. 供电系统评价指标

轨道交通车辆供电系统评价指标见表9-29。

表 9-29　　　　　　　　车辆供电系统评价指标(100 分)

评定项目及分值	分项及分值	子项序号	定性定量指标	分值	得分
主变电站(23)	主变电站设备(9)	D01	主变电站设备应在使用年限内	1.5	
		D02	每座主变电站应有两路相互独立可靠的电源引入,并应设两台主变压器。当一路电源或一台主变压器故障或检修时,应由另一路电源或一台主变压器供电。当主变电站全站停用时,应由相邻主变电站供电,并应确保一、二级用电负荷	1.5	
		D03	辅助主变电站应有一路专用电源供电,设置一台主变压器	1.5	
		D04	在地下使用的电气设备及材料,应选用体积小、低损耗、低噪音、防潮、无自爆、低烟、无卤、阻燃或耐火的定型产品	1.5	
		D05	变电站继电保护装置应满足可靠性、选择性、灵敏性和速动性的要求	1.5	
		D06	接地电阻应符合要求	1.5	
	主变电站安全防护设施(6)	D07	应设置接地保护	1	
		D08	主变电站周围建筑应设置避雷设施,并每年进行检测	1	
		D09	应设置完善的过负荷、短路保护装置	1	
		D10	应设置防灾报警装置,配置必要的消防设施、器材和应急装备	1	
		D11	应设置应急照明	1	
		D12	应设置安全操作警示标志和安全疏散指示标志	1	
	运作与维护(8)	D13	主变电站设备应定期进行预防性试验,试验合格后,才能继续使用	1	
		D14	各供电设备及继电保护装置应定期检验,满足电力或地铁相关规范要求	1	

续　表

评定项目及分值	分项及分值	子项序号	定性定量指标	分值	得分
主变电站（23）	运作与维护（8）	D15	供电试验使用的仪器仪表必须按照国家标准定期检测，试验单位和人员应具有相关专业资质和资格	1	
		D16	主变电站值班或巡视维护人员和应急处理人员数量及结构应配置合理	1	
		D17	主变电站操作人员应具有上岗资质	1	
		D18	主变电站操作人员应定期进行培训	1	
		D19	应建立主变电站的维护规程	1	
		D20	对主变电站故障信息应有记录、有分析、有纠正和预防措施	1	
牵引变电站（27）	牵引变电站设备（10）	D21	牵引变电站设备应在使用年限内	1.5	
		D22	牵引变电站应有两路独立的电源供电，两路电源引自同一主变电站的不同母线段或不同主变电站母线段	1.5	
		D23	新建牵引变电站设置两台牵引整流机组，两台整流机组并列运行	1.5	
		D24	牵引变电站中一台牵引整流机组退出运行时，另一台牵引整流机组在允许负荷的情况下继续供电	1.5	
		D25	在其中一座牵引变电站退出运行时，相邻的两座牵引变电站应能分担其供电分区的牵引负荷	1.5	
		D26	牵引变电站直流设备外壳应对地绝缘安装	1.5	
		D27	接地电阻应符合要求	1	
	牵引变电站安全防护设施（9）	D28	应设置接地保护	1	
		D29	牵引变电站周围建筑应设置避雷设施，并每年进行检测	1	
		D30	应设置完善的短路和过负荷继电保护装置	1	
		D31	应设有防止大气过电压及操作过电压的保护设施	1	
		D32	设置防灾报警设施，配置必要的消防设施、器材和应急装备	1	
		D33	设置应急照明	1	
		D34	无人值班的牵引变电站应设置监控系统	1	
		D35	无人值班的牵引变电站所有设备故障信息和操作信息能与调度中心联网	1	
		D36	设置安全操作警示标志和安全疏散指示标志	1	
	运作与维护（8）	D37	牵引变电站设备应定期进行预防性试验，试验合格后，才能继续使用	1	

评定项目及分值	分项及分值	子项序号	定性定量指标	分值	得分
牵引变电站（27）	运作与维护（8）	D38	各供电设备及继电保护装置应定期检验,满足电力或地铁相关规范要求	1	
		D39	供电试验使用的仪器仪表必须按照国家标准定期检测,试验单位和人员应具有相关专业资质和资格	1	
		D40	牵引变电站值班或巡视维护人员和应急处理人员数量及结构配置合理	1	
		D41	牵引变电站操作人员应具有上岗资质	1	
		D42	牵引变电站操作人员应定期进行培训	1	
		D43	应建立牵引变电站的维护规程	1	
		D44	对牵引变电站故障信息应有记录、有分析、有纠正和预防措施	1	
降压变电站（23）	降压变电站设备（7）	D45	降压变电站设备应在使用年限内	1.5	
		D46	降压变电站应有两路独立的电源供电	1.5	
		D47	降压变电站应设置两台配电变压器	1.5	
		D48	配电变压器容量应按远期高峰小时考虑,并应满足当一台配电变压器退出运行时,另一台配电变压器承担变电站的全部一、二级负荷	1.5	
		D49	接地电阻应符合要求	1	
	降压变电站安全防护设施（9）	D50	应设置接地保护	1	
		D51	降压变电站周围建筑应设置避雷设施,并每年进行检测	1	
		D52	应设置完善的短路和过负荷继电保护装置	1	
		D53	应设有防止大气过电压及操作过电压的保护设施	1	
		D54	应设置防灾报警装置,配置必要的消防设施、器材和应急装备	1	
		D55	应设置应急照明	1	
		D56	无人值班的降压变电站应设置监控系统	1	
		D57	无人值班的降压变电站所有设备故障信息和操作信息应能与调度中心联网	1	
		D58	应设置安全操作警示标志和安全疏散指示标志	1	
	运作与维护（7）	D59	降压变电站设备应定期进行预防性试验,试验合格后,才能继续使用	1	
		D60	各供电设备及继电保护装置应定期检验,满足电力或地铁相关规范要求	1	

续 表

评定项目及分值	分项及分值	子项序号	定性定量指标		分值	得分
降压变电站（23）	运作与维护（7）	D61	供电试验使用的仪器仪表必须按照国家标准定期检测，试验单位和人员应具有相关专业资质和资格		1	
		D62	降压变电站操作人员应具有上岗资格		1	
		D63	降压变电站操作人员应定期进行培训		1	
		D64	应建立降压变电站的维护规程		1	
		D65	对降压变电站故障信息应有记录、有分析、有纠正和预防措施		1	
接触网（接触轨）（9）	接触网或接触轨（7）		接触网	接触轨		
		D66	接触网应在使用年限内，并接触线的磨耗应在允许范围内	1	接触轨应在使用年限内	1	
		D67	正线接触网宜采用双边馈电	1	接触轨对地应有良好的绝缘	1	
		D68	牵引变电站直流快速断路器至正线接触网间应设置隔离开关	1	轨道上任意一点对地电位差不应大于60 V，并应有相应保护设施	1	
		D69	接触网带电部分与结构体、车体之间的最小净距：标称电压1 500 V时，静态为150 mm，动态为100 mm；标称电压750 V时，静态为25 mm，动态为25 mm	1	接触轨带电部分与结构体、车体之间的最小净距：标称电压1 500 V时，静态为150 mm，动态为100 mm；标称电压750 V时，静态为25 mm，动态为25 mm	1	
		D70	固定接触网的非带电金属支持结构物应与架空地线相连接，架空地线应引至牵引变电站接地装置	1	当杂散电流腐蚀防护与接地有矛盾时，应以接地安全为主	1	
		D71	在地面区段、高架区段，接触网应设置避雷设施	1	在地面区段、高架区段，走行轨应设置避雷设施	1	
		D72	车库线进口分段处应设置带接地刀闸的隔离开关	0.5	接触轨应设防护罩和警示标志，防护罩不应使用可燃材料	1	
		D73	洗车库内接触网与两端接触网绝缘分段，该接触网接地系统应可靠	0.5			

评定项目及分值	分项及分值	子项序号	定性定量指标	分值	得分
接触网（接触轨）（9）	运作与维护（2）	D74	检修人员应具有上岗资质	0.5	
		D75	检修人员应定期进行培训	0.5	
		D76	应建立接触网（接触轨）的维护规程	0.5	
		D77	对接触网（接触轨）故障信息应有记录、有分析、有纠正和预防措施	0.5	
电力电缆（15）	电力电缆（11）	D78	电缆应在使用年限内	2	
		D79	电缆在地下敷设时应采用低烟无卤阻燃电缆，在地上敷设时应采用低烟阻燃电缆。为应急照明、消防设施供电的电缆，明敷时应采用低烟无卤耐火铜芯电缆或矿物绝缘耐火电缆。重要信号的控制电缆宜采用金属屏蔽	6	
		D80	电缆贯穿隔墙、楼板的孔洞处，应实施阻火封堵	3	
	运作与维护（4）	D81	检修人员应具有上岗资质	1	
		D82	检修人员应定期进行培训	1	
		D83	应建立电力电缆的维护规程	1	
		D84	对电力电缆故障信息应有记录、有分析、有纠正和预防措施	1	
维件修配（3）	维件修配（3）	D85	应选择有资质的维修配件供货商	1	
		D86	应建立维修配件检验制度	1	
		D87	对维修配件的质量信息应有记录、有分析、有纠正和预防措施	1	

5. 消防系统与管理评价指标

轨道交通消防系统与管理评价指标见表 9-30。

表 9-30　　　　　　消防系统与管理评价指标（100 分）

评定项目及分值	分项及分值	子项序号	定性定量指标	分值	得分
消防系统与管理（100）	火灾自动报警系统（FAS）及联动控制（20）	E01	在车站控制室，FAS 系统应能按照预定模式启、停，应能显示运行状态；消防联动盘应运行情况正常	5	
		E02	车站 FAS 系统必须显示气体自动灭火系统保护区的报警、放气、风机和风阀状态、手动/自动放气开关所处位置；火灾自动报警系统主、备电及其相互切换功能应正常，并应显示主、备电状态	5	
		E03	站厅、站台、各种设备机房、库房、值班室、办公室、走廊、配电室、电缆隧道或夹层等处应设火灾探测器；设置火灾探测器的场所应设置手动报警按钮；车站相应场所应设有消防对讲电话	5	

续 表

评定项目及分值	分项及分值	子项序号	定性定量指标	分值	得分
消防系统与管理(100)	火灾自动报警系统(FAS)及联动控制(20)	E04	地铁中央控制中心应能控制消防救灾设备的启、停,应能显示运行状态;消防联动系统应能正常运行	5	
	气体灭火系统(15)	E05	设置气体灭火的房间应设置机械通风系统,所排除的气体必须直接排出地面	7	
		E06	地下车站通信设备房、信号设备房、变电站、电控室等重要设备房应设置气体自动灭火装置	8	
	消防水系统(15)	E07	地下车站消火栓用水量应满足≥20 L/s;地下折返线及地下区间隧道消火栓用水量应≥10 L/s	4	
		E08	水泵结合器和室外消火栓应设有明显标志且方便操作	3	
		E09	消防主、备泵均应工作正常,出水压力符合要求	3	
		E10	地面车站及高架车站室内消火栓的设置应符合现行国家标准《建筑设计防火规范》的规定	5	
	应急照明及疏散指示(10)	E11	站厅、站台、自动扶梯、自动人行道、楼梯口、疏散通道、安全出口、区间隧道、车站控制室、值班室、变电站、配电室、信号机械室、消防泵房、公安用房等处应设置应急照明;应急照明的照度不小于正常照明照度的10%	4	
		E12	应急照明的连续供电时间应≥1 h	2	
		E13	地下车站及隧道的照度应符合 GB/T 16275—1996《地下铁道照明标准》的相关规定	2	
		E14	站厅、站台、自动扶梯、自动人行道、楼梯口、人行疏散通道拐弯处、安全出口和交叉口等处沿通道长向每隔≤20 m 处应设置醒目的疏散指示标志;疏散指示标志距地面应＜1 m	2	
消防系统与管理	灭火器(12)	E15	地铁各相关场所选择、配置和设置的灭火器应符合现行国家标准《建筑灭火器配置设计规范》的有关规定	12	
	车站消防管理(10)	E16	车站站厅乘客疏散区、站台及疏散通道内不应设置商业场所	2	
		E17	车站、主变电站、地铁控制中心等消防重点部位应落实消防安全责任制,明确岗位消防安全职责	2	
		E18	车站在运营期间至少每两小时应进行一次防火巡查;在运营前和结束后,应对车站进行全面检查	2	
		E19	车站应认真填写消防安全检查记录;对消防设施的状况、存在火灾隐患以及火灾隐患的整改措施等有书面记录,并存档	2	

续 表

评定项目及分值	分项及分值	子项序号	定性定量指标	分值	得分
消防系统与管理	车站消防管理(10)	E20	地铁运营企业应对所属消防设施进行定期检查和维护保养,建立记录档案;车站应建立消防安全检查记录档案	2	
	人员与设备管理(4)	E21	消防控制室值班人员应持有消防操作员上岗证,并能正确操作消防联运设备	2	
		E22	应建立 FAS 系统及联动控制设备的检修制度,对 FAS 系统及联动控制设备的故障信息应有记录、有分析、有纠正和预防措施	2	
	建筑与附属设施防火(14)	E23	地铁与地下及地上商场等地下建筑物相连接的处应采取防火分隔设施	2	
		E24	车站内的墙、地、顶面、装饰装修材料及设备设施应采用不燃材料,不应采用石棉、玻璃纤维及塑料类制品	2	
		E25	与车站相联开发的地下商业等公共场所均应通过消防审查和验收	2	
		E26	地铁车站各防火分区安全出口的数量不应少于两个,并应直通车站外部空间	2	
		E27	地铁车站设备、管理用房区安全出口及楼梯的最小净宽为 1.0 m;单面布置房间的疏散通道最小净宽为 1.2 m;双面布置房间的疏散通道最小净宽为 1.5 m	2	
		E28	附设于设备及管理用房的门至最近安全出口的距离不得超过 35 m,位于尽端封闭的通道两侧或尽端的房间,其最大距离不得超过上述距离的 1/2	2	
		E29	地下车站中,商亭、座椅、服务标识牌、广告牌以及管理用房中的办公家具等设施应采用难燃或阻燃材料	2	

6. 线路及轨道系统评价指标

轨道交通线路及轨道系统评价指标见表 9-31。

表 9-31 线路及轨道系统评价指标(100 分)

评定项目及分值	分项及分值	子项序号	定性定量指标	分值	得分
线路及轨道系统(70)	线路及轨道系统(70)	F01	两条正线接轨应选择在车站内,并采取同向相接,避免车辆异向运行	5	
		F02	辅助线与正线接轨时,宜在列车进入正线之前设置隔开设备	5	
		F03	任何情况下,线路平面、纵断面的变动不得影响界限	5	
		F04	位于正线上圆曲线及曲线间夹直线的最小长度应不小于一辆车辆的长度,困难情况下不应小于车辆全轴矩,夹直线长度还应满足超高顺坡和轨距加宽的要求	5	

续　表

评定项目及分值	分项及分值	子项序号	定性定量指标	分值	得分
线路及轨道系统(70)	线路及轨道系统(70)	F05	曲线地段严禁设置反超高	5	
		F06	道岔应铺设在直线上,并应避免设在竖曲线上	5	
		F07	轨道结构应坚固、耐久、稳定,应具有适当的弹性,保证列车运行平稳安全	5	
		F08	正线及辅助线钢轨接头应符合有关规定	5	
		F09	无缝线路联合接头距桥台边墙不小于 2 m,铝热焊缝距轨枕边不得小于 40 mm	5	
		F10	正线、试车线及辅助线的末端应设置车挡,车挡应能承受不小于 15 km/h 速度的列车水平冲击荷载	5	
		F11	在小半径曲线地段、缓和曲线与竖曲线重叠地段、跨越河流、城市主要道路、铁路干线或重要建筑物地段,高架线路应设置防脱护轨装置	5	
		F12	轨道交通线路应布设线路与信号标志,无缝线路地段应布设钢轨位移观测桩	5	
		F13	轨道的路基应坚固、稳定,并满足防洪、排水要求	5	
		F14	地面及高架线路两旁应设置一定高度隔离栏,防止外来人员侵入	5	
维修体系(30)	管理与维护(21)	F15	应建立线路及轨道系统的保养制度、巡检制度	3	
		F16	应建立线路及轨道系统保养、巡检的记录台账	3	
		F17	检修人员应具有上岗资质	5	
		F18	应对检修人员定期技术培训	5	
		F19	对线路及轨道系统故障信息应有记录、有分析、有纠正和预防措施	5	
	维修配件(9)	F20	应选择有资质的维修配件供货商	3	
		F21	应建立维修配件检验制度	2	
		F22	对维修配件的质量信息应有记录、有分析、有纠正和预防措施	2	
		F23	轨道检测车、钢轨打磨车等维修设备应有质检合格证	2	

7. 机电设备评价指标

轨道交通机电设备评价指标见表 9-32。

表 9-32 机电设备评价指标(100 分)

评定项目及分值	分项及分值	子项序号	定性定量指标	分值	得分
自动扶梯、电梯与自动人行道(17)	自动扶梯、电梯与自动人行道设备(8)	G01	设备必须由上级质量技术监督部门出具电梯使用证	2	
		G02	在用设备必须由上级特种设备监察检验部门检验合格并出具有效期内电梯验收检验报告和《安全检验合格》标志	2	
		G03	地铁车站自动扶梯宜采用公共交通型重载扶梯,其传输设备及部件应采用不燃或难燃材料	2	
		G04	设备的各项安全保护装置设置齐全,动作灵敏,可靠	2	
	安全防护标识(2)	G05	所有自动扶梯和自动人行道出入口处应贴图示警示标志,所有电梯内应贴电梯使用安全守则	1	
		G06	对于穿越楼层的自动扶梯,其扶手带中心至开孔边缘的净距<400 mm 时,应设有防碰撞安全标志	1	
	管理与维护(4)	G07	应建立维护、保养制度、检修规程及应急处理程序	1	
		G08	检修人员应具有上岗资质	1	
		G09	应对检修人员定期技术培训	1	
		G10	对自动扶梯、电梯、自动人行道故障信息应有记录、有分析、有纠正和预防措施	1	
	维修配件(3)	G11	应选择有资质的维修配件供货商	1	
		G12	应建立维修配件检验制度	1	
		G13	对维修配件的质量信息应有记录、有分析、有纠正和预防措施	1	
屏蔽门系统与防淹门系统(28)	屏蔽门设备(14)	G14	屏蔽门无故障使用次数应≥100 万次	3	
		G15	屏蔽门应接地连接牢固,接地电阻在允许值内	1	
		G16	屏蔽门应能与信号系统联动,实现屏蔽门的正常开/关功能	3	
		G17	屏蔽门手动开门功能(应急)和站台级开/关门功能正常	3	
		G18	ATP 系统应为列车车门、屏蔽门等开闭提供安全监控信息	2	
		G19	可设有应急门;应急门的位置应保证当列车与滑动门不能对齐时的乘客疏散	2	
	防淹门设备(8)	G20	防淹门应能与信号系统联动,实现防淹门的正常开/关功能	3	
		G21	防淹门就地及车站控制功能应正常	3	
		G22	车站对防淹门系统所辖区间的水位具备监视功能	2	

续 表

评定项目及分值	分项及分值	子项序号	定性定量指标	分值	得分
屏蔽门系统与防淹门系统	安全防护标识(1)	G23	屏蔽门应设有明显的安全标志、使用标志和应急情况操作指示	0.5	
		G24	防淹门应有明显的安全标志、使用标志和应急情况操作指示	0.5	
	管理与维护(3)	G25	应建立维护、保养制度、检修规程及应急处理程序	1	
		G26	检修人员应具有上岗资质	1	
		G27	应对检修人员定期技术培训	0.5	
		G28	对屏蔽门故障信息应有记录、有分析、有纠正和预防措施	0.5	
	维修配件(2)	G29	应选择有资质的维修配件供货商	1	
		G30	应建立维修配件检验制度	0.5	
		G31	对维修配件的质量信息应有记录、有分析、有纠正和预防措施	0.5	
给排水设备(10)	给水系统(2.5)	G32	生活用水设备和卫生器具的水压,应符合现行国家标准《建筑给水排水设计规范》的规定	1	
		G33	给水管不应穿过变电站、通信信号机房、控制室、配电室等房间	1.5	
	排水系统(4)	G34	地铁车站及沿线的各排水泵站、排雨泵站、排污水泵站应设有危险水位报警装置	2	
		G35	各水位报警装置应运行正常	2	
	管理与维护(2)	G36	应建立维护、保养制度、检修规程及应急处理程序	0.5	
		G37	检修人员应具有上岗资格	0.5	
		G38	应对检修人员定期技术培训	0.5	
		G39	对给排水设备故障信息应有记录、有分析、有纠正和预防措施	0.5	
	维修配件(1.5)	G40	应选择有资质的维修配件供货商	0.5	
		G41	应建立维修配件检验制度	0.5	
		G42	对维修配件的质量信息应有记录、有分析、有纠正和预防措施	0.5	
通风和空调设备(30)	通风和空调设备(21)	G43	空调系统设置的压力容器必须由国家认可资质的质量技术监督部门出具压力容器使用证,并必须由国家认可资质的特种设备监察检验部门检验合格并出具有效期内压力容器检验报告和《安全检验合格》标志	5	
		G44	当车站内发火灾事故和列车在区间隧道发生火灾时,应具备排烟、通风功能	10	

续　表

评定项目及分值	分项及分值	子项序号	定性定量指标	分值	得分
通风和空调设备(30)	通风和空调设备(21)	G45	当列车阻塞在区间隧道内时,应保证阻塞处的有效通风功能	6	
	管理与维护(5)	G46	应建立维护、保养制度、检修规程及应急处理程序	2	
		G47	检修人员应具有上岗资格	1	
		G48	应对检修人员定期技术培训	1	
		G49	对设备故障信息应有记录、有分析、有纠正和预防措施	1	
	维修配件(4)	G50	应选择有资质的维修配件供货商	2	
		G51	应建立维修配件检验制度	1	
		G52	对维修配件的质量信息应有记录、有分析、有纠正和预防措施	1	
风亭(10)	风亭(8)	G53	地铁进、排风亭口部距其他任何建筑物的直线距离≥5 m;当风亭高于路边时,风亭开口底距地面的高度≥2 m	4	
		G54	进风风亭应设在空气洁净的地方	2	
		G55	风亭出口处联接道口的3.5 m宽的通道上禁止堆放物品	2	
	管理与维护(2)	G56	应建立维护、巡视制度	1	
		G57	应建立维护、巡视档案	1	

8. 通信设备评价指标

轨道交通通信设备评价指标见表9-33。

表 9-33　　　　　　　　通信设备评价指标(100 分)

评定项目及分值	分项及分值	子项序号	定性定量指标	分值	得分
通信系统(87)	通信系统技术(18)	H01	轨道交通线通信系统应能安全、可靠地传递语音、数据、图像等信息,并应具有网络监控、管理功能	3	
		H02	各轨道交通线路的通信系统应能互联互通,实现信息资源共享	3	
		H03	当出现紧急情况时,通信系统应能迅速及时地为防灾救援和事故处理的指挥提供通信联络	3	
		H04	通信系统各子系统应具有故障时降级使用功能,主要部件应具有冗余保护功能	3	
		H05	通信系统应具有防止电机牵引所产生的谐波电流、外界电磁波、静电等对通信系统的干扰功能,并采取必要的防护措施	3	
		H06	通信系统的防护等级为室内 IP20、室外及区间应不小于 IP65	3	

评定项目 及分值	分项 及分值	子项 序号	定性定量指标	分值	得分
通信系统 （87）	传输系统 （4）	H07	传输系统应是独立专用传输网络	2	
		H08	传输系统必须有自保护功能	2	
	公务电话系统（6）	H09	对特种业务呼叫应能自动转接到市话网的"119""110""120"，并可进行电话跟踪	3	
		H10	公务电话系统应具有在线维护管理、安全保护措施、故障诊断和定位功能	3	
	专用电话系统（9）	H11	专用电话系统宜有调度电话、区间电话、站间电话、站内集中电话、紧急电话、市内直线电话组成	3	
		H12	调度电话应具有优先级，并具有录音功能	3	
		H13	专用电话系统应具有在线维护管理、安全保护措施、故障诊断和定位功能	3	
	无线通信系统（10）	H14	无线通信系统应设置列车调度、事故及防灾、车辆综合基地管理及设备维修4个子系统，其容量和覆盖范围应满足轨道交通运营的要求。在地下车站及区间应设置公安、消防无线通信系统，满足市公安、消防统一调度要求	6	
		H15	无线通信系统设备应能平滑稳定地升级和扩容，不得中断正常的运营	4	
	电视监视系统（10）	H16	电视监视系统应满足各级控制中心调度员、车站值班员、列车司机对车站图像监视的功能要求。摄像机的安装部位应满足运营监视和公安监视的要求，并确保事故状态下摄像	5	
		H17	车站电视监视系统设备应能对运营监视的图像进行录像，控制中心电视监视系统设备应能对各车站传来图像进行录像	5	
通信系统	广播系统 （6）	H18	控制中心和车站均应设置行车和防灾广播控制台。控制中心广播控制台可以对全线选站、选路广播；车站广播控制台可对本站管区内选路广播	2	
		H19	行车和防灾广播的区域应统一设置。防灾广播应优先于行车广播	2	
		H20	列车上应设置广播设备，并可以接受控制中心调度指挥员通过无线通信系统对运行列车中乘客的语音广播	2	
	通信电源 （18）	H21	通信电源系统必须是独立的供电设备，并具有集中监控管理功能	3	
		H22	通信电源系统应保证对通信设备不间断、无瞬变地供电	3	
		H23	地铁通信设备应按一级负荷供电。由变电站接双电源双回路的交流电源至通信机房交流配电屏，当使用中的一路出现故障时，应能自动切换至另一路	3	

评定项目及分值	分项及分值	子项序号	定性定量指标	分值	得分
通信系统	通信电源（18）	H24	控制中心、各车站及车辆段（停车场）的通信设备应按一类负荷供电，各通信机房应设置电源自动切换设备	3	
		H25	交流供电电源电压波动范围不应大于±10%，交流供电容量应为各设备总额定容量的130%	3	
		H26	不间断电源的蓄电池容量应保证向各通信设备连续供电不少于2 h	3	
	通信系统接地（6）	H27	综合接地的接地电阻不大于1 Ω，控制中心、各车站的综合接地宜与供电系统合设接地体	2	
		H28	保护接地应采用供电系统的接地（TN-S制），其接地电阻应不大于4 Ω	2	
		H29	车辆段（停车场）宜设置独立的通信接地体，作为通信系统的联合接地，其接地体应与其他接地体的间隔不小于20 m	2	
维修体系（13）	管理与维护（10）	H30	应建立检修制度	2	
		H31	应建立保养、巡检的记录台账	2	
		H32	检修人员应具有上岗资格	2	
		H33	应对检修人员定期技术培训	2	
		H34	应对通信系统故障信息有记录、有分析、有纠正和预防措施	2	
	维修配件（3）	H35	应选择有资质的维修配件供货商	1	
		H36	应建立维修配件检验制度	1	
		H37	对维修配件的质量信息应有记录、有分析、有纠正和预防措施	1	

9. 信号设备评价指标

轨道交通信号设备评价指标见表9-34。

表9-34　　　　　　　　信号设备评价指标（100分）

评定项目及分值	分项及分值	子项序号	定性定量指标	分值	得分
信号系统（85）	信号系统技术（65）	J01	轨道交通的信号系统可由列车自动保护子系统（ATP）、列车自动运行子系统（ATO）、列车自动监控子系统（ATS）及联锁设备组成，凡运行间隔时间不大于150 s的线路宜采用ATO子系统	5	
		J02	运营线路上的车站应纳入ATS系统监控范围，涉及行车安全的应直接控制，由车站办理，车辆段、停车场与正线衔接的出入段线应纳入监控范围	5	

续　表

评定项目及分值	分项及分值	子项序号	定性定量指标	分值	得分
信号系统（85）	信号系统技术（65）	J03	当信号系统设备发生故障时，ATC系统控制等级应遵循降级运行，按车站人工控制优先于控制中心人工控制、控制中心人工控制优先于控制中心的自动控制或车站自动控制的原则来确保运营安全	5	
		J04	在ATC控制区域内使用列车驾驶限制模式或非限制模式时，应有破铅封、记录或特殊控制指令授权等技术措施	5	
		J05	在需要进行折返作业的折返点，应提供完整的ATP功能	5	
		J06	与列车运营安全有关的信号设备均应具备故障倒向安全的措施；应具有自检及故障报警功能，应具有冗余技术和双机自动转换动能	5	
		J07	列车内信号应有列车实际运行速度、列车运行前方的目标速度两种速度显示报警装置和必要的切换装置，并设于两端司机室内	5	
		J08	ATP执行强迫停车控制时，应切断列车牵引，列车停车过程不得中途缓解。如需缓解，司机应在列车停车后履行一定的操作手续，列车方能缓解	5	
		J09	为确保行车安全，在各线车站站台及车站控制室应设站台紧急关闭按钮，站台紧急关闭按钮电路应符合故障-安全原则	5	
		J10	装有引导信号的信号机因故不能正常开放时，应通过引导信息实现列车的引导作业	5	
		J11	各线的ATC系统控制区域与非ATC系统控制区域的分界处，应设驾驶模式转换区，转换区的信号设备应与正线信号设备一致	5	
		J12	信号系统供电负荷等级应为一级，设两路独立电源	5	
		J13	信号系统电缆宜采用阻燃、低毒、防腐蚀护套电缆	5	
信号系统	安全防护设施（20）	J14	信号设备应设置接地保护	8	
		J15	高架和地面线的室外信号设备与外线连接的室内信号设备必须具有雷电防护设施	7	
		J16	转辙机及线路轨旁设备应有防进水设施	5	

评定项目及分值	分项及分值	子项序号	定性定量指标	分值	得分
维修体系（15）	管理与维护（12）	J17	应建立使用涉及行车安全的产品的审批制度	2	
		J17	应建立信号系统的保养制度、巡检制度	2	
		J19	应建立保养、巡检的记录台账	2	
		J20	检修人员应具有上岗资格	2	
		J21	应对检修人员定期技术培训	2	
		J22	对信号系统故障信息应有记录、有分析、有纠正和预防措施	2	
	维修配件（3）	J23	应选择有资质的维修配件供货商	1	
		J24	应建立维修配件检验制度	1	
		J25	对维修配件的质量信息应有记录、有分析、有纠正和预防措施	1	

10. 环境与设备监控系统评价指标

轨道交通环境与设备监控系统评价指标见表9-35。

表 9-35　　　　　　　　　环境与设备监控系统评价指标（100 分）

评定项目及分值	分项及分值	子项序号	定性定量指标	分值	得分
BAS/EMCS系统（65）		K01	BAS/EMCS 系统应具备机电设备监控、执行阻塞模式、环境监控与节能运行管理、环境和设备的管理功能	15	
		K02	BAS/EMCS 系统应能接收 FAS 系统车站火灾信息，执行车站防烟、排烟模式；执行隧道防排烟模式；执行阻塞通风模式；能监控车站逃生指示系统和应急照明系统；能监视各排水泵房危险水位	25	
		K03	地下车站及区间隧道内必须设置防烟、排烟与事故通风系统；所有防烟、排烟与事故通风系统均应保证功能完好	15	
		K04	车站应配置车站控制室紧急控制盘（IBP 盘）作为 BAS 火灾工况自动控制的后备措施，其操作权高于车站和中央工作站，盘面应以火灾工况操作为主，操作程序应简便、直接	10	
安全防护标识（10）		K05	环境与设备监控设备应设有明显的安全警示标志、使用标志和应急情况操作指示	5	
		K06	车站、车辆段、地铁控制中心、主变电站、冷站、冷却水塔和风亭等场所应设有减少和避免事故发生的安全警示标志	5	

评定项目及分值	分项及分值	子项序号	定性定量指标	分值	得分
维修体系(25)	管理与维护(16)	K07	应建立维护、保养制度、检修规程及应急处理程序	4	
		K08	检修人员应持证上岗	4	
		K09	应对检修人员定期技术培训	4	
		K10	对环境与设备监控系统故障信息应有记录、有分析、有纠正和预防措施	4	
	维修配件(9)	K11	应选择有资质的维修配件供货商	3	
		K12	应建立维修配件检验制度	3	
		K13	对维修配件的质量信息应有记录、有分析、有纠正和预防措施	3	

11. 自动售检票系统评价指标

轨道交通自动售检票系统评价指标见表9-36。

表 9-36　　　　　　　　自动售检票系统评价指标(55 分)

评定项目及分值	分项及分值	子项序号	定性定量指标	分值	得分
自动售检票系统(60)		L01	车站售检票设备应由自动售票机、半自动售票机、自动充值机、进出站检票机等组成,其数量配置应按近期高峰客流量配置,并预留远期高峰客流量所需设备的供电,预埋套线及安装位置等条件	20	
		L02	检票口的通过能力应与相应的楼梯、自动扶梯的通过能力相适应,每个检票口的半单向检票机的数量应不少于2台	15	
		L03	在紧急疏散情况下,车站控制室应能控制所有检票机闸门开放,检票机工作状态显示应与之相匹配	15	
		L04	检票机对乘客应有明确、清晰、醒目的工作状态显示	10	
维修体系(40)	管理与维护(20)	L05	应建立维护、保养制度	5	
		L06	应检修人员具有上岗资质	5	
		L07	对检修人员应定期技术培训	5	
		L08	对自动售检票系统故障信息应有记录、有分析、有纠正和预防措施	5	
	维修配件(20)	L09	应选择有资质的维修配件供货商	10	
		L10	应建立维修配件检验制度	5	
		L11	对维修配件的质量信息应有记录、有分析、有纠正和预防措施	5	

12. 车辆段与综合基地评价指标

轨道交通车辆段与综合基地评价指标见表 9-37。

表 9-37　　　　　　　车辆段与综合基地评价指标(100 分)

评定项目及分值	分项及分值	子项序号	定性定量指标	分值	得分
车辆段与综合基地(100)	车辆段与综合基地设施(40)	M01	车辆段出入线应按双线双向运行设计,并避免切割正线,有条件时可结合段型布置,实现列车调头转向功能	5	
		M02	运用库根据车辆的受电方式设置架空接触网或地面接触轨时,地面接触轨应分段设置并加装安全防护罩,列检库和月检库的架空接触网列位之间和库前均应设置隔离开关或分段器,并均应设有送电时的信号显示或音响	10	
		M03	车场牵引供电系统应根据作业和安全要求实行分区供电	10	
		M04	当牵引供电采用接触轨方式时,车场线路的外侧应设安全防护网	10	
		M05	沿海或江河附近地区车辆段与综合基地的线路路肩设计高程不小于 1/100 潮水位、波浪爬高值和安全高之和	5	
	防灾(60)	M06	车辆段与综合基地设计应有完善的消防设施	10	
		M07	总平面布置、房屋设计和材料、设备的选用等应符合现行有关防火规范的规定	10	
		M08	车辆段与综合基地内应有运输道路及消防道路,并应有不少于两个于外界道路相连通的出口	5	
		M09	存放易燃品的仓库宜单独设置,并应符合现行《建筑设计防火规范》的有关规定	5	
		M10	车辆段与综合基地应设救援办公室,受地铁控制中心指挥	5	
		M11	车辆段、停车场应设火灾自动报警系统(FAS)	20	
		M12	车辆段值班室应设置防灾无线通讯设备	5	

13. 土建评价指标

轨道交通土建评价指标见表 9-38。

表 9-38　　　　　　　土建评价指标(100 分)

评定项目及分值	分项及分值	子项序号	定性定量指标	分值	得分
地下、高架结构与车站建筑(40)		N01	建立建筑结构设计缺陷(不符合现行建筑设计规范和防火规范)档案	5	
		N02	建立维护和巡检制度,且切实落实	10	
		N03	对建筑结构设计缺陷和劣化或破损有分析、有监控、有记录	10	

评定项目及分值	分项及分值	子项序号	定性定量指标	分值	得分
车站设计(60)		N04	针对建筑结构设计缺陷和劣化或破损制定对策措施	15	
	站台(20)	N05	站台计算长度应采用远期列车编组长度加停车误差	3	
		N06	站台宽度应按车站客流量计算确定,最小宽度并应满足相应要求	10	
		N07	距站台边缘 400 mm 处设置不小于 80 mm 宽的纵向醒目安全线。采用屏蔽门时不设安全线	3	
		N08	站台边缘距车辆外边之间空隙,在直线段宜为 80～100 mm,在曲线段应不大于 180 mm	4	
	通道与楼梯(25)	N09	楼梯与通道的最大通过能力(每小时通过人数)应满足相应要求	8	
		N10	楼梯与通道的最小宽度应满足相应要求	8	
		N11	人行楼梯和自动扶梯的总量布置应满足站台层的事故疏散时间不大于 6 min	9	
	车站出入口(5)	N12	车站出入口的数量不少于 2 个	3	
		N13	地下车站出入口地面标高应高出室外地面,并应满足防洪要求	2	
	对策措施(10)	N14	建立车站设计缺陷档案	1	
		N15	针对车站设计缺陷制定对策措施	9	

14. 外界环境评价指标

轨道交通外界环境评价指标见表 9-39。

表 9-39　　　　　　　　外界环境评价指标(100 分)

评定项目及分值	分项及分值	子项序号	定性定量指标	分值	得分
防自然灾害(84)	防风灾(13)	P01	应分析地铁所在地的气象条件(风灾)及特点	3	
		P02	应针对风灾采取安全对策和措施	4	
		P03	风灾安全防护设备设施应完整、有效	4	
		P04	应建立风灾安全防护设备设施的定期检查记录	3	
	防雷电(13)	P05	应分析地铁所在地的气象条件(雷电)及特点	3	
		P06	应针对雷电采取安全对策措施	4	
		P07	雷电安全防护设备设施应完整、有效	4	
		P08	应建立雷电安全防护设备设施的定期检查记录	3	
	防水灾(13)	P09	应分析地铁所在地的气象条件(水灾)及特点	3	

评定项目及分值	分项及分值	子项序号	定性定量指标	分值	得分
防自然灾害（84）	防水灾（13）	P10	应针对水灾采取安全对策措施	4	
		P11	水灾安全防护设备设施应完整、有效	4	
		P12	应建立水灾安全防护设备设施的定期检查记录	3	
	防冰雪（13）	P13	应分析地铁所在地的气象条件（冰雪）及特点	3	
		P14	应针对冰雪危害采取安全对策措施	4	
		P15	冰雪危害安全防护设备设施应完整、有效	4	
		P16	应建立冰雪危害安全防护设备设施的定期检查记录	3	
防自然灾害	防地震（13）	P17	应分析地铁所在地的地震统计情况及特点	3	
		P18	应针对地震危害采取安全对策和措施	4	
		P19	地震危害安全防护设备（设施）应完整、有效	4	
		P20	应建立地震危害安全防护设备（设施）的定期检查记录	3	
	防地质灾害（19）	P21	应分析地铁所在地的地质条件及特点	3	
		P22	应针对地质灾害采取安全对策措施	4	
		P23	应设立地质灾害监控系统	4	
		P24	地质灾害监控系统设备应完整有效	5	
		P26	应对地质灾害监控记录情况进行分析	3	
保护区（16）		P27	应建立保护区安全管理、监测办法与措施	10	
		P28	应建立保护区安全监测记录	2	
		P29	对于侵入保护区范围的事件应有反映和处理记录	6	

15. 安全运营业绩评价指标

轨道交通安全运营业绩评价指标见表 9-40。

表 9-40　　　　　　安全运营业绩评价指标（100 分）

评定项目及分值	分项及分值	子项序号	定性定量指标	分值	得分
安全运营状况（100）		Q01	—		
		Q02	—		
		Q03	年度内未发生运营中断时间 2 小时及其以上的事故	30	
		Q04	年度内未发生造成直接经济损失 1 次计 100 万元及其以上的事故	30	
		Q05	年度内未发生造成死亡率超过 0.15 人/百万车公里的事故	40	

16. 系统评价总分计算表

轨道交通系统评价总分计算表见表 9-41。

表 9-41   **系统评价总分计算表**

评价项目		项目得分	权重	得分
安全管理评价			0.25	
运营组织评价			0.20	
设备设施评价	车辆系统评价		0.05	
	供电系统评价		0.05	
	消防系统与管理评价		0.04	
	线路及轨道系统评价		0.03	
	机电设备评价		0.03	
	通信设备评价		0.03	
	信号设备评价		0.05	
	环境与设备监控系统评价		0.02	
	自动售检票系统评价		0.015	
	车辆段与综合基地		0.015	
	土建评价		0.02	
外界环境评价			0.05	
安全运营业绩评价			0.15	
总分				

9.4 高速公路路政风险等级评定

9.4.1 风险评价方法

上海市路政设施风险评价采用"作业条件危险性评价法",用于系统风险率有关的三个因素指标值的乘积($D=LEC$),评价操作人员在具有潜在危险性的环境保护中作业伤亡风险的大小。这三种因素是：

L——事件发生的可能性；

E——人员暴露于危险环境的频率程度；

C——一旦发生事件可能造成的后果严重性。

三个因素的取值如表 9-42—表 9-44 所列。

表 9-42 事件发生的可能性（L）

分数值	事件发生的可能性
10	完全可以预料
6	相当可能
3	可能,但不经常
1	可能性小,完全意外
0.5	很不可能,可以设想
0.2	极不可能
0.1	实际不可能

表 9-43 暴露于危险环境的频率程度（E）

分数值	暴露于危险环境的频率程度
10	连续暴露
6	每天工作时间内暴露
3	每周一次,或偶然暴露
2	每月一次暴露
1	每年几次暴露
0.5	非常罕见地暴露

表 9-44 发生事件产生的后果（C）

分数值	发生事件产生的后果
100	大灾难,许多人死亡
40	灾难,数人死亡
15	非常严重,一人死亡
7	严重,重伤
3	重大、致残
1	引人注目,需要救护

危险性分值根据公式 $D=LEC$ 计算,根据经验数据,依据分值判断危险程度和外线等级(表 9-45)。

表 9-45 发生事件产生的后果(*C*)

D 值	危险程度	风险等级
>320	极其危险,不能继续作业	I
160~320	高度危险,需立即整改	II
70~160	显著危险,需要整改	III
20~70	一般危险,需要注意	IV
<20	稍有危险,可以接受	V

9.4.2 高速公路风险等级评定表

高速公路风险等级评定示意表如表 9-46 所列。

表 9-46 高速公路风险等级评定

序号	活动、场所、设施	危险源	可能导致的后果	危险性评价				风险等级
				L	*E*	*C*	*D*	
1		办公室内违章吸烟引起火灾	火灾					
2		档案室内违章吸烟,烟蒂或烟灰遇到可燃物引发火灾	火灾					
3		办公区无消防设施或设施有缺陷,一旦发生火灾不能及时扑救	影响火灾时扑救					
4		楼道、通道疏散标识不明,一旦发生火灾,不能迅速撤离	影响火灾时疏散					
5	办公区域	电梯故障	人身伤害					
6		员工夜间上下楼梯、楼道照明灯不亮造成员工受伤	健康受损导致疾病					
7		复印机、打印机废粉、臭氧的排放						
8		饮用未消毒饮水机的水引起疾病						
9		午餐食物不洁或变质	食物中毒					
10		仓库取物时高处跌落	被跌落物品砸伤触电					
11		非电气人员擅自拆卸电器设备						
12	道路、车辆驾驶	驾驶员违章驾车	交通事故和人员伤亡					
13		车辆维修、保养不当						
14	施工现场巡视	脚手架搭设不规范	造成高空坠落导致人员伤亡					

序号	活动、场所、设施	危险源	可能导致的后果	危险性评价				风险等级
				L	E	C	D	
15		临边、洞口防护缺陷	造成高空坠落导致人员伤亡					
16		施工电梯故障						
18		基坑边坡失稳	坍塌导致人员伤亡					
19		大型管道施工支撑失稳导致坍塌						
20	施工现场巡视	现场高空坠落物体	物体打击导致人员伤亡					
21		现场机械移动中碰撞人体						
22		建筑材料堆放、搬运中发生散落						
29		现场积水、临时电源漏电	触电导致人员伤亡					
30		电缆漏电						
31		办公场所线路漏电						
32		临时宿舍电路安装不规范	触电导致人员伤亡					
33	施工现场巡视	现场照明不够	导致人员摔伤、扭伤等					
34		施工地场不平整						
35		易燃化学物堆放不合理	导致火灾					
36		临时用电安装不规范	导致触电、火灾等					

第 10 章　交通安全保险条款

10.1　道路运输保险条款

10.1.1　道路客运承运人责任保险条款

总　　则

第一条　本保险合同由保险条款、投保单、保险单以及批单组成。凡涉及本保险合同的约定,均应采用书面形式。

第二条　经道路运输管理机构批准在中华人民共和国境内(不包括港澳台地区)合法从事道路客运服务的承运人,均可作为本保险合同的被保险人。

保　险　责　任

第三条　在保险期间内,旅客在乘坐被保险人提供的客运车辆的途中遭受人身伤亡或财产损失,依照中华人民共和国法律(不包括港澳台地区法律)应由被保险人承担的经济赔偿责任,保险人按照本保险合同约定负责赔偿。

旅客是指持有效运输凭证乘坐客运汽车的人员、按照运输主管部门有关规定免费乘坐客运车辆的儿童以及按照承运人规定享受免票待遇的人员。

财产损失指旅客托运行李及随身携带物品的损失。

第四条　保险事故发生后,被保险人因保险事故而被提起仲裁或者诉讼的,对应由被保险人支付的仲裁或诉讼费用以及事先经保险人书面同意支付的其他必要的、合理的费用(以下简称"法律费用"),保险人按照本保险合同约定也负责赔偿。

责　任　免　除

第五条　下列原因造成的损失、费用和责任,保险人不负责赔偿:

(一) 投保人、被保险人及其雇员、代理人的故意或重大过失行为;

(二) 战争、敌对行动、军事行为、武装冲突、罢工、骚乱、暴动、恐怖活动;

(三) 核辐射、核爆炸、核污染及其他放射性污染;

(四) 行政行为或司法行为;

（五）地震、海啸。

第六条 下列损失、费用和责任，保险人也不负责赔偿：

（一）被保险人或其雇员的人身伤亡及其所有或管理的财产损失；

（二）被保险人应该承担的合同责任，但无合同存在时仍然应由被保险人承担的法律责任不在此限；

（三）罚款、罚金及惩罚性赔偿；

（四）精神损害赔偿；

（五）被保险人的间接损失；

（六）非本保险合同所称旅客的人身伤亡和财产损失；

（七）无有效驾驶执照的驾驶人员驾驶承运人的客运车辆时造成的损失或责任；

（八）旅客因疾病（包括因乘坐客运车辆感染的传染病）、分娩、自残、殴斗、自杀、犯罪行为造成的人身伤亡和财产损失；

（九）旅客在客运车辆外遭受的人身伤亡和财产损失；

（十）旅客随身携带物品或者托运行李本身的自然属性、质量或者缺陷造成的损失；

（十一）保险责任范围内，被保险人依法应承担的经济赔偿责任低于或等于免赔额的事故造成的损失、费用和责任；

（十二）本保险合同中载明的免赔额。

第七条 其他不属于本保险责任范围内的损失、费用和责任，保险人不负责赔偿。

责 任 限 额

第八条 责任限额包括每人责任限额、累计责任限额，由投保人与保险人协商确定，并在保险合同中载明。

保 险 期 间

第九条 除另有约定外，保险期间为一年，以保险合同载明的起讫时间为准。

保 险 人 义 务

第十条 本保险合同成立后，保险人应当及时向投保人签发保险单或其他保险凭证。

第十一条 保险人依本保险条款第十五条取得的合同解除权，自保险人知道有解除事由之日起，超过三十日不行使而消灭。

保险人在保险合同订立时已经知道投保人未如实告知的情况的，保险人不得解除合同；发生保险事故的，保险人应当承担赔偿责任。

第十二条 保险事故发生后，保险人按照本条款第二十二条的约定，认为投保人、被保险人提供的有关索赔的证明和资料不完整的，应当及时一次性通知投保人、被保险人补充提供。

第十三条 保险人收到被保险人的赔偿请求后,应当及时就是否属于保险责任作出核定,并将核定结果通知被保险人。情形复杂的,保险人在收到被保险人的赔偿请求后三十日内未能核定保险责任的,保险人与被保险人根据实际情形商议合理期间,保险人在商定的期间内作出核定结果并通知被保险人。对属于保险责任的,在与被保险人达成有关赔偿金额的协议后十日内,履行赔偿义务。

保险人依照前款的规定作出核定后,对不属于保险责任的,应当自作出核定之日起三日内向被保险人发出拒绝赔偿保险金通知书,并说明理由。

第十四条 保险人自收到赔偿保险金的请求和有关证明、资料之日起六十日内,对其赔偿保险金的数额不能确定的,应当根据已有证明和资料可以确定的数额先予支付;保险人最终确定赔偿的数额后,应当支付相应的差额。

投保人、被保险人义务

第十五条 投保人应履行如实告知义务,如实回答保险人就客运车辆以及被保险人的其他情况提出的询问,并如实填写投保单。

投保人故意或者因重大过失未履行前款规定的如实告知义务,足以影响保险人决定是否同意承保或者提高保险费率的,保险人有权解除合同。

投保人故意不履行如实告知义务的,保险人对于合同解除前发生的保险事故,不承担赔偿责任,并不退还保险费。

投保人因重大过失未履行如实告知义务,对保险事故的发生有严重影响的,保险人对于合同解除前发生的保险事故,不承担赔偿责任,但应当退还保险费。

第十六条 除另有约定外,投保人应在保险合同成立时一次性支付保险费。投保人未按约定支付保险费的,保险人按照保险事故发生时已交保险费与保险合同约定保险费的比例承担赔偿责任。

第十七条 被保险人应严格遵守《中华人民共和国道路运输条例》以及国家及政府有关部门制定的其他相关法律、法规及规定,加强管理,采取合理的预防措施,尽力避免或减少责任事故的发生。

保险人可以对被保险人遵守前款约定的情况进行检查,向投保人、被保险人提出消除不安全因素和隐患的书面建议,投保人、被保险人应该认真付诸实施。

投保人、被保险人未遵守上述约定而导致保险事故的,保险人不承担赔偿责任;投保人、被保险人未遵守上述约定而导致损失扩大的,保险人对扩大部分的损失不承担赔偿责任。

第十八条 在保险期间内,保险标的的危险程度显著增加的,被保险人应及时书面通知保险人,保险人有权要求增加保险费或者解除合同。

危险程度显著增加,是指与本保险所承保之风险事故有密切关系的因素和投保时相比,出现了增加该风险事故发生可能性的变化,足以影响保险人决定是否继续承保或是否增加保险费的情况,包括但不限于被保险人的客运车辆车况下降、运输路线调整、运输区域范围增加、承运业务规模扩大等情形。

被保险人未履行通知义务,因保险标的的危险程度显著增加而发生的保险事故,保险人不承担赔偿责任。

第十九条 发生本保险责任范围内的事故,被保险人应该:

(一)尽力采取必要、合理的措施,防止或减少损失,否则,对因此扩大的损失,保险人不承担赔偿责任;

(二)立即通知保险人,并书面说明事故发生的原因、经过和损失情况;故意或者因重大过失未及时通知,致使保险事故的性质、原因、损失程度等难以确定的,保险人对无法确定的部分,不承担赔偿责任,但保险人通过其他途径已经及时知道或者应当及时知道保险事故发生的除外;

(三)保护事故现场,允许并且协助保险人进行事故调查;对于拒绝或者妨碍保险人进行事故调查导致无法确定事故原因或核实损失情况的,保险人对无法确定或核实的部分不承担赔偿责任。

第二十条 被保险人收到旅客的损害赔偿请求时,应立即通知保险人。未经保险人书面同意,被保险人对旅客或其代理人作出的任何承诺、拒绝、出价、约定、付款或赔偿,保险人不受其约束。对于被保险人自行承诺或支付的赔偿金额,保险人有权重新核定,不属于本保险责任范围或超出应赔偿限额的,保险人不承担赔偿责任。在处理索赔过程中,保险人有权自行处理由其承担最终赔偿责任的任何索赔案件,被保险人有义务向保险人提供其所能提供的资料和协助。

第二十一条 被保险人获悉可能发生诉讼、仲裁时,应立即以书面形式通知保险人;接到法院传票或其他法律文书后,应将其副本及时送交保险人。保险人有权以被保险人的名义处理有关诉讼或仲裁事宜,被保险人应提供有关文件,并给予必要的协助。

对因未及时提供上述通知或必要协助引起或扩大的损失,保险人不承担赔偿责任。

第二十二条 被保险人向保险人请求赔偿时,应提交保险单正本、索赔申请、发生事故时驾驶人员的有效驾驶证件、损失清单、有关费用单据、交通运输主管部门或法院等机构出具的事故证明、支付凭证、裁判文书,以及其他投保人、被保险人所能提供的与确认保险事故的性质、原因、损失程度等有关的证明和资料。

投保人、被保险人未履行前款约定的单证提供义务,导致保险人无法核实损失情况的,保险人对无法核实部分不承担赔偿责任。

第二十三条 发生保险责任范围内的损失,应由有关责任方负责赔偿的,被保险人应行使或保留行使向该责任方请求赔偿的权利。

保险事故发生后,保险人未履行赔偿义务之前,被保险人放弃对有关责任方请求赔偿的权利的,保险人不承担赔偿责任。

保险人向被保险人赔偿保险金后,被保险人未经保险人同意放弃对有关责任方请求赔偿的权利的,该行为无效。

在保险人向有关责任方行使代位请求赔偿权利时,被保险人应当向保险人提供必要的文件和其所知道的有关情况。

由于被保险人的故意或者重大过失致使保险人不能行使代位请求赔偿的权利的,保险人可以扣减或者要求返还相应的赔偿金额。

赔 偿 处 理

第二十四条 保险人的赔偿以下列方式之一确定的被保险人的赔偿责任为基础:

(一)被保险人和向其提出损害赔偿请求的旅客协商并经保险人确认;

(二)仲裁机构裁决;

(三)人民法院判决;

(四)保险人认可的其他方式。

第二十五条 被保险人给旅客造成损害,被保险人未向该旅客赔偿的,保险人不负责向被保险人赔偿保险金。

第二十六条 发生保险责任范围内的损失,保险人就每一旅客人身伤亡的赔偿金额不超过保险单明细表列明的每人责任限额;保险人就每一旅客财产损失的赔偿金额不超过保险单明细表列明的每人责任限额的 5%。

对于每次事故,保险人对法律费用的赔偿金额不超过保险单明细表列明的累计责任限额的 5%,但在保险期间内该项赔偿金额之和不得超过该累计责任限额的 30%。

在保险期间内,保险人的累计赔偿金额不超过保险单明细表列明的累计责任限额。

第二十七条 保险事故发生时,如果被保险人的损失能够从其他相同保障的保险项下也获得赔偿,则本保险人按照本保险合同的责任限额与所有有关保险合同的责任限额总和的比例承担赔偿责任。其他保险人应承担的赔偿金额,本保险人不负责垫付。

被保险人在请求赔偿时应当如实向保险人说明与本保险合同保险责任有关的其他保险合同的情况。对未如实说明导致保险人多支付保险金的,保险人有权向被保险人追回多支付的部分。

第二十八条 被保险人向保险人请求赔偿的诉讼时效期间为二年,自其知道或应当知道保险事故发生之日起计算。

争 议 处 理

第二十九条 因履行本保险合同发生的争议,由当事人协商解决。协商不成的,提交保险单载明的仲裁机构仲裁;保险单未载明仲裁机构且争议发生后未达成仲裁协议的,依法向中华人民共和国人民法院起诉。

第三十条 本保险合同的争议处理适用中华人民共和国法律(不包括港澳台地区法律)。

其 他 事 项

第三十一条 保险合同成立后,投保人不得解除本保险合同;除本保险合同另有约定外,保险人也不得解除本保险合同。

10.1.2 道路危险货物承运人责任保险条款

总 则

第一条 本保险合同由保险条款、投保单、保险单以及批单组成。凡涉及本保险合同的约定,均应采用书面形式。

第二条 本保险合同由货物责任保险、第三者责任保险两部分组成,投保人可选择投保,也可同时投保。

第三条 货物责任保险、第三者责任保险的约定适用于各自部分,总则和通用条款的约定适用于该两部分。保险人在本保险合同下承担的保险责任以保险单明细表中载明的相应部分责任限额、赔偿限额为限。

第四条 经道路运输管理机构批准合法从事道路危险货物运输的经营性与非经营性承运人,均可作为本保险合同的被保险人。

货物责任保险:

保 险 责 任

第五条 在保险期间内,被保险人使用的运输车辆在中华人民共和国境内运输和装卸保险合同中载明的危险货物期间,因下列意外事故造成车辆上装载的危险货物的毁损、灭失(以下简称"损失"),依照中华人民共和国法律(不包括港澳台地区法律)应由被保险人承担的经济赔偿责任,保险人按照本保险合同约定负责赔偿:

(一)火灾、爆炸;

(二)运输车辆发生碰撞、倾覆;

(三)碰撞、挤压导致包装破裂或容器损坏。

第六条 保险事故发生后,被保险人因保险事故而被提起仲裁或者诉讼的,对应由被保险人支付的仲裁或诉讼费用以及事先经保险人书面同意支付的其他必要的、合理的费用(以下简称"法律费用"),保险人按照本保险合同约定也负责赔偿。

责 任 免 除

第七条 下列原因造成的损失、费用和责任,保险人不负责赔偿:

（一）自然灾害；

本保险合同所称自然灾害是指雷击、暴风、暴雨、洪水、暴雪、冰雹、沙尘暴、冰凌、泥石流、崖崩、突发性滑坡、火山爆发、地面突然塌陷、地震、海啸及其他不能预见、不能避免并不能克服的自然现象。

（二）危险货物设计错误、工艺不善、本质缺陷或特性、自然渗漏、自然损耗、自然磨损或由于自身原因造成腐烂、变质等自身变化。

责任限额与免赔额

第八条 责任限额包括每次事故责任限额、累计责任限额，由投保人与保险人协商确定，并在保险合同中载明。

第九条 每次事故免赔额由投保人与保险人在签订保险合同时协商确定，并在保险合同中载明。

赔 偿 处 理

第十条 被保险人给托运人或其他索赔权利人造成损害，被保险人未向该托运人或其他索赔权利人赔偿的，保险人不负责向被保险人赔偿保险金。

第十一条 发生保险责任范围内的损失，保险人按以下方式计算赔偿：

（一）对于每次事故造成的损失，保险人在对应的每次事故责任限额内计算赔偿；

（二）在依据本条第（一）项计算的基础上，保险人在扣除对应的每次事故免赔额后进行赔偿；

（三）在保险期间内，保险人对多次事故损失的累计赔偿金额不超过对应的累计责任限额。

第十二条 对每次事故法律费用的赔偿金额，保险人在第十一条计算的赔偿金额以外按应由被保险人支付的数额另行计算，但不超过第十条计算的每次事故赔偿金额的 20%。

在保险期间内，保险人对多次事故法律费用的累计赔偿金额不超过累计责任限额的 20%。

第十三条 保险事故发生时，如果被保险人的损失能够从其他相同保障的保险项下也获得赔偿，则本保险人按照本保险合同的累计责任限额与所有有关保险合同的累计责任限额总和的比例承担赔偿责任。其他保险人应承担的赔偿金额，本保险人不负责垫付。

被保险人在请求赔偿时应当如实向保险人说明与本保险合同保险责任有关的其他保险合同的情况。对未如实说明导致保险人多支付保险金的，保险人有权向被保险人追回多支付的部分。

第三者责任保险：

保 险 责 任

第十四条　在保险期间内,被保险人使用的运输车辆在中华人民共和国境内运输和装卸保险合同中载明的危险货物期间,因下列意外事故造成第三者人身伤亡或财产损失,由第三者自意外事故发生之日起1年内向被保险人提出索赔的,依照中华人民共和国法律(不包括港澳台地区法律)应由被保险人承担的经济赔偿责任,保险人按照本保险合同约定负责赔偿：

（一）火灾、爆炸；

（二）运输车辆发生碰撞、倾覆；

（三）碰撞、挤压导致包装破裂或容器损坏。

本保险合同所称第三者是指保险人、被保险人及其雇员、托运人和收货人及其雇员或者代理人以外的人。

第十五条　发生第十四条约定的保险事故后,被保险人因保险事故而被提起仲裁或者诉讼的,对应由被保险人支付的仲裁或诉讼费用以及事先经保险人书面同意支付的其他必要的、合理的费用(以下简称"法律费用"),保险人按照本保险合同约定也负责赔偿。

第十六条　在保险期间内,被保险人使用的运输车辆在中华人民共和国境内(不包括港澳台地区)运输和装卸保险合同中载明的危险货物期间,因第十四条列明的意外事故造成环境污染危害的,被保险人为排除该危害而支付的合理的、必要的除污费用,保险人按照本保险合同约定负责赔偿。

除污费用是指为排除环境污染危害而发生的检验、监测、清除、处置、中和等费用。

责 任 免 除

第十七条　下列损失、费用和责任,保险人不负责赔偿：

（一）被保险人或其雇员的人身伤亡及其所有或管理的财产的损失；

（二）核辐射、核爆炸及核污染造成的损失、费用和责任；

（三）被保险人应该承担的合同责任,但无合同存在时仍然应由被保险人承担的法律责任不在此限；

（四）因环境污染危害间接受到损害的第三者的人身伤亡和财产损失。

责任限额、赔偿限额与免赔额

第十八条　第十四条项下保险人的责任限额包括每次事故责任限额、每人人身伤亡责任限额、累计责任限额,由投保人与保险人协商确定,并在保险合同中载明。

第十九条 第十六条项下保险人的赔偿限额包括每次事故赔偿限额、累计赔偿限额,由投保人与保险人协商确定,并在保险合同中载明。

第二十条 每次事故免赔额由投保人与保险人在签订保险合同时协商确定,并在保险合同中载明。

赔 偿 处 理

第二十一条 被保险人给第三者造成损害,被保险人未向该第三者赔偿的,保险人不负责向被保险人赔偿保险金。

第二十二条 发生保险事故,造成第三者人身伤亡或财产损失的,保险人按以下方式计算赔偿:

(一)对于每次事故造成的损失,保险人在每次事故责任限额内计算赔偿,其中对每人人身伤亡的赔偿金额不得超过每人人身伤亡责任限额;

(二)在依据本条第(一)项计算的基础上,保险人在扣除对应的每次事故免赔额后进行赔偿,但对于人身伤亡的赔偿不扣除每次事故免赔额;

(三)在保险期间内,保险人对多次事故损失的累计赔偿金额不超过累计责任限额。

第二十三条 发生保险事故,造成第三者人身伤亡或财产损失的,对每次事故法律费用的赔偿金额,保险人在第二十二条计算的赔偿金额以外按应由被保险人支付的数额另行计算,但不超过每次事故责任限额的 20％。

在保险期间内,保险人对多次事故法律费用的累计赔偿金额不超过累计责任限额的 20％。

第二十四条 发生保险事故,造成环境危害的,保险人对除污费用的赔偿按以下方式计算:

(一)对于每次事故造成的损失,保险人在每次事故赔偿限额内计算赔偿;

(二)在依据本条第(一)项计算的基础上,保险人在扣除对应的每次事故免赔额后进行赔偿;

(三)在保险期间内,保险人对多次事故损失的累计赔偿金额不超过累计赔偿限额。

第二十五条 保险事故发生时,如另有其他相同保障的保险存在,不论是否由被保险人或他人以其名义投保,也不论该保险人赔偿与否,保险人对本条款第二十二条、第二十三条、第二十四条项下的赔偿,仅承担差额责任。其他保险人应承担的赔偿金额,本保险人不负责垫付。

被保险人在请求赔偿时应当如实向保险人说明与本保险合同保险责任有关的其他保险合同的情况。对未如实说明导致保险人多支付保险金的,保险人有权向被保险人追回多支付的部分。

通用部分：

责 任 免 除

第二十六条 下列原因造成的损失、费用和责任,保险人不负责赔偿:

(一) 投保人、被保险人及其雇员、代理人的故意或重大过失行为;

(二) 战争、敌对行动、军事行为、武装冲突、罢工、骚乱、暴动、恐怖活动;

(三) 行政行为或司法行为。

第二十七条 保险事故发生时,存在以下不符合道路运输管理机构与危险货物运输相关规定的情形,保险人不负责赔偿:

(一) 被保险人不具备危险货物运输资格;

(二) 运输车辆、容器、装卸机械及工属具未经道路运输管理机构审验合格;

(三) 危险货物的包装、装载不符合相关规定;

(四) 驾驶人员、押运人员、装卸人员不具备相应的资格或违反相关操作规程。

第二十八条 下列损失、费用和责任,保险人不负责赔偿:

(一) 罚款、罚金及惩罚性赔偿;

(二) 精神损害赔偿;

(三) 被保险人的间接损失;

(四) 保险责任范围内,被保险人依法应承担的经济赔偿责任低于或等于免赔额的事故造成的损失、费用和责任;

(五) 本保险合同中载明的免赔额。

第二十九条 其他不属于本保险责任范围内的损失、费用和责任,保险人不负责赔偿。

保 险 期 间

第三十条 除另有约定外,定期运输的保险期间为一年,以保险合同载明的起讫时间为准。

单程运输的保险期间自保险合同生效后,危险货物装上运输车辆时开始至卸离运输车辆时止。

保 险 人 义 务

第三十一条 本保险合同成立后,保险人应当及时向投保人签发保险单或其他保险凭证。

第三十二条 保险人依本保险条款第三十六条取得的合同解除权,自保险人知道有解除事由之日起,超过三十日不行使而消灭。

保险人在保险合同订立时已经知道投保人未如实告知的情况的,保险人不得解除合同;发生保险事故的,保险人应当承担赔偿责任。

第三十三条 保险事故发生后,保险人按照本条款第四十三条的约定,认为投保人、被保险人提供的有关索赔的证明和资料不完整的,应当及时一次性通知投保人、被保险人补充提供。

第三十四条 保险人收到被保险人的赔偿请求后,应当及时就是否属于保险责任作出核定,并将核定结果通知被保险人。情形复杂的,保险人在收到被保险人的赔偿请求后三十日内未能核定保险责任的,保险人与被保险人根据实际情形商议合理期间,保险人在商定的期间内作出核定结果并通知被保险人。对属于保险责任的,在与被保险人达成有关赔偿金额的协议后十日内,履行赔偿义务。

保险人依照前款的规定作出核定后,对不属于保险责任的,应当自作出核定之日起三日内向被保险人发出拒绝赔偿保险金通知书,并说明理由。

第三十五条 保险人自收到赔偿保险金的请求和有关证明、资料之日起六十日内,对其赔偿保险金的数额不能确定的,应当根据已有证明和资料可以确定的数额先予支付;保险人最终确定赔偿的数额后,应当支付相应的差额。

投保人、被保险人义务

第三十六条 投保人应履行如实告知义务,如实回答保险人就危险货物以及被保险人的有关情况提出的询问,并如实填写投保单。

投保人故意或者因重大过失未履行前款规定的如实告知义务,足以影响保险人决定是否同意承保或者提高保险费率的,保险人有权解除合同。

投保人故意不履行如实告知义务的,保险人对于合同解除前发生的保险事故,不承担赔偿责任,并不退还保险费。

投保人因重大过失未履行如实告知义务,对保险事故的发生有严重影响的,保险人对于合同解除前发生的保险事故,不承担赔偿责任,但应当退还保险费。

第三十七条 投保人应在保险合同成立时一次性支付保险费。投保人未按约定支付保险费的,保险人按照保险事故发生时已交保险费与保险合同约定保险费的比例承担赔偿责任。

第三十八条 被保险人应严格遵守《中华人民共和国道路运输条例》《道路危险货物运输管理规定》以及国家及政府有关部门制定的其他相关法律、法规及规定,加强管理,采取合理的预防措施,尽力避免或减少责任事故的发生。

单程运输保险中,被保险人在危险货物装上运输车辆后应及时起运,在运输车辆抵达目的地后应及时将危险货物卸离运输车辆。在运输过程中应选择合理的路线,避免不适当延迟。

保险人可以对被保险人遵守上述两款约定的情况进行检查,向投保人、被保险人提出消除不安全因素和隐患的书面建议,投保人、被保险人应该认真付诸实施。

投保人、被保险人未遵守上述约定而导致保险事故的,保险人不承担赔偿责任;投保人、被保险人未遵守上述约定而导致损失扩大的,保险人对扩大的损失部分不承担赔偿责任。

第三十九条 在保险期间内,保险标的的危险程度显著增加的,被保险人应及时书面通知保险人,保险人有权要求增加保险费或者解除合同。

危险程度显著增加,是指与本保险所承保之风险事故有密切关系的因素和投保时相比,出现了增加该风险事故发生可能性的变化,足以影响保险人决定是否继续承保或是否增加保险费的情况,包括但不限于被保险人可以承运的危险品之危险性级别提高、运输区域范围增加、承运业务规模扩大等情形。

被保险人未履行通知义务,因保险标的的危险程度显著增加而发生的保险事故,保险人不承担赔偿责任。

第四十条 发生保险责任范围内的事故,被保险人应该:

(一)尽力采取必要、合理的措施,防止或减少损失,否则,对因此扩大的损失,保险人不承担赔偿责任;

(二)立即通知保险人,并书面说明事故发生的原因、经过和损失情况;故意或者因重大过失未及时通知,致使保险事故的性质、原因、损失程度等难以确定的,保险人对无法确定的部分,不承担赔偿责任,但保险人通过其他途径已经及时知道或者应当及时知道保险事故发生的除外;

(三)保护事故现场,允许并且协助保险人进行事故调查;对于拒绝或者妨碍保险人进行事故调查导致无法确定事故原因或核实损失情况的,保险人对无法确定或核实的部分不承担赔偿责任。

第四十一条 被保险人收到第三者的损害赔偿请求时,应立即通知保险人。未经保险人书面同意,被保险人对第三者作出的任何承诺、拒绝、出价、约定、付款或赔偿,保险人不受其约束。对于被保险人自行承诺或支付的赔偿金额,保险人有权重新核定,不属于本保险责任范围或超出应赔偿限额的,保险人不承担赔偿责任。在处理索赔过程中,保险人有权自行处理由其承担最终赔偿责任的任何索赔案件,被保险人有义务向保险人提供其所能提供的资料和协助。

第四十二条 被保险人获悉可能发生诉讼、仲裁时,应立即以书面形式通知保险人;接到法院传票或其他法律文书后,应将其副本及时送交保险人。保险人有权以被保险人的名义处理有关诉讼或者仲裁事宜,被保险人应提供有关文件,并给予必要的协助。

对因未及时提供上述通知或必要协助引起或扩大的损失,保险人不承担赔偿责任。

第四十三条 被保险人向保险人请求赔偿时,应提交保险单正本、索赔申请、损失清单、责任认定证明、支付凭证、有关的法律文书(裁定书、裁决书、调解书、判决书等)或和解协议,以及其他投保人、被保险人所能提供的与确认保险事故的性质、原因、损失程度等有关的证明和资料。

投保人、被保险人未履行前款约定的单证提供义务,导致保险人无法核实损失情况的,保险人对无法核实部分不承担赔偿责任。

第四十四条 发生保险责任范围内的损失,应由有关责任方负责赔偿的,被保险人应行使或保留行使向该责任方请求赔偿的权利。

保险事故发生后,保险人未履行赔偿义务之前,被保险人放弃对有关责任方请求赔偿的权利的,保险人不承担赔偿责任。

保险人向被保险人赔偿保险金后,被保险人未经保险人同意放弃对有关责任方请求赔偿的权利的,该行为无效。

在保险人向有关责任方行使代位请求赔偿权利时,被保险人应当向保险人提供必要的文件和其所知道的有关情况。

由于被保险人的故意或者重大过失致使保险人不能行使代位请求赔偿的权利的,保险人可以扣减或者要求返还相应的赔偿金额。

赔 偿 处 理

第四十五条 保险人的赔偿以下列方式之一确定的被保险人的赔偿责任为基础:

(一)被保险人和向其提出损害赔偿请求的第三者协商并经保险人确认;

(二)仲裁机构裁决;

(三)人民法院判决;

(四)保险人认可的其他方式。

第四十六条 被保险人向保险人请求赔偿的诉讼时效期间为二年,自其知道或应当知道保险事故发生之日起计算。

争 议 处 理

第四十七条 因履行本保险合同发生的争议,由当事人协商解决。协商不成的,提交保险单载明的仲裁机构仲裁;保险单未载明仲裁机构且争议发生后未达成仲裁协议的,依法向中华人民共和国人民法院起诉。

第四十八条 本保险合同的争议处理适用中华人民共和国法律(不包括港澳台地区法律)。

其 他 事 项

第四十九条 保险责任开始前,投保人要求解除保险合同的,应当向保险人支付相当于保险费 5% 的退保手续费,保险人应当退还剩余部分保险费;保险人要求解除保险合同的,不得向投保人收取手续费并应退还已收取的保险费。

定期运输的,保险责任开始后,投保人要求解除保险合同的,自通知保险人之日起,保险合同解除,保险人按照保险责任开始之日起至合同解除之日止期间按短期费率计收保险费,并退还剩余部分保险费;保险人要求解除保险合同的,应提前十五日向投保人发出解约通知书,保险人按照保险责任开始之日起至合同解除之日止期间与保险期间的日比例计收保险费,并退还剩余部分保险费。

单程运输的,保险责任开始后,投保人、保险人不得解除保险合同。

短 期 费 率 表

保险期间	一个月	二个月	三个月	四个月	五个月	六个月	七个月	八个月	九个月	十个月	十一个月	十二个月
年费率的百分比	20%	30%	40%	50%	60%	70%	75%	80%	85%	90%	95%	100%

注:保险期间不足一个月的部分按一个月计收。

10.1.3 公路货运承运人责任保险条款

总 则

第一条 本保险合同(以下简称为"本合同")由投保单、保险单或其他保险凭证及所附条款,与本合同有关的投保文件、声明、批注、附贴批单及其他书面文件构成。凡涉及本合同的约定,均应采用书面形式。

第二条 凡按照《中华人民共和国道路运输条例》取得《道路运输经营许可证》,并依法办理了相关登记手续的公路货运承运人,均可成为本合同的被保险人。

保 险 责 任

第三条 在保险期间内,本合同中载明的被保险人的运输车辆在中华人民共和国境内(不含港、澳、台地区,下同)运输货物期间,因下列意外事故造成车辆上装载的货物(以下简称"承运货物")毁损、灭失(以下简称"损失"),依照中华人民共和国法律(以下简称"依法")应由被保险人承担的经济赔偿责任,保险人按照本合同约定负责赔偿:

(一)火灾、爆炸;

(二)运输过程中运输车辆发生碰撞、倾覆、坠落或隧道、桥梁、码头坍塌或在驳运过程中驳运工具搁浅、触礁、沉没、碰撞;

(三)运输过程中碰撞、挤压造成货物破碎、弯曲、凹瘪、折断、开裂、散落、渗漏、包装破裂或容器破坏;

(四)装卸货物或转载时发生的意外事故。

第四条 保险事故发生后,被保险人因保险事故而被提起仲裁或者诉讼的,对应由被保险人支付的仲裁或诉讼费用以及事先经保险人书面同意支付的其他必要的、合理的费用(以下简称为"法律费用"),保险人按照本合同的约定也负责赔偿。

责 任 免 除

第五条 出现下列任一情形时,保险人不负责赔偿:

(一)驾驶人员受酒精、毒品或管制药品的影响,或无有效驾驶证,或持未审验的驾驶证或审验不合格的驾驶证;

(二)运输工具不适载;

(三)货物包装完好而其内容短少或不符,无法证明是因意外事故所致。

第六条 下列原因造成的损失、费用和责任,保险人不负责赔偿:

(一)承运货物本身的自然属性或合理损耗以及托运人、收货人的过错;

(二)被保险人或其雇员、驾驶员或押运人员的故意行为、犯罪行为、非法运输行为以及装卸人员故意违反操作规程;

(三)人工直接供油、高温烘烤;

(四)承运货物被盗窃、抢劫、哄抢、诈骗;

(五)机动车驾驶员疲劳驾驶。

(六)自然灾害;

(七)战争、敌对行为、军事行动、武装冲突、恐怖主义活动、罢工、暴动、骚乱;

(八)行政行为、司法行为;

(九)核爆炸、核裂变、核聚变;

(十)接触、使用石棉、石棉制品或含有石棉成分的物质;

(十一)放射性污染及其他各种环境污染。

第七条 下列损失、费用和责任,保险人不负责赔偿:

(一)被保险人或其雇员、驾驶员或押运人员所有、租赁或管理的财产的损失;

(二)罚款、罚金或惩罚性赔款;

(三)精神损害赔偿;

(四)保险事故造成的一切间接损失;

(五)保险单中载明的应由被保险人自行承担的免赔额;

(六)在合同或协议中约定的应由被保险人承担的赔偿责任,但即使没有这种合同或协议,被保险人依法仍应承担的赔偿责任不在本款责任免除范围内。

第八条 下列财产损失不在承保范围内,但是经投保人书面申请,保险人同意并在保单特别约定中载明的除外:

(一)依据《道路危险货物运输管理规定》等相关法规认定的危险货物;

(二)动植物、鲜活货物、血制品、冷冻品等易变质物品;

(三)现金、支票、票据、单证、有价证券、信用证、护照、文件、档案、账册、图纸、技术资料、电脑资料、武器弹药及其他无法鉴定价值的财产;

(四)艺术品、金银、珠宝、钻石、玉器、文物古玩等贵重物品。

第九条 其他不属于本合同责任范围内的损失、费用和责任,保险人不负责赔偿。

赔偿限额与免赔额

第十条 本合同的赔偿限额包括每次事故赔偿限额、累计赔偿限额。

各项赔偿限额由投保人与保险人协商确定,并在保险单中载明。

第十一条 本合同的每次事故免赔额由投保人与保险人在订立合同时协商确定,并于合同中载明。

保险期间和运输货物期间

第十二条 除另有约定外,本合同的保险期间为一年,以保险单载明的起讫时间为准。保险人仅对该保险期内发生的本合同责任范围内保险事故负赔偿责任。

运输货物期间自承运货物完全装上运输工具时起,至抵达目的地后承运货物完全卸离运输工具时止,最长不超过承运货物运抵目的地次日之二十四时。

保 险 人 义 务

第十三条 本合同成立后,保险人应当及时向投保人签发保险单或其他保险凭证。

第十四条 保险人按照本条款第二十四条的约定,认为被保险人提供的有关索赔的证明和资料不完整的,应当及时一次性通知投保人、被保险人补充提供。

第十五条 保险人收到被保险人或直接向保险人提出赔偿请求的第三者或其他索赔权利人(以下简称为"索赔人")的赔偿保险金的请求后,应当及时对是否属于保险责任作出核定;情形复杂的,应当在三十日内作出核定;情形特别复杂的,由于非保险人可以控制的原因导致核定困难的,保险人应与被保险人商议合理核定期间,并在商定的期间内作出核定。

保险人应当将核定结果通知被保险人;对属于保险责任的,在与被保险人达成赔偿保险金的协议后十日内,履行赔偿保险金义务。本合同对赔偿保险金的期限有约定的,保险人应当按照约定履行赔偿保险金的义务。保险人依照前款约定作出核定后,对不属于保险责任的,应当自作出核定之日起三日内向被保险人发出拒绝赔偿保险金通知书,并说明理由。

第十六条 保险人自收到赔偿保险金的请求和有关证明、资料之日起六十日内,对其赔偿保险金的数额不能确定的,应当根据已有证明和资料可以确定的数额先予支付;保险人最终确定赔偿保险金的数额后,应当支付相应的差额。

投保人、被保险人义务

第十七条 订立保险合同,保险人就保险标的或者被保险人的有关情况提出询问的,投保人应当如实告知。

投保人故意或者因重大过失未履行前款规定的如实告知义务,足以影响保险人决定是否同意承保或者提高保险费率的,保险人有权解除保险合同。

前款规定的合同解除权,自保险人知道有解除事由之日起,超过三十日不行使而消灭。自合同成立之日起超过两年的,保险人不得解除合同;发生保险事故的,保险人应当承担赔偿保险金的责任。

投保人故意不履行如实告知义务的,保险人对于合同解除前发生的保险事故,不承担赔偿保险金的责任,并不退还保险费。

投保人因重大过失未履行如实告知义务,对保险事故的发生有严重影响的,保险人对于合同解除前发生的保险事故,不承担赔偿保险金的责任,但应当退还保险费。

保险人在合同订立时已经知道投保人未如实告知的情况的,保险人不得解除合同;发生保险事故的,保险人应当承担赔偿保险金的责任。

第十八条 投保人应按照本合同的约定交付保险费。本合同约定一次性交付保险费或对保险费交付方式、交付时间没有约定的,投保人应在保险责任起始日前一次性交付保险费;约定以分期付款方式交付保险费的,投保人应按期交付第一期保险费。投保人未按本款约定交付保险费的,本合同不生效,保险人不承担保险责任。

如果发生投保人未按期足额交付保险费或不按约定日期交付第二期或以后任何一期保险费的情形,从违约之日起,保险人有权解除本合同并追收已经承担保险责任期间的保险费和利息,本合同自解除通知送达投保人时解除;在本合同解除前发生保险事故的,保险人按照保险事故发生前保险人实际收取的保险费总额与投保人应当交付保险费的比例承担保险责任,投保人应当交付保险费是指按照付款约定截至保险事故发生时投保人应该交纳的保险费总额。

第十九条 在保险合同有效期内,保险标的的危险程度显著增加的,被保险人应当按照合同约定及时通知保险人,保险人可以按照合同约定增加保险费或者解除合同。

被保险人未履行前款约定的通知义务的,因保险标的的危险程度显著增加而发生的保险事故,保险人不承担赔偿责任。

第二十条 被保险人应严格遵守国家及交通运输部门关于安全运输的各项规定,加强管理,接受并协助保险人对承运货物进行查勘防损工作,承运货物的包装必须符合国家和主管部门规定的标准。

保险人可以对被保险人遵守前款约定的情况进行检查,向投保人、被保险人提出消除不安全因素和隐患的书面建议,投保人、被保险人应该认真付诸实施。

投保人、被保险人未按照约定履行上述安全义务的,保险人有权要求增加保险费或者解除合同。

第二十一条 发生保险事故时,被保险人应该:

(一)尽力采取必要、合理的措施,防止或减少事故损失,否则,对因此扩大的损失,保险人不承担赔偿责任;

（二）立即通知保险人，并书面说明事故发生的原因、经过和损失情况；故意或者因重大过失未及时通知，致使保险事故的性质、原因、损失程度等难以确定的，保险人对无法确定的部分，不承担赔偿保险金的责任，但保险人通过其他途径已经及时知道或者应当及时知道保险事故发生的除外；

（三）保护事故现场，允许并协助保险人进行查勘事故调查。对于拒绝或者妨碍保险人进行事故调查导致无法确定事故原因或核实损失情况的，保险人对无法确定或核实部分不承担赔偿责任。

第二十二条　被保险人收到索赔人的损害赔偿请求时，应立即通知保险人。未经保险人书面同意，被保险人对受害人及其代理人作出的任何承诺、拒绝、出价、约定、付款或赔偿，保险人不受其约束。对于被保险人自行承诺或支付的赔偿金额，保险人有权重新核定，不属于本保险责任范围或超出应赔偿限额的，保险人不承担赔偿责任。在处理索赔过程中，保险人有权自行处理由其承担最终赔偿责任的任何索赔案件，被保险人有义务向保险人提供其所能提供的资料和协助。

第二十三条　被保险人获悉可能发生诉讼、仲裁时，应立即以书面形式通知保险人；接到法院传票或其他法律文书后，应将其副本及时送交保险人。保险人有权以被保险人的名义处理有关诉讼或仲裁事宜，被保险人应提供有关文件，并给予必要的协助。

对因未及时提供上述通知或必要协助导致扩大的损失，保险人不承担赔偿责任。

第二十四条　被保险人请求赔偿时，应向保险人提供下列证明和资料：

（一）保险单正本和保险费收据；

（二）事故报告书；

（三）货物发票（货价证明）；

（四）运输合同或凭证；

（五）收货单位的入库记录、检验报告；

（六）财产损失清单及施救、保护货物所支付的直接费用的单据；

（七）责任认定证明；

（八）生效的法律文书（包括裁定书、裁决书、判决书、调解书等）；

（九）投保人或被保险人所能提供的与确认保险事故的性质、原因、损失程度等有关的其他证明和资料。

被保险人未履行前款约定的索赔材料提供义务，导致保险人无法核实损失情况的，保险人对无法核实的部分不承担赔偿责任。

赔 偿 处 理

第二十五条　发生保险事故后，保险人的赔偿金额以按照下列方式之一确定的被保险人的经济赔偿责任为依据：

（一）被保险人与索赔人协商并经保险人确认；

（二）仲裁机构裁决；

（三）人民法院判决；

（四）保险人认可的其他方式。

第二十六条 发生意外事故，造成承运货物的损失，保险人按以下方式计算赔偿：

（一）对于每次事故造成的损失，保险人在保险单中载明的每次事故赔偿限额内计算赔偿；

（二）在依据本条第（一）项计算的基础上，保险人在扣除保险单中载明的每次事故免赔额后进行赔偿；

（三）在保险期间内，保险人对多次事故损失的累计赔偿金额（不含法律费用）不超过保险单中载明的累计赔偿限额。

第二十七条 保险人对每次事故法律费用的赔偿，在第二十六条计算的赔偿金额以外另行计算，并且赔偿时不扣减每次事故免赔额，但保险人对每次事故法律费用的赔偿金额不超过本合同中载明的每次事故赔偿限额的 20%。

保险期间内，如果发生多次保险事故的，保险人对法律费用的累计赔偿限额不超过本合同中载明的累计赔偿限额的 20%。

如果被保险人的赔偿责任同时涉及保险事故和非保险事故，并且无法区分法律费用是因何种事故而产生的，保险人按照本合同保险赔偿金额（不含法律费用）占被保险人承担的全部赔偿金额（不含法律费用）的比例赔偿法律费用。

第二十八条 被保险人给第三者造成损害，被保险人未向该第三者赔偿的，保险人不得向被保险人赔偿保险金。

第二十九条 发生保险事故时，如果被保险人的损失在有相同保障的其他保险项下也能够获得赔偿，则本保险人按照本合同的赔偿限额与其他保险合同及本合同的赔偿限额总和的比例承担赔偿责任。

若被保险人未如实告知导致保险人多支其他保险人应承担的赔偿金额，本保险人不负责垫付。付赔偿金的，保险人有权向被保险人追回多支付的部分。

第三十条 发生保险责任范围内的损失，应由有关责任方负责赔偿的，保险人自向被保险人赔偿保险金之日起，在赔偿金额范围内代位行使被保险人对有关责任方请求赔偿的权利，被保险人应当向保险人提供必要的文件和所知道的有关情况。

被保险人已经从有关责任方取得赔偿的，保险人赔偿保险金时，可以相应扣减被保险人已从有关责任方取得的赔偿金额。

保险事故发生后，在保险人未赔偿保险金之前，被保险人放弃对有关责任方请求赔偿权利的，保险人不承担赔偿责任；保险人向被保险人赔偿保险金后，被保险人未经保险人同意放弃对有关责任方请求赔偿权利的，该行为无效；由于被保险人故意或者因重大过失致使保险人不能行使代位请求赔偿的权利的，保险人可以扣减或者要求返还相应的保险金。

第三十一条 保险赔偿结案后,保险人不再负责赔偿任何新增加的与该次保险事故相关的损失、费用或赔偿责任。

当一次保险事故涉及多名第三者时,如果保险人和被保险人双方已经确认了其中部分第三者的赔偿金额,保险人可根据被保险人的申请予以先行赔付。先行赔付后,保险人不再负责赔偿与这些第三者相关的任何新增加的赔偿金。

第三十二条 被保险人向保险人请求赔偿保险金的诉讼时效期间为二年,自其知道或者应当知道保险事故发生之日起计算。

争议处理和法律适用

第三十三条 因履行本合同发生的争议,由当事人协商解决。协商不成的,提交保险单载明的仲裁机构仲裁;保险单未载明仲裁机构且争议发生后未达成仲裁协议的,依法向中华人民共和国人民法院起诉。

第三十四条 本合同的争议处理适用中华人民共和国法律。

其 他 事 项

第三十五条 本合同成立后,投保人可要求解除本合同。投保人要求解除本合同的,应当向保险人提出书面申请,本合同自保险人收到书面申请时终止。

第三十六条 本合同成立后,保险人根据保险法规定或者本合同约定要求解除本合同的,除保险法另有规定或本合同另有约定外,本合同自解除通知送达投保人最后所留通讯地址时终止。

第三十七条 在保险单中载明的保险责任起始日前,投保人要求解除本合同的,除本合同另有约定外,投保人应当按照保险费 5% 的比例向保险人支付手续费,保险人退还已收取的保险费。

在保险单中载明的保险责任起始日后解除本合同的,除本合同另有约定外,保险人应向投保人退还未满期保险费。

如果解除时,本合同项下仍有尚未赔偿结案的保险事故,保险人可在赔偿结案后再向投保人退还未满期保险费。

释 义

第三十八条 除另有约定外,本合同中的下列词语具有如下含义:

保险人:是指中国太平洋财产保险股份有限公司。

第三者:是指被保险人或其雇员、代表以外的自然人、法人或其他组织。

人身损害:是指死亡、肢体残疾、组织器官功能障碍及其他影响人身健康的损伤。

自然灾害:指雷击、暴风、暴雨、洪水、暴雪、冰雹、沙尘暴、冰凌、泥石流、崖崩、突发性滑坡、火山爆发、地面突然塌陷、地震、海啸及其他人力不可抗拒的自然现象。

每次事故：是指一名或多名索赔人基于同一原因或理由，单独或共同向被保险人提出的，属于保险责任范围内的一项或一系列索赔或民事诉讼，本合同将其视为一次保险事故，在本合同中简称为每次事故。

未满期保险费：是指保险人应退还的剩余保险期间的保险费，未满期保险费按照以下公式计算：

$$未满期保险费 ＝ 保险费 \times（剩余保险期间天数／保险期间天数）\times$$
$$（累计赔偿限额 － 累计赔偿金额）／累计赔偿限额$$

其中，累计赔偿金额是指在实际保险期间内，保险人已支付的保险赔偿金和已发生保险事故但还未支付的保险赔偿金之和，但不包括保险人负责赔偿的法律费用。

10.1.4 公众责任保险条款

总　则

第一条　本保险合同（以下简称为"本合同"）由保险条款、投保单、保险单或其他保险凭证、与本合同有关的投保文件、声明、批注、附贴批单或其他书面文件构成。凡涉及本合同的约定，均应采用书面形式。

第二条　凡中华人民共和国境内（不含香港、澳门特别行政区和台湾地区，下同）的政府机构、企事业单位、社会团体、个体经济组织及其他合法成立的组织均可成为本合同的被保险人。

保　险　责　任

第三条　在保险期间内，被保险人在列明的场所范围内，在从事经营活动或自身业务过程中因过失导致意外事故发生，造成第三者人身伤害或财产损失并且受害方在保险期限内首次提出赔偿请求，依照中华人民共和国法律（不含香港、澳门特别行政区和台湾地区法律，下同）应由被保险人承担的经济赔偿责任，保险人按照本合同约定负责赔偿。

第四条　保险事故发生后，被保险人因保险事故而被提起仲裁或者诉讼的，对应由被保险人支付的仲裁或诉讼费用以及事先经保险人书面同意支付的其他必要的、合理的费用（以下简称"法律费用"），保险人按照本保险合同约定也负责赔偿。

责　任　免　除

第五条　出现下列任一情形时，保险人不负责赔偿：

（一）对于未载入本保险单明细表而属于被保险人的或其所占有的或以其名义使用的任何牲畜、自行车、汽车、机车、各类船只、飞机、电梯、升降机、自动梯、起重机、吊车或其他升降装置；

（二）被保险人或其雇员、代表出售、赠与产品、货物、商品；

（三）有缺陷的卫生装置或任何类型的中毒或任何不洁或有害的食物或饮料；

（四）被保险人或其雇员因从事医师、律师、会计师等属专门职业性质的工作过程中所发生的赔偿责任。

（五）被保险人从事建筑、安装或装修工程。

第六条　下列原因造成的损失、费用或责任，保险人不负责赔偿：

（一）被保险人或其雇员或其代表的故意或重大过失行为、犯罪行为或重大过失；

（二）战争、敌对行为、军事行动、武装冲突、恐怖主义活动、罢工、暴动、民众骚乱；

（三）行政行为、司法行为；

（四）自然灾害；

（五）火灾、爆炸、烟熏；

（六）核反应、核辐射、核爆炸及其他放射性污染；

（七）大气、土地、水污染及其他非放射性污染；

（八）被保险人或其雇员或以被保险人名义从事相关工作者超越其经营范围或职责范围的行为；

（九）接触、使用石棉、石棉制品或含有石棉成分的物质。

第七条　对于下列损失、费用或责任，保险人不负责赔偿：

（一）被保险人或其雇员或其代表的人身损害；

（二）被保险人或其雇员或其代表所有的或由其保管的或由其控制的财产的损失；

（三）被保险人或其雇员或其代表因经营或职责需要一直使用或占用的任何物品、土地、房屋或其他建筑的损失；

（四）为被保险人提供服务的任何人的人身损害和财产损失；

（五）被保险人或其雇员、代表因从事加工、修理、改进、承揽等工作造成委托人的人身损害和财产损失；

（六）罚款、罚金或惩罚性赔款；

（七）在合同或协议中约定的应由被保险人承担的赔偿责任，但即使没有这种合同或协议，被保险人依法仍应承担的赔偿责任不在本款责任免除范围内；

（八）保险单中载明的应由被保险人自行承担的免赔额。

第八条　不属于保险责任范围内的其他损失、费用和赔偿责任，保险人不负责赔偿。

保 险 期 间

第九条　本合同的保险期间为一年，自保险单载明的保险责任起始日零时起至约定的保险责任终止日二十四时止。

赔偿限额与免赔额

第十条 本合同的赔偿限额包括每次事故赔偿限额和保单累计赔偿限额,也可约定其他特定计算方式的赔偿限额。各项赔偿限额由投保人与保险人协商确定,并在保险单中载明。

第十一条 每次事故免赔额由投保人与保险人协商确定,并在保险单中载明。

保 险 人 义 务

第十二条 本合同成立后,保险人应当及时向投保人签发保险单或其他保险凭证。

第十三条 保险人收到被保险人的赔偿请求后,应当及时作出核定。对情形复杂的保险人可采取进一步合理必要的核定方式。对在投保时约定的针对不同情况下的赔偿处理方式,保险人应认真履行。

保险人应当将核定结果通知被保险人;对属于保险责任的,在与被保险人达成保险赔偿协议后十日内或在合同约定的赔偿期限内履行赔偿义务。

第十四条 保险人认为本合同约定的被保险人应提供的有关索赔证明和资料不完整的,应当及时一次性通知投保人、被保险人补充提供。

第十五条 保险人自收到索赔请求和有关证明、资料之日起六十日内,对其赔偿保险金的数额不能确定的,应当根据已有证明和资料可以确定的数额先予支付,待最终确定赔偿数额后支付相应差额。

投保人、被保险人义务

第十六条 订立保险合同时,投保人对所填写的投保单及保险人对有关情况的询问应如实告知。

投保人故意或者因重大过失未履行前款规定的如实告知义务,足以影响保险人决定是否同意承保或者提高保险费率的,保险人有权解除合同。

投保人故意不履行如实告知义务的,保险人对于合同解除前发生的保险事故,不承担赔偿或者给付保险金的责任,并不退还保险费。

投保人因重大过失未履行如实告知义务,对保险事故的发生有严重影响的,保险人对于合同解除前发生的保险事故,不承担赔偿或者给付保险金的责任,但退还保险费。

保险人在合同订立时已经知道投保人未如实告知的情况的,保险人不得解除合同;发生保险事故的,保险人应当承担赔偿或者给付保险金的责任。

第十七条 投保人应按照本合同的约定交付保险费。本合同约定一次性交付保险费或对保险费交付方式、交付时间没有约定的,投保人应在保险责任起始日前一次性交付保险费;约定以分期付款方式交付保险费的,投保人应按期交付第一期保险费。投保人未按本款约定交付保险费的,本合同不生效,保险人不承担保险责任。

如果发生投保人未按期足额交付保险费或不按约定日期交付第二期或以后任何一期保险费的情形,从违约之日起,保险人有权解除本合同并追收已经承担保险责任期间的保险费和利息,本合同自解除通知送达投保人时解除;在本合同解除前发生保险事故的,保险人按投保人已付保险费占保险单中载明的总保险费的比例承担保险责任。

第十八条 在本合同有效期内,保险标的的危险程度显著增加的,被保险人应及时书面通知保险人,保险人可视情况增加保险费或者解除本合同。

被保险人未予通知的,因危险程度显著增加而发生之保险事故,保险人不承担赔偿责任。

第十九条 被保险人应严格遵守国家和所从事行业内有关的安全管理规定,防止事故发生。对有关管理部门或保险人提出的消除安全隐患防止事故发生的要求和建议应认真付诸实施。

被保险人未履行前款约定的义务,保险人有权增加保险费或者解除本合同;对因此而导致保险事故发生的,保险人有权拒绝赔偿;对因此而导致其赔偿责任扩大的,保险人有权对扩大的部分拒绝赔偿。

第二十条 收到第三者索赔通知后,被保险人应该:

(一)尽力采取必要、合理的措施,防止或减少损失,否则,对因此扩大的损失,保险人不承担赔偿责任;

(二)及时通知保险人,并书面说明事故发生的原因、经过和损失情况;故意或者因重大过失未及时通知,致使保险事故的性质、原因、损失程度等难以确定的,保险人对无法确定的部分,不承担赔偿责任,但保险人通过其他途径已经及时知道或者应当及时知道保险事故发生的除外;

(三)保护事故现场或有关记录,允许并且协助保险人进行事故调查;对于拒绝或者妨碍保险人进行事故调查导致无法确定事故原因或核实损失情况的,对无法确定或核实的部分,保险人不承担赔偿责任。

第二十一条 被保险人获悉可能发生诉讼、仲裁时,应立即以书面形式通知保险人;接到法院传票或其他法律文书后,应将其副本及时送交保险人。保险人有权以被保险人的名义处理有关诉讼或仲裁事宜,被保险人应提供有关文件,并给予必要的协助。

对因未及时提供上述通知或必要协助导致扩大的损失,保险人不承担赔偿责任。

第二十二条 发生保险事故后,未经保险人书面同意,被保险人对受害人及其代理人作出的任何承诺、拒绝、出价、约定、付款或赔偿,保险人不受其约束。对于被保险人自行承诺或支付的赔偿金额,保险人有权重新核定,不属于本保险责任范围或超出应赔偿限额的,保险人不承担赔偿责任。在处理索赔过程中,保险人有权自行处理由其承担最终赔偿责任的任何索赔案件,被保险人有义务向保险人提供其所能提供的资料和协助。

第二十三条 被保险人应及时向保险人提供与索赔相关的各种证明和资料,并确保其真实、完整。

因被保险人未履行前款约定的义务,导致部分或全部保险责任无法确定,保险人对无法确定的部分不承担赔偿责任。

第二十四条 被保险人在申请赔偿时,应当如实向保险人说明与本合同保险责任有关的其他保险合同的情况。被保险人未如实说明情况导致保险人多支付保险赔偿金的,保险人有权向被保险人追回应由其他保险合同的保险人负责赔偿的部分。

赔 偿 处 理

第二十五条 被保险人请求赔偿时,应向保险人提供下列证明和资料:

(一)保险单正本和保险费交付凭证;

(二)索赔申请书;

(三)第三者或其代理人向被保险人提出损害赔偿的相关材料;

(四)有关部门出具的事故证明;

(五)造成第三者人身损害的,应提供:二级以上或保险人认可的医疗机构出具的原始医疗费用收据、诊断证明及病历;造成第三者伤残的,还应提供具备相关法律法规要求的伤残鉴定资格的医疗机构出具的伤残程度证明;造成第三者死亡的,还应提供公安机关或医疗机构出具的死亡证明书;

(六)造成第三者财产损失的,应提供:财产损失清单、费用清单;

(七)生效的法律文书(包括裁定书、裁决书、判决书、调解书等);

(八)投保人或被保险人所能提供的,与索赔有关的、必要的,并能证明损失性质、原因和程度的其他证明和资料。

第二十六条 发生保险事故后,保险人的赔偿金额以按照下列方式之一确定的被保险人的经济赔偿责任为依据:

(一)被保险人与第三者或其他索赔权利人协商并经保险人确认;

(二)仲裁机构裁决;

(三)人民法院判决;

(四)保险人认可的其他方式。

在按照上述方式之一确定经济赔偿责任后,保险人对每次事故的实际赔偿金额还应在此基础上扣减保险单中载明的每次事故免赔额,并且保险人对每次事故的赔偿金额不超过保险单中载明的每次事故赔偿限额。

在保险期间内,保险人的累计赔偿金额不超过保险单中载明的累计赔偿限额。

第二十七条 除另有约定外,保险人对每次事故法律费用的赔偿在第三者人身损害和财产损失的赔偿金额以外另行计算,并且赔偿时不扣减每次事故免赔额,但每次事故的赔偿总额不超过约定的赔偿限额。

如果被保险人的赔偿责任同时涉及保险事故和非保险事故,并且无法区分法律费用是因何种事故而产生的,保险人按照本合同保险赔偿金额(不含法律费用)占应由被保险人承担的全部赔偿金额(不含法律费用)的比例赔偿法律费用。

第二十八条 被保险人给第三者造成损害,被保险人未向该第三者赔偿的,保险人不得向被保险人赔偿保险金。

第二十九条 发生保险事故时,如果被保险人的损失在有相同保障的其他保险项下也能够获得赔偿,则本保险人按照本保险合同的赔偿限额与其他保险合同及本合同的赔偿限额总和的比例承担赔偿责任。

其他保险人应承担的赔偿金额,本保险人不负责垫付。若被保险人未如实告知导致保险人多支付赔偿金的,保险人有权向被保险人追回多支付的部分。

第三十条 发生保险责任范围内的损失,应由有关责任方负责赔偿的,保险人自向被保险人赔偿保险金之日起,在赔偿金额范围内代位行使被保险人对有关责任方请求赔偿的权利,被保险人应当向保险人提供必要的文件和所知道的有关情况。

被保险人已经从有关责任方取得赔偿的,保险人赔偿保险金时,可以相应扣减被保险人已从有关责任方取得的赔偿金额。

保险事故发生后,在保险人未赔偿保险金之前,被保险人放弃对有关责任方请求赔偿权利的,保险人不承担赔偿责任;保险人向被保险人赔偿保险金后,被保险人未经保险人同意放弃对有关责任方请求赔偿权利的,该行为无效;由于被保险人故意或者因重大过失致使保险人不能行使代位请求赔偿的权利的,保险人可以扣减或者要求返还相应的保险金。

第三十一条 每次事故的保险赔偿结案后,保险人不再负责赔偿任何新增加的与该次保险事故相关的损失、费用或赔偿责任。

当一次保险事故涉及多名第三者时,如果保险人和被保险人双方已经确认其中部分第三者的赔偿金额,保险人可根据被保险人的申请予以先行赔付。先行赔付后,保险人不再负责赔偿与这些第三者相关的任何新增加的赔偿金。

第三十二条 保险人自收到赔偿请求和有关证明、资料之日起六十日内,对其赔偿数额不能确定的,应当根据已有证明和资料可以确定的数额先予支付;保险人最终确定赔偿保险金的数额后,应当支付相应的差额。

第三十三条 被保险人向保险人请求赔偿保险金的诉讼时效期间为二年,自其知道或者应当知道保险事故发生之日起计算。

争议处理和法律适用

第三十四条 因履行本合同发生的争议,由当事人协商解决。协商不成的,提交保险单载明的仲裁机构仲裁;保险单未载明仲裁机构且争议发生后未达成仲裁协议的,依法向中华人民共和国人民法院起诉。

第三十五条 本合同的争议处理适用中华人民共和国法律。

其 他 事 项

第三十六条 本合同成立后,投保人可要求解除本合同。投保人要求解除本合同的,应当向保险人提出书面申请,本合同自保险人收到书面申请时终止。

第三十七条 本合同成立后,保险人根据保险法规定或者本合同约定要求解除本合同的,除保险法另有规定或本合同另有约定外,本合同自解除通知送达投保人最后所留通讯地址时终止。

第三十八条 在保险单中载明的保险责任起始日前,投保人要求解除本合同的,除本合同另有约定外,投保人应当按照保险费 5% 的比例向保险人支付手续费,保险人退还已收取的保险费。

在保险单中载明的保险责任起始日后解除本合同的,除本合同另有约定外,保险人应向投保人退还未满期保险费。

如果解除时,本合同项下仍有尚未赔偿结案的保险事故,保险人可在赔偿结案后再向投保人退还未满期保险费。

释 义

第三十九条 除另有约定外,本合同中的下列词语具有如下含义:

个体经济组织:是指经工商部门批准登记注册,并领取营业执照的个体工商户。

其他合法组织:是指经法定登记程序成立并从事其注册登记范围内活动事项的团体机构

意外事故:是指不可预料的、被保险人无法控制并造成财产损失或人身损害的突发性事件。

第三者:是指除被保险人及其雇员、代表以外的自然人、法人或其他组织。

被保险人的代表:是指虽不是被保险人的雇员或其组织的一部分,但其从事的相关活动是按被保险人委托或与被保险人约定的、与被保险人之经营或活动的范围或性质有直接关联的人或组织。

人身伤害:是指死亡、肢体残疾、组织器官功能障碍及其他影响人身健康的损伤。

财产损失:是指有形财产的物质损坏,包括所引起的该财产不能使用;或有形财产虽未受实质损坏但已丧失使用价值。

自然灾害:是指雷击、暴风、暴雨、洪水、暴雪、冰雹、沙尘暴、冰凌、泥石流、崖崩、突发性滑坡、火山爆发、地面突然塌陷、地震、海啸及其他人力不可抗拒的自然现象。

每次事故:是指一名或多名第三者或其他索赔权利人基于同一原因或理由,单独或共同向被保险人提出的,属于保险责任范围内的一项或一系列索赔或民事诉讼,本合同将其视为一次保险事故,在本合同中简称为每次事故。

未满期保险费:是指保险人应退还的剩余保险期间的保险费,未满期保险费按照以下公式计算：

$$未满期保险费 = 年保险费 \times （剩余保险期间天数／保险期间天数）\times$$
$$（累计赔偿限额 - 累计赔偿金额）／累计赔偿限额$$

保险期间：是指本合同成立时保险单中载明的保险责任起始日零时起至保险责任终止日二十四时止。

保险费：是指本合同成立时保险单中载明的保险费。

累计赔偿金额：是指在实际保险期间内，保险人已支付的保险赔偿金和已发生保险事故但还未支付的保险赔偿金之和，但不包括保险人负责赔偿的（施救费用和）法律费用。

实际保险期间：是指自保险单载明的保险责任起始日零时起至本合同终止日二十四时止。

剩余保险期间：是指自本合同终止日次日零时起至保险单载明的保险责任终止日二十四时止。

10.2 交通工程建设保险条款

10.2.1 建筑工程一切险保险条款

总 则

第一条 本保险合同由保险条款、投保单、保险单以及批单组成。凡涉及本保险合同的约定，均应采用书面形式。

第一部分 物质损失保险部分

保 险 标 的

第二条 本保险合同的保险标的为：

本保险合同明细表中分项列明的在列明工地范围内的与实施工程合同相关的财产或费用，属于本保险合同的保险标的。

第三条 下列财产未经保险合同双方特别约定并在保险合同中载明保险金额的，不属于本保险合同的保险标的：

（一）施工用机具、设备、机械装置；

（二）在保险工程开始以前已经存在或形成的位于工地范围内或其周围的属于被保险人的财产；

（三）在本保险合同保险期间终止前，已经投入商业运行或业主已经接受、实际占有的财产或其中的任何一部分财产,或已经签发工程竣工证书或工程承包人已经正式提出申请验收并经业主代表验收合格的财产或其中任何一部分财产;

(四)清除残骸费用。该费用指发生保险事故后,被保险人为修复保险标的而清理施工现场所发生的必要、合理的费用。

第四条 下列财产不属于本保险合同的保险标的:

(一)文件、账册、图表、技术资料、计算机软件、计算机数据资料等无法鉴定价值的财产;

(二)便携式通讯装置、便携式计算机设备、便携式照相摄像器材以及其他便携式装置、设备;

(三)土地、海床、矿藏、水资源、动物、植物、农作物;

(四)领有公共运输行驶执照的,或已由其他保险予以保障的车辆、船舶、航空器;

(五)违章建筑、危险建筑、非法占用的财产。

保 险 责 任

第五条 在保险期间内,本保险合同分项列明的保险财产在列明的工地范围内,因本保险合同责任免除以外的任何自然灾害或意外事故造成的物质损坏或灭失(以下简称"损失"),保险人按本保险合同的约定负责赔偿。

第六条 在保险期间内,由于第五条保险责任事故发生造成保险标的的损失所产生的以下费用,保险人按照本保险合同的约定负责赔偿:

(一)保险事故发生后,被保险人为防止或减少保险标的的损失所支付的必要的、合理的费用,保险人按照本保险合同的约定也负责赔偿;

(二)对经本保险合同列明的因发生上述损失所产生的其他有关费用,保险人按本保险合同约定负责赔偿。

责 任 免 除

第七条 下列原因造成的损失、费用,保险人不负责赔偿:

(一)设计错误引起的损失和费用;

(二)自然磨损、内在或潜在缺陷、物质本身变化、自燃、自热、氧化、锈蚀、渗漏、鼠咬、虫蛀、大气(气候或气温)变化、正常水位变化或其他渐变原因造成的保险财产自身的损失和费用;

(三)因原材料缺陷或工艺不善引起的保险财产本身的损失以及为换置、修理或矫正这些缺点错误所支付的费用;

(四)非外力引起的机械或电气装置的本身损失,或施工用机具、设备、机械装置失灵造成的本身损失。

第八条 下列损失、费用,保险人也不负责赔偿:

（一）维修保养或正常检修的费用；

（二）档案、文件、账簿、票据、现金、各种有价证券、图表资料及包装物料的损失；

（三）盘点时发现的短缺；

（四）领有公共运输行驶执照的，或已由其他保险予以保障的车辆、船舶和飞机的损失；

（五）除非另有约定，在保险工程开始以前已经存在或形成的位于工地范围内或其周围的属于被保险人的财产的损失；

（六）除非另有约定，在本保险合同保险期间终止以前，保险财产中已由工程所有人签发完工验收证书或验收合格或实际占有或使用或接收部分的损失。

保险金额与免赔额(率)

第九条 涉及保险金额的问题应符合下列条款：

（一）本保险合同中列明的保险金额应不低于：

1. 建筑工程：保险工程建筑完成时的总价值，包括原材料费用、设备费用、建造费、安装费、运保费、关税、其他税项和费用，以及由工程所有人提供的原材料和设备的费用；

2. 其他保险项目：由投保人与保险人商定的金额。

（二）若投保人是以保险工程合同规定的工程概算总造价投保，投保人或被保险人应：

1. 在本保险项下工程造价中包括的各项费用因涨价或升值原因而超出保险工程造价时，必须尽快以书面通知保险人，保险人据此调整保险金额；

2. 在保险期间内对相应的工程细节作出精确记录，并允许保险人在合理的时候对该项记录进行查验；

3. 若保险工程的建造期超过三年，必须从本保险合同生效日起每隔十二个月向保险人申报当时的工程实际投入金额及调整后的工程总造价，保险人将据此调整保险费；

4. 在本保险合同列明的保险期间届满后三个月内向保险人申报最终的工程总价值，保险人据此以多退少补的方式对预收保险费进行调整。

第十条 免赔额(率)由投保人与保险人在订立保险合同时协商确定，并在保险合同中载明。

赔 偿 处 理

第十一条 对保险标的遭受的损失，保险人可选择以支付赔款或以修复、重置受损项目的方式予以赔偿，对保险标的在修复或替换过程中，被保险人进行的任何变更、性能增加或改进所产生的额外费用，保险人不负责赔偿。

第十二条 在发生本保险单项下的损失后，保险人按下列方式确定损失金额：

（一）可以修复的部分损失：以将保险财产修复至其基本恢复受损前状态的费用考虑本保险合同第四十六条约定的残值处理方式后确定的赔偿金额为准。但若修复费用等于或超过保险财产损失前的价值时，则按下列第（二）款的规定处理；

（二）全部损失或推定全损：以保险财产损失前的实际价值考虑本保险合同第四十六条约定的残值处理方式后确定的赔偿金额为准。

第十三条 保险标的发生保险责任范围内的损失，保险人按以下方式计算赔偿：

（一）保险金额等于或高于应保险金额时，按实际损失计算赔偿，最高不超过应保险金额；

（二）保险金额低于应保险金额时，按保险金额与应保险金额的比例乘以实际损失计算赔偿，最高不超过保险金额。

第十四条 每次事故保险人的赔偿金额为根据第十三条约定计算的金额扣除每次事故免赔额后的金额，或者为根据第十三条约定计算的金额扣除该金额与免赔率乘积后的金额。

保险标的在连续 72 小时内遭受暴雨、台风、洪水或其他连续发生的自然灾害所致损失视为一次单独事件，在计算赔偿时视为一次保险事故，并扣减一个相应的免赔额（率）。被保险人可自行决定 72 小时的起始时间，但若在连续数个 72 小时时间内发生损失，任何两个或两个以上 72 小时期限不得重叠。

第十五条 若本保险合同所列标的不止一项时，应分项计算赔偿，保险人对每一保险项目的赔偿责任均不得超过本保险合同明细表对应列明的分项保险金额，以及本保险合同特别条款或批单中规定的其他适用的赔偿限额。在任何情况下，保险人在本保险合同下承担的对物质损失的最高赔偿金额不得超过保险合同明细表中列明的总保险金额。

第十六条 保险标的的保险金额大于或等于其应保险金额时，被保险人为防止或减少保险标的的损失所支付的必要的、合理的费用，在保险标的的损失赔偿金额之外另行计算，最高不超过被施救标的的应保险金额。

保险标的的保险金额小于其应保险金额时，上述费用按被施救标的的保险金额与其应保险金额的比例在保险标的的损失赔偿金额之外另行计算，最高不超过被施救标的的保险金额。

被施救的财产中，含有本保险合同未承保财产的，按被施救保险标的的应保险金额与全部被施救财产价值的比例分摊施救费用。

第十七条 保险标的发生部分损失，保险人履行赔偿义务后，本保险合同的保险金额自损失发生之日起按保险人的赔偿金额相应减少，保险人不退还保险金额减少部分的保险费。如投保人请求恢复至原保险金额，应按原约定的保险费率另行支付恢复部分从投保人请求的恢复日期起至保险期间届满之日止按日比例计算的保险费。

第二部分　第三者责任保险部分

保 险 责 任

第十八条　在保险期间内,因发生与本保险合同所承保工程直接相关的意外事故引起工地内及邻近区域的第三者人身伤亡、疾病或财产损失,依法应由被保险人承担的经济赔偿责任,保险人按照本保险合同约定负责赔偿。

第十九条　本项保险事故发生后,被保险人因保险事故而被提起仲裁或者诉讼的,对应由被保险人支付的仲裁或诉讼费用以及其他必要的、合理的费用(以下简称"法律费用"),经保险人书面同意,保险人按照本保险合同约定也负责赔偿。

责 任 免 除

第二十条　下列原因造成的损失、费用,保险人不负责赔偿:

(一)由于震动、移动或减弱支撑而造成的任何财产、土地、建筑物的损失及由此造成的任何人身伤害和物质损失;

(二)领有公共运输行驶执照的车辆、船舶、航空器造成的事故。

第二十一条　下列损失、费用,保险人也不负责赔偿:

(一)本保险合同物质损失项下或本应在该项下予以负责的损失及各种费用;

(二)工程所有人、承包人或其他关系方或其所雇用的在工地现场从事与工程有关工作的职员、工人及上述人员的家庭成员的人身伤亡或疾病;

(三)工程所有人、承包人或其他关系方或其所雇用的职员、工人所有的或由上述人员所照管、控制的财产发生的损失;

(四)被保险人应该承担的合同责任,但无合同存在时仍然应由被保险人承担的法律责任不在此限。

责任限额与免赔额(率)

第二十二条　责任限额包括每次事故责任限额、每人人身伤亡责任限额、累计责任限额,由投保人与保险人协商确定,并在保险合同中载明。

第二十三条　每次事故免赔额(率)由投保人与保险人在订立保险合同时协商确定,并在保险合同中载明。

赔 偿 处 理

第二十四条　保险人的赔偿以下列方式之一确定的被保险人的赔偿责任为基础:

(一)被保险人和向其提出损害赔偿请求的索赔方协商并经保险人确认;

(二)仲裁机构裁决;

(三)人民法院判决;

（四）保险人认可的其他方式。

第二十五条 在保险期间内发生保险责任范围内的损失，保险人按以下方式计算赔偿：

（一）对于每次事故造成的损失，保险人在每次事故责任限额内计算赔偿，其中对每人人身伤亡的赔偿金额不得超过每人人身伤亡责任限额；

（二）1. 在依据本条第（一）项计算的基础上，保险人在扣除本保险合同载明的每次事故免赔额后进行赔偿，但对于人身伤亡的赔偿不扣除每次事故免赔额；

2. 在依据本条第（一）项计算的基础上，保险人在扣除按本保险合同载明的每次事故免赔率计算的每次事故免赔额后进行赔偿，但对于人身伤亡的赔偿不扣除每次事故免赔额；

（三）保险人对多次事故损失的累计赔偿金额不超过本保险合同列明的累计赔偿限额。

第二十六条 对每次事故法律费用的赔偿金额，保险人在第二十五条计算的赔偿金额以外按本保险合同的约定另行计算。

第二十七条 保险人对被保险人给第三者造成的损害，可以依照法律的规定或者本保险合同的约定，直接向该第三者赔偿保险金。

被保险人给第三者造成损害，被保险人对第三者应负的赔偿责任确定的，根据被保险人的请求，保险人应当直接向该第三者赔偿保险金。被保险人怠于请求的，第三者有权就其应获赔偿部分直接向保险人请求赔偿保险金。被保险人给第三者造成损害，被保险人未向该第三者赔偿的，保险人不得向被保险人赔偿保险金。

第三部分　通　用　条　款

责　任　免　除

第二十八条 下列原因造成的损失、费用和责任，保险人不负责赔偿：

（一）战争、类似战争行为、敌对行为、武装冲突、恐怖活动、谋反、政变；

（二）行政行为或司法行为；

（三）罢工、暴动、民众骚乱；

（四）被保险人及其代表的故意行为或重大过失行为；

（五）核裂变、核聚变、核武器、核材料、核辐射、核爆炸、核污染及其他放射性污染；

（六）大气污染、土地污染、水污染及其他各种污染。

第二十九条 下列损失、费用，保险人也不负责赔偿：

（一）工程部分停工或全部停工引起的任何损失、费用和责任；

（二）罚金、延误、丧失合同及其他后果损失；

（三）1. 本保险合同中载明的免赔额；

2. 按本保险合同中载明的免赔率计算的免赔额。

保　险　期　间

第三十条　本保险合同保险期间遵循如下约定：

（一）保险人的保险责任自保险工程在工地动工或用于保险工程的材料、设备运抵工地之时起始，至工程所有人对部分或全部工程签发完工验收证书或验收合格，或工程所有人实际占有或使用或接收该部分或全部工程之时终止，以先发生者为准。但在任何情况下，建筑期保险责任的起始或终止不得超出本保险单载明的建筑保险期间范围。

（二）不论有关合同中对试车和考核期如何规定，保险人仅在本保险合同明细表中列明的试车和考核期间内对试车和考核所引发的损失、费用和责任负责赔偿；若保险设备本身是在本次安装前已被使用过的设备或转手设备，则自其试车之时起，保险人对该项设备的保险责任即行终止。

（三）上述保险期间的展延，投保人须事先获得保险人的书面同意，否则，从本保险合同明细表中列明的建筑期保险期间终止日之后发生的任何损失、费用和责任，保险人不负责赔偿。

保　险　人　义　务

第三十一条　订立保险合同时，采用保险人提供的格式条款的，保险人向投保人提供的投保单应当附格式条款，保险人应当向投保人说明保险合同的内容。对保险合同中免除保险人责任的条款，保险人在订立合同时应当在投保单、保险单或者批单上作出足以引起投保人注意的提示，并对该条款的内容以书面或者口头形式向投保人作出明确说明；未作提示或者明确说明的，该条款不产生效力。

第三十二条　本保险合同成立后，保险人应当及时向投保人签发保险单或批单。

第三十三条　保险人依据第三十七条所取得的保险合同解除权，自保险人知道有解除事由之日起，超过三十日不行使而消灭。自保险合同成立之日起超过二年的，保险人不得解除合同；发生保险事故的，保险人承担赔偿责任。

保险人在合同订立时已经知道投保人未如实告知的情况的，保险人不得解除合同；发生保险事故的，保险人应当承担赔偿责任。

第三十四条　保险人按照第四十三条的约定，认为被保险人提供的有关索赔的证明和资料不完整的，应当及时一次性通知投保人、被保险人补充提供。

第三十五条　保险人收到被保险人的赔偿保险金的请求后，应当及时作出是否属于保险责任的核定；情形复杂的，应当在三十日内作出核定，但保险合同另有约定的除外。

保险人应当将核定结果通知被保险人；对属于保险责任的，在与被保险人达成赔偿保险金的协议后十日内，履行赔偿保险金义务。保险合同对赔偿保险金的期限有约定的,保险人应当按照约定履行赔偿保险金的义务。保险人依照前款约定作出核定后,对不属于保险责任的,应当自作出核定之日起三日内向被保险人发出拒绝赔偿保险金通知书,并说明理由。

第三十六条 保险人自收到赔偿保险金的请求和有关证明、资料之日起六十日内,对其赔偿保险金的数额不能确定的,应当根据已有证明和资料可以确定的数额先予支付;保险人最终确定赔偿的数额后,应当支付相应的差额。

投保人、被保险人义务

第三十七条 订立保险合同,保险人就保险标的或者被保险人的有关情况提出询问的,投保人应当如实告知。

投保人故意或者因重大过失未履行前款规定的如实告知义务,足以影响保险人决定是否同意承保或者提高保险费率的,保险人有权解除保险合同。

投保人故意不履行如实告知义务的,保险人对于合同解除前发生的保险事故,不承担赔偿责任,并不退还保险费。

投保人因重大过失未履行如实告知义务,对保险事故的发生有严重影响的,保险人对于合同解除前发生的保险事故,不承担赔偿责任,但应当退还保险费。

第三十八条 投保人应按约定交付保险费。

约定一次性交付保险费的,投保人在约定交费日后交付保险费的,保险人对交费之前发生的保险事故不承担保险责任。

约定分期交付保险费的,保险人按照保险事故发生前保险人实际收取保险费总额与投保人应当交付的保险费的比例承担保险责任,投保人应当交付的保险费是指截至保险事故发生时投保人按约定分期应该缴纳的保费总额。

第三十九条 被保险人应当遵守国家有关消防、安全、生产操作等方面的相关法律、法规及规定,谨慎选用施工人员,遵守一切与施工有关的法规、技术规程和安全操作规程,维护保险标的的安全。

保险人及其代表有权在适当的时候对保险标的的风险情况进行现场查验。被保险人应提供一切便利及保险人要求的用以评估有关风险的详情和资料,但上述查验并不构成保险人对被保险人的任何承诺。保险人向投保人、被保险人提出消除不安全因素和隐患的书面建议,投保人、被保险人应该认真付诸实施。

投保人、被保险人未按照约定履行其对保险标的的安全应尽责任的,保险人有权要求增加保险费或者解除合同。

第四十条 保险标的转让的,被保险人或者受让人应当及时通知保险人。

因保险标的转让导致危险程度显著增加的,保险人自收到前款规定的通知之日起三十日内,可以按照合同约定增加保险费或者解除合同。保险人解除合同的,应当将已收取的保险费,按照合同约定扣除自保险责任开始之日起至合同解除之日止应收的部分后,退还投保人。

被保险人、受让人未履行本条规定的通知义务的,因转让导致保险标的危险程度显著增加而发生的保险事故,保险人不承担赔偿责任。

第四十一条 在保险期间内,被保险人在工程设计、施工方式、工艺、技术手段等方面发生改变致使保险工程风险程度显著增加或其他足以影响保险人决定是否继续承保或是否增加保险费的保险合同重要事项变更,被保险人应及时书面通知保险人,保险人有权要求增加保险费或者解除合同。保险人解除合同的,应当将已收取的保险费,按照合同约定扣除自保险责任开始之日起至合同解除之日止应收的部分后,退还投保人。

被保险人未履行通知义务,因上述保险合同重要事项变更而导致保险事故发生的,保险人不承担赔偿责任。

第四十二条 投保人、被保险人知道保险事故发生后,被保险人应该:

(一)尽力采取必要、合理的措施,防止或减少损失,否则,对因此扩大的损失,保险人不承担赔偿责任;

(二)立即通知保险人,并书面说明事故发生的原因、经过和损失情况;故意或者因重大过失未及时通知,致使保险事故的性质、原因、损失程度等难以确定的,保险人对无法确定的部分,不承担赔偿责任,但保险人通过其他途径已经及时知道或者应当及时知道保险事故发生的除外;

(三)保护事故现场,允许并且协助保险人进行事故调查,对于拒绝或者妨碍保险人进行事故调查导致无法确定事故原因或核实损失情况的,保险人对无法确定或核实的部分不承担赔偿责任;

(四)在保险财产遭受盗窃或恶意破坏时,立即向公安部门报案;

(五)在预知可能引起第三者责任险项下的诉讼时,立即以书面形式通知保险人,并在接到法院传票或其他法律文件后,立即将其送交保险人。

第四十三条 被保险人向保险人请求赔偿时,应向保险人提交保险单、索赔申请、财产损失清单、有关部门的损失证明以及其他投保人、被保险人所能提供的与确认保险事故的性质、原因、损失程度等有关的证明和资料。

投保人、被保险人未履行前款约定的索赔材料提供义务,导致保险人无法核实损失情况的,保险人对无法核实的部分不承担赔偿责任。

第四十四条 若在某一保险财产中发现的缺陷表明或预示类似缺陷亦存在于其他保险财产中时,被保险人应立即自付费用进行调查并纠正该缺陷。否则,由该缺陷或类似缺陷造成的损失保险人不承担赔偿责任。

赔 偿 处 理

第四十五条 保险事故发生时,被保险人对保险标的不具有保险利益的,不得向保险人请求赔偿保险金。

第四十六条 保险标的遭受损失后,如果有残余价值,应由双方协商处理。若协商残值归被保险人所有,应在赔偿金额中扣减残值。

第四十七条 保险事故发生时,如果存在重复保险,保险人按照本保险合同的相应保险金额与其他保险合同及本保险合同相应保险金额总和的比例承担赔偿责任。

其他保险人应承担的赔偿金额,本保险人不负责垫付。若被保险人未如实告知导致保险人多支付赔偿金的,保险人有权向被保险人追回多支付的部分。

第四十八条 发生保险责任范围内的损失,应由有关责任方负责赔偿的,保险人自向被保险人赔偿保险金之日起,在赔偿金额范围内代位行使被保险人对有关责任方请求赔偿的权利,被保险人应当向保险人提供必要的文件和所知道的有关情况。

被保险人已经从有关责任方取得赔偿的,保险人赔偿保险金时,可以相应扣减被保险人已从有关责任方取得的赔偿金额。

保险事故发生后,在保险人未赔偿保险金之前,被保险人放弃对有关责任方请求赔偿权利的,保险人不承担赔偿责任;保险人向被保险人赔偿保险金后,被保险人未经保险人同意放弃对有关责任方请求赔偿权利的,该行为无效;由于被保险人故意或者因重大过失致使保险人不能行使代位请求赔偿的权利的,保险人可以扣减或者要求返还相应的保险金。

第四十九条 被保险人向保险人请求赔偿的诉讼时效期间为二年,自其知道或者应当知道保险事故发生之日起计算。

争 议 处 理

第五十条 因履行本保险合同发生的争议,由当事人协商解决。协商不成的,提交保险单载明的仲裁机构仲裁;保险单未载明仲裁机构且争议发生后未达成仲裁协议的,依法向人民法院起诉。

第五十一条 与本保险合同有关的以及履行本保险合同产生的一切争议,适用中华人民共和国法律(不包括港澳台地区法律)。

其 他 事 项

第五十二条 保险标的发生部分损失的,自保险人赔偿之日起三十日内,投保人可以解除合同;除合同另有约定外,保险人也可以解除合同,但应当提前十五日通知投保人。

保险合同依据前款规定解除的,保险人应当将保险标的的未受损失部分的保险费,按照合同约定扣除自保险责任开始之日起至合同解除之日止应收的部分后,退还投保人。

第五十三条 保险责任开始前,投保人要求解除保险合同的,应当按本保险合同的约定向保险人支付手续费,保险人应当退还保险费。保险人要求解除保险合同的,不得向投保人收取手续费并应退还已收取的保险费。

保险责任开始后,投保人要求解除保险合同的,自通知保险人之日起,保险合同解除,保险人按照保险责任开始之日起至合同解除之日止期间与保险期间的日比例计收保险费,并退还剩余部分保险费;保险人要求解除保险合同的,应提前十五日向投保人发出解约通知书,保险人按照保险责任开始之日起至合同解除之日止期间与保险期间的日比例计收保险费,并退还剩余部分保险费。

第五十四条 保险标的发生全部损失,属于保险责任的,保险人在履行赔偿义务后,本保险合同终止;不属于保险责任的,本保险合同终止,保险人按照保险责任开始之日起至合同解除之日止期间与保险期间的日比例计收保险费,并退还剩余部分保险费。

释 义

第五十五条 本保险合同涉及下列术语时,适用下列释义:

(一)自然灾害:指地震、海啸、雷击、暴雨、洪水、暴风、龙卷风、冰雹、台风、飓风、沙尘暴、暴雪、冰凌、突发性滑坡、崩塌、泥石流、地面突然下陷下沉及其他人力不可抗拒的破坏力强大的自然现象。

1. **地震**:指地下岩石的构造活动或火山爆发产生的地面震动。由于地震的强度不同,其破坏力也存在很大的区别,一般保险针对的是破坏性地震,根据国家地震局的有关规定,震级在 4.75 级以上且烈度在 6 级以上的地震为破坏性地震。

2. **海啸**:指由于地震或风暴而造成的海面巨大涨落现象,按成因分为地震海啸和风暴海啸两种。地震海啸是伴随地震而形成的,即海底地壳发生断裂,引起剧烈的震动,产生巨大的波浪。风暴海啸是强大低气压在通过时,海面异常升起的现象。

3. **雷击**:指由雷电造成的灾害。雷电为积雨云中、云间或云地之间产生的放电现象。雷击的破坏形式分直接雷击与感应雷击两种。

(1)直接雷击:由于雷电直接击中保险标的造成损失,属直接雷击责任。

(2)感应雷击:由于雷击产生的静电感应或电磁感应使屋内对地绝缘金属物体产生高电位放出火花引起的火灾,导致电器本身的损毁,或因雷电的高电压感应,致使电器部件的损毁,属感应雷击责任。

4. **暴雨**:指每小时降雨量达 16 毫米以上,或连续 12 小时降雨量达 30 毫米以上,或连续 24 小时降雨量达 50 毫米以上的降雨。

5. **洪水**:指山洪暴发、江河泛滥、潮水上岸及倒灌。但规律性的涨潮、自动灭火设施漏水以及在常年水位以下或地下渗水、水管暴裂不属于洪水责任。

6. **暴风**:指风力达 8 级、风速在 17.2 米/秒以上的自然风。

7. **龙卷风**:指一种范围小而时间短的猛烈旋风,陆地上平均最大风速在 79 米/秒~103 米/秒,极端最大风速在 100 米/秒以上。

8. **冰雹**:指从强烈对流的积雨云中降落到地面的冰块或冰球,直径大于 5 毫米,核心坚硬的固体降水。

9. **台风、飓风**：台风指中心附近最大平均风力 12 级或以上，即风速在 32.6 米/秒以上的热带气旋；飓风是一种与台风性质相同、但出现的位置区域不同的热带气旋，台风出现在西北太平洋海域，而飓风出现在印度洋、大西洋海域。

10. **沙尘暴**：指强风将地面大量尘沙吹起，使空气很混浊，水平能见度小于 1 公里的天气现象。

11. **暴雪**：指连续 12 小时的降雪量大于或等于 10 毫米的降雪现象。

12. **冰凌**：指春季江河解冻期时冰块飘浮遇阻，堆积成坝，堵塞江道，造成水位急剧上升，以致江水溢出江道，蔓延成灾。

陆上有些地区，如山谷风口或酷寒致使雨雪在物体上结成冰块，成下垂形状，越结越厚，重量增加，由于下垂的拉力致使物体毁坏，也属冰凌责任。

13. **突发性滑坡**：斜坡上不稳的岩土体或人为堆积物在重力作用下突然整体向下滑动的现象。

14. **崩塌**：石崖、土崖、岩石受自然风化、雨蚀造成崩溃下塌，以及大量积雪在重力作用下从高处突然崩塌滚落。

15. **泥石流**：由于雨水、冰雪融化等水源激发的、含有大量泥沙石块的特殊洪流。

16. **地面突然下陷下沉**：地壳因为自然变异，地层收缩而发生突然塌陷。对于因海潮、河流、大雨侵蚀或在建筑房屋前没有掌握地层情况，地下有孔穴、矿穴，以致地面突然塌陷，也属地面突然下陷下沉。但未按建筑施工要求导致建筑地基下沉、裂缝、倒塌等，不在此列。

（二）意外事故：指不可预料的以及被保险人无法控制并造成物质损失或人身伤亡的突发性事件，包括火灾和爆炸。

1. **火灾**

在时间或空间上失去控制的燃烧所造成的灾害。构成本保险的火灾责任必须同时具备以下 3 个条件：

（1）有燃烧现象，即有热有光有火焰；

（2）偶然、意外发生的燃烧；

（3）燃烧失去控制并有蔓延扩大的趋势。

因此，仅有燃烧现象并不等于构成本保险中的火灾责任。在生产、生活中有目的用火，如为了防疫而焚毁玷污的衣物，点火烧荒等属正常燃烧，不同于火灾责任。

因烘、烤、烫、烙造成焦糊变质等损失，既无燃烧现象，又无蔓延扩大趋势，也不属于火灾责任。

电机、电器、电气设备因使用过度、超电压、碰线、弧花、漏电、自身发热所造成的本身损毁，不属于火灾责任。但如果发生了燃烧并失去控制蔓延扩大，才构成火灾责任，并对电机、电器、电气设备本身的损失负责赔偿。

2. 爆炸

爆炸分物理性爆炸和化学性爆炸。

（1）物理性爆炸：由于液体变为蒸汽或气体膨胀，压力急剧增加并大大超过容器所能承受的极限压力，因而发生爆炸。如锅炉、空气压缩机、压缩气体钢瓶、液化气罐爆炸等。关于锅炉、压力容器爆炸的定义是：锅炉或区力容器在使用中或试压时发生破裂，使压力瞬时降到等于外界大气压力的事故，称为"爆炸事故"。

（2）化学性爆炸：物体在瞬息分解或燃烧时放出大量的热和气体，并以很大的压力向四周扩散的现象。如火药爆炸、可燃性粉尘纤维爆炸、可燃气体爆炸及各种化学物品的爆炸等。

因物体本身的瑕疵，使用损耗或产品质量低劣以及由于容器内部承受"负压"（内压比外压小）造成的损失，不属于爆炸责任。

（三）应保险金额：根据本保险合同第九条（一）、（二）款确定的保险金额。

10.2.2 安装工程一切险条款

总　　则

第一条　本保险合同由保险条款、投保单、保险单以及批单组成。凡涉及本保险合同的约定，均应采用书面形式。

第一部分　物质损失保险部分

保　险　标　的

第二条　本保险合同的保险标的为：

本保险合同明细表中分项列明的在列明工地范围内的与实施工程合同相关的财产或费用，属于本保险合同的保险标的。

第三条　下列财产未经保险合同双方特别约定并在保险合同中载明应保险金额的，不属于本保险合同的保险标的：

（一）施工用机具、设备、机械装置；

（二）在保险工程开始以前已经存在或形成的位于工地范围内或其周围的属于被保险人的财产；

（三）在本保险合同保险期间终止前，已经投入商业运行或业主已经接受、实际占有的财产或其中的任何一部分财产，或已经签发工程竣工证书或工程承包人已经正式提出申请验收并经业主代表验收合格的财产或其中任何一部分财产；

（四）清除残骸费用。该费用指发生保险事故后，被保险人为修复保险标的而清理施工现场所发生的必要、合理的费用。

第四条 下列财产不属于本保险合同的保险标的：

（一）文件、账册、图表、技术资料、计算机软件、计算机数据资料等无法鉴定价值的财产；

（二）便携式通讯装置、便携式计算机设备、便携式照相摄像器材以及其他便携式装置、设备；

（三）土地、海床、矿藏、水资源、动物、植物、农作物；

（四）领有公共运输行驶执照的，或已由其他保险予以保障的车辆、船舶、航空器；

（五）违章安装、危险安装、非法占用的财产。

保 险 责 任

第五条 在保险期间内，本保险合同分项列明的保险财产在列明的工地范围内，因本保险合同责任免除以外的任何自然灾害或意外事故造成的物质损坏或灭失（以下简称"损失"），保险人按本保险合同的约定负责赔偿。

第六条 在保险期间内，由于第五条保险责任事故发生造成保险标的的损失所产生的以下费用，保险人按照本保险合同的约定负责赔偿：

（一）保险事故发生后，被保险人为防止或减少保险标的的损失所支付的必要的、合理的费用，保险人按照本保险合同的约定也负责赔偿。

（二）对经本保险合同列明的因发生上述损失所产生的其他有关费用，保险人按本保险合同约定负责赔偿。

责 任 免 除

第七条 下列原因造成的损失、费用，保险人不负责赔偿：

（一）因设计错误、铸造或原材料缺陷或工艺不善引起的保险财产本身的损失以及为换置、修理或矫正这些缺点错误所支付的费用；

（二）自然磨损、内在或潜在缺陷、物质本身变化、自燃、自热、氧化、锈蚀、渗漏、鼠咬、虫蛀、大气（气候或气温）变化、正常水位变化或其他渐变原因造成的保险财产自身的损失和费用；

（三）由于超负荷、超电压、碰线、电弧、漏电、短路、大气放电及其他电气原因造成电气设备或电气用具本身的损失；

（四）施工用机具、设备、机械装置失灵造成的本身损失。

第八条 下列损失、费用，保险人也不负责赔偿：

（一）维修保养或正常检修的费用；

（二）档案、文件、账簿、票据、现金、各种有价证券、图表资料及包装物料的损失；

（三）盘点时发现的短缺；

（四）领有公共运输行驶执照的，或已由其他保险予以保障的车辆、船舶和飞机的损失；

（五）除非另有约定，在保险工程开始以前已经存在或形成的位于工地范围内或其周围的属于被保险人的财产的损失；

（六）除非另有约定，在本保险合同保险期间终止以前，保险财产中已由工程所有人签发完工验收证书或验收合格或实际占有或使用或接收部分的损失。

保险金额与免赔额(率)

第九条 涉及保险金额的问题应符合下列条款：

（一）本保险合同中列明的保险金额应不低于：

1. 安装工程：保险工程安装完成时的总价值，包括设备费用、原材料费用、安装费、建造费、运输费和保险费、关税、其他税项和费用，以及由工程所有人提供的原材料和设备的费用；

2. 其他保险项目：由投保人与保险人商定的金额。

（二）若投保人是以保险工程合同规定的工程概算总造价投保，投保人或被保险人应：

1. 在本保险项下工程造价中包括的各项费用因涨价或升值原因而超出保险工程造价时，必须尽快以书面通知保险人，保险人据此调整保险金额；

2. 在保险期间内对相应的工程细节作出精确记录，并允许保险人在合理的时候对该项记录进行查验；

3. 若保险工程的安装期超过 3 年，必须从本保险合同生效日起每隔 12 个月向保险人申报当时的工程实际投入金额及调整后的工程总造价，保险人将据此调整保险费；

4. 在本保险合同列明的保险期间届满后 3 个月内向保险人申报最终的工程总价值，保险人据此以多退少补的方式对预收保险费进行调整。

第十条 免赔额(率)由投保人与保险人在订立保险合同时协商确定，并在保险合同中载明。

赔 偿 处 理

第十一条 对保险标的遭受的损失，保险人可选择以支付赔款或以修复、重置受损项目的方式予以赔偿，对保险标的在修复或替换过程中，被保险人进行的任何变更、性能增加或改进所产生的额外费用，保险人不负责赔偿。

第十二条 在发生本保险单项下的损失后，保险人按下列方式确定损失金额：

（一）可以修复的部分损失：以将保险财产修复至其基本恢复受损前状态的费用考虑本保险合同第四十五条约定的残值处理方式后确定的赔偿金额为准。但若修复费用等于或超过保险财产损失前的价值时，则按下列第(二)款的规定处理；

（二）全部损失或推定全损：以保险财产损失前的实际价值考虑本保险合同第四十

五条约定的残值处理方式后确定的赔偿金额为准;

（三）任何属于成对或成套的设备项目,若发生损失,保险人的赔偿责任不超过该受损项目在所属整对或整套设备项目的保险金额中所占的比例。

第十三条　保险标的发生保险责任范围内的损失,保险人按以下方式计算赔偿:

（一）保险金额等于或高于应保险金额时,按实际损失计算赔偿,最高不超过应保险金额;

（二）保险金额低于应保险金额时,按保险金额与应保险金额的比例乘以实际损失计算赔偿,最高不超过保险金额。

第十四条　每次事故保险人的赔偿金额为根据第十三条约定计算的金额扣除每次事故免赔额后的金额,或者为根据第十三条约定计算的金额扣除该金额与免赔率乘积后的金额。

保险标的在连续 72 小时内遭受暴雨、台风、洪水或其他连续发生的自然灾害所致损失视为一次单独事件,在计算赔偿时视为一次保险事故,并扣减一个相应的免赔额（率）。被保险人可自行决定 72 小时的起始时间,但若在连续数个 72 小时时间内发生损失,任何两个或两个以上 72 小时期限不得重叠。

第十五条　若本保险合同所列标的不止一项,应分项计算赔偿,保险人对每一保险项目的赔偿责任均不得超过本保险合同明细表对应列明的分项保险金额,以及本保险合同特别条款或批单中规定的其他适用的赔偿限额。在任何情况下,保险人在本保险合同下承担的对物质损失的最高赔偿金额不得超过保险合同明细表中列明的总保险金额。

第十六条　保险标的的保险金额大于或等于其应保险金额时,被保险人为防止或减少保险标的的损失所支付的必要的、合理的费用,在保险标的损失赔偿金额之外另行计算,最高不超过被施救标的的应保险金额。

保险标的的保险金额小于其应保险金额时,上述费用按被施救标的的保险金额与其应保险金额的比例在保险标的损失赔偿金额之外另行计算,最高不超过被施救标的的保险金额。

被施救的财产中,含有本保险合同未承保财产的,按被施救保险标的的应保险金额与全部被施救财产价值的比例分摊施救费用。

第十七条　保险标的发生部分损失,保险人履行赔偿义务后,本保险合同的保险金额自损失发生之日起按保险人的赔偿金额相应减少,保险人不退还保险金额减少部分的保险费。如投保人请求恢复至原保险金额,应按原约定的保险费率另行支付恢复部分从投保人请求的恢复日期起至保险期间届满之日止按日比例计算的保险费。

第二部分　第三者责任保险部分

保　险　责　任

第十八条　在保险期间内,因发生与本保险合同所承保工程直接相关的意外事故引起工地内及邻近区域的第三者人身伤亡、疾病或财产损失,依法应由被保险人承担的经济赔偿责任,保险人按照本保险合同约定负责赔偿。

第十九条 本项保险事故发生后,被保险人因保险事故而被提起仲裁或者诉讼的,对应由被保险人支付的仲裁或诉讼费用以及其他必要的、合理的费用(以下简称"法律费用"),经保险人书面同意,保险人按照本保险合同约定也负责赔偿。

责 任 免 除

第二十条 下列损失、费用,保险人不负责赔偿:

(一)本保险合同物质损失项下或本应在该项下予以负责的损失及各种费用;

(二)工程所有人、承包人或其他关系方或其所雇用的在工地现场从事与工程有关工作的职员、工人及上述人员的家庭成员的人身伤亡或疾病;

(三)工程所有人、承包人或其他关系方或其所雇用的职员、工人所有的或由上述人员所照管、控制的财产发生的损失;

(四)领有公共运输行驶执照的车辆、船舶、航空器造成的事故;

(五)被保险人应该承担的合同责任,但无合同存在时仍然应由被保险人承担的法律责任不在此限。

责任限额与免赔额(率)

第二十一条 责任限额包括每次事故责任限额、每人人身伤亡责任限额、累计责任限额,由投保人与保险人协商确定,并在保险合同中载明。

第二十二条 每次事故免赔额(率)由投保人与保险人在订立保险合同时协商确定,并在保险合同中载明。

赔 偿 处 理

第二十三条 保险人的赔偿以下列方式之一确定的被保险人的赔偿责任为基础:

(一)被保险人和向其提出损害赔偿请求的索赔方协商并经保险人确认;

(二)仲裁机构裁决;

(三)人民法院判决;

(四)保险人认可的其他方式。

第二十四条 在保险期间内发生保险责任范围内的损失,保险人按以下方式计算赔偿:

(一)对于每次事故造成的损失,保险人在每次事故责任限额内计算赔偿,其中对每人人身伤亡的赔偿金额不得超过每人人身伤亡责任限额;

（二）1. 在依据本条第（一）项计算的基础上，保险人在扣除本保险合同载明的每次事故免赔额后进行赔偿，但对于人身伤亡的赔偿不扣除每次事故免赔额；

2. 在依据本条第（一）项计算的基础上，保险人在扣除按本保险合同载明的每次事故免赔率计算的每次事故免赔额后进行赔偿，但对于人身伤亡的赔偿不扣除每次事故免赔额；

（三）保险人对多次事故损失的累计赔偿金额不超过本保险合同列明的累计赔偿限额。

第二十五条 对每次事故法律费用的赔偿金额，保险人在第二十四条计算的赔偿金额以外按本保险合同的约定另行计算。

第二十六条 保险人对被保险人给第三者造成的损害，可以依照法律的规定或者合同的约定，直接向该第三者赔偿保险金。

被保险人给第三者造成损害，被保险人对第三者应负的赔偿责任确定的，根据被保险人的请求，保险人应当直接向该第三者赔偿保险金。被保险人怠于请求的，第三者有权就其应获赔偿部分直接向保险人请求赔偿保险金。被保险人给第三者造成损害，被保险人未向该第三者赔偿的，保险人不得向被保险人赔偿保险金。

第三部分　通　用　条　款

责　任　免　除

第二十七条 下列原因造成的损失、费用和责任，保险人不负责赔偿：

（一）战争、类似战争行为、敌对行为、武装冲突、恐怖活动、谋反、政变；

（二）行政行为或司法行为；

（三）罢工、暴动、民众骚乱；

（四）被保险人及其代表的故意行为或重大过失行为；

（五）核裂变、核聚变、核武器、核材料、核辐射、核爆炸、核污染及其他放射性污染；

（六）大气污染、土地污染、水污染及其他各种污染。

第二十八条 下列损失、费用，保险人也不负责赔偿：

（一）工程部分停工或全部停工引起的任何损失、费用和责任；

（二）罚金、延误、丧失合同及其他后果损失；

（三）1. 本保险合同中载明的免赔额；

2. 按本保险合同中载明的免赔率计算的免赔额。

保　险　期　间

第二十九条 本保险合同保险期间遵循如下约定：

（一）保险人的保险责任自保险工程在工地动工或用于保险工程的材料、设备运抵工地之时起始,至工程所有人对部分或全部工程签发完工验收证书或验收合格,或工程所有人实际占有或使用或接收该部分或全部工程之时终止,以先发生者为准。但在任何情况下,安工期保险责任的起始或终止不得超出本保险合同载明的安工保险期间范围。

(二)不论有关合同中对试车和考核期如何规定,保险人仅在本保险合同明细表中列明的试车和考核期间内对试车和考核所引发的损失、费用和责任负责赔偿;若保险设备本身是在本次安装前已被使用过的设备或转手设备,则自其试车之时起,保险人对该项设备的保险责任即行终止。

(三)上述保险期间的展延,投保人须事先获得保险人的书面同意,否则,从本保险合同明细表中列明的安工期保险期间终止日之后发生的任何损失、费用和责任,保险人不负责赔偿。

保 险 人 义 务

第三十条 订立保险合同时,采用保险人提供的格式条款的,保险人向投保人提供的投保单应当附格式条款,保险人应当向投保人说明保险合同的内容。对保险合同中免除保险人责任的条款,保险人在订立合同时应当在投保单、保险单或者批单上作出足以引起投保人注意的提示,并对该条款的内容以书面或者口头形式向投保人作出明确说明;未作提示或者明确说明的,该条款不产生效力。

第三十一条 本保险合同成立后,保险人应当及时向投保人签发保险单或批单。

第三十二条 保险人依据第三十六条所取得的保险合同解除权,自保险人知道有解除事由之日起,超过三十日不行使而消灭。自保险合同成立之日起超过二年的,保险人不得解除合同;发生保险事故的,保险人承担赔偿责任。

保险人在合同订立时已经知道投保人未如实告知的情况的,保险人不得解除合同;发生保险事故的,保险人应当承担赔偿责任。

第三十三条 保险人按照第四十二条的约定,认为被保险人提供的有关索赔的证明和资料不完整的,应当及时一次性通知投保人、被保险人补充提供。

第三十四条 保险人收到被保险人的赔偿保险金的请求后,应当及时作出是否属于保险责任的核定;情形复杂的,应当在三十日内作出核定,但保险合同另有约定的除外。

保险人应当将核定结果通知被保险人;对属于保险责任的,在与被保险人达成赔偿保险金的协议后十日内,履行赔偿保险金义务。保险合同对赔偿保险金的期限有约定的,保险人应当按照约定履行赔偿保险金的义务。保险人依照前款约定作出核定后,对不属于保险责任的,应当自作出核定之日起三日内向被保险人发出拒绝赔偿保险金通知书,并说明理由。

第三十五条 保险人自收到赔偿保险金的请求和有关证明、资料之日起六十日内,对其赔偿保险金的数额不能确定的,应当根据已有证明和资料可以确定的数额先予支付;保险人最终确定赔偿的数额后,应当支付相应的差额。

投保人、被保险人义务

第三十六条 订立保险合同,保险人就保险标的或者被保险人的有关情况提出询问的,投保人应当如实告知。

投保人故意或者因重大过失未履行前款规定的如实告知义务,足以影响保险人决定是否同意承保或者提高保险费率的,保险人有权解除保险合同。

投保人故意不履行如实告知义务的,保险人对于合同解除前发生的保险事故,不承担赔偿责任,并不退还保险费。

投保人因重大过失未履行如实告知义务,对保险事故的发生有严重影响的,保险人对于合同解除前发生的保险事故,不承担赔偿责任,但应当退还保险费。

第三十七条 投保人应按约定交付保险费。

约定一次性交付保险费的,投保人在约定交费日后交付保险费的,保险人对交费之前发生的保险事故不承担保险责任。

约定分期交付保险费的,保险人按照保险事故发生前保险人实际收取保险费总额与投保人应当交付的保险费的比例承担保险责任,投保人应当交付的保险费是指截至保险事故发生时投保人按约定分期应该缴纳的保费总额。

第三十八条 被保险人应当遵守国家有关消防、安全、生产操作等方面的相关法律、法规及规定,谨慎选用施工人员,遵守一切与施工有关的法规、技术规程和安全操作规程,维护保险标的的安全。

保险人及其代表有权在适当的时候对保险标的的风险情况进行现场查验。被保险人应提供一切便利及保险人要求的用以评估有关风险的详情和资料,但上述查验并不构成保险人对被保险人的任何承诺。保险人向投保人、被保险人提出消除不安全因素和隐患的书面建议,投保人、被保险人应该认真付诸实施。

投保人、被保险人未按照约定履行其对保险标的的安全应尽责任的,保险人有权要求增加保险费或者解除合同。

第三十九条 保险标的转让的,被保险人或者受让人应当及时通知保险人。

因保险标的转让导致危险程度显著增加的,保险人自收到前款规定的通知之日起三十日内,可以按照合同约定增加保险费或者解除合同。保险人解除合同的,应当将已收取的保险费,按照合同约定扣除自保险责任开始之日起至合同解除之日止应收的部分后,退还投保人。

被保险人、受让人未履行本条规定的通知义务的,因转让导致保险标的危险程度显著增加而发生的保险事故,保险人不承担赔偿责任。

第四十条 在保险期间内,被保险人在工程设计、施工方式、工艺、技术手段等方面发生改变致使保险工程风险程度显著增加或其他足以影响保险人决定是否继续承保或是否增加保险费的保险合同重要事项变更,被保险人应及时书面通知保险人,保险人有权要求增加保险费或者解除合同。保险人解除合同的,应当将已收取的保险费,按照合同约定扣除自保险责任开始之日起至合同解除之日止应收的部分后,退还投保人。

被保险人未履行通知义务,因上述保险合同重要事项变更而导致保险事故发生的,保险人不承担赔偿责任。

第四十一条 投保人、被保险人知道保险事故发生后,应当立即通知保险人,被保险人应该:

(一)尽力采取必要、合理的措施,防止或减少损失,否则,对因此扩大的损失,保险人不承担赔偿责任;

(二)立即通知保险人,并书面说明事故发生的原因、经过和损失情况;故意或者因重大过失未及时通知,致使保险事故的性质、原因、损失程度等难以确定的,保险人对无法确定的部分,不承担赔偿责任,但保险人通过其他途径已经及时知道或者应当及时知道保险事故发生的除外;

(三)保护事故现场,允许并且协助保险人进行事故调查;对于拒绝或者妨碍保险人进行事故调查导致无法确定事故原因或核实损失情况的,保险人对无法确定或核实的部分不承担赔偿责任;

(四)在保险财产遭受盗窃或恶意破坏时,立即向公安部门报案;

(五)在预知可能引起第三者责任险项下的诉讼时,立即以书面形式通知保险人,并在接到法院传票或其他法律文件后,立即将其送交保险人。

第四十二条 被保险人向保险人请求赔偿时,应向保险人提交保险单、索赔申请、财产损失清单、有关部门的损失证明以及其他投保人、被保险人所能提供的与确认保险事故的性质、原因、损失程度等有关的证明和资料。

投保人、被保险人未履行前款约定的索赔材料提供义务,导致保险人无法核实损失情况的,保险人对无法核实的部分不承担赔偿责任。

第四十三条 若在某一保险财产中发现的缺陷表明或预示类似缺陷亦存在于其他保险财产中时,被保险人应立即自付费用进行调查并纠正该缺陷。否则,由该缺陷或类似缺陷造成的损失保险人不承担赔偿责任。

赔 偿 处 理

第四十四条 保险事故发生时,被保险人对保险标的不具有保险利益的,不得向保险人请求赔偿保险金。

第四十五条 保险标的遭受损失后,如果有残余价值,应由双方协商处理。若协商残值归被保险人所有,应在赔偿金额中扣减残值。

第四十六条 保险事故发生时,如果存在重复保险,保险人按照本保险合同的相应保险金额与其他保险合同及本保险合同相应保险金额总和的比例承担赔偿责任。

其他保险人应承担的赔偿金额,本保险人不负责垫付。若被保险人未如实告知导致保险人多支付赔偿金的,保险人有权向被保险人追回多支付的部分。

第四十七条 发生保险责任范围内的损失,应由有关责任方负责赔偿的,保险人自向被保险人赔偿保险金之日起,在赔偿金额范围内代位行使被保险人对有关责任方请求赔偿的权利,被保险人应当向保险人提供必要的文件和所知道的有关情况。

被保险人已经从有关责任方取得赔偿的,保险人赔偿保险金时,可以相应扣减被保险人已从有关责任方取得的赔偿金额。

保险事故发生后,在保险人未赔偿保险金之前,被保险人放弃对有关责任方请求赔偿权利的,保险人不承担赔偿责任;保险人向被保险人赔偿保险金后,被保险人未经保险人同意放弃对有关责任方请求赔偿权利的,该行为无效;由于被保险人故意或者因重大过失致使保险人不能行使代位请求赔偿的权利的,保险人可以扣减或者要求返还相应的保险金。

第四十八条 被保险人向保险人请求赔偿的诉讼时效期间为二年,自其知道或者应当知道保险事故发生之日起计算。

争 议 处 理

第四十九条 因履行本保险合同发生的争议,由当事人协商解决。协商不成的,提交保险单载明的仲裁机构仲裁;保险单未载明仲裁机构且争议发生后未达成仲裁协议的,依法向人民法院起诉。

第五十条 与本保险合同有关的以及履行本保险合同产生的一切争议,适用中华人民共和国法律(不包括港澳台地区法律)。

其 他 事 项

第五十一条 保险标的发生部分损失的,自保险人赔偿之日起三十日内,投保人可以解除合同;除合同另有约定外,保险人也可以解除合同,但应当提前十五日通知投保人。

保险合同依据前款规定解除的,保险人应当将保险标的未受损失部分的保险费,按照合同约定扣除自保险责任开始之日起至合同解除之日止应收的部分后,退还投保人。

第五十二条 保险责任开始前,投保人要求解除保险合同的,应当按本保险合同的约定向保险人支付手续费,保险人应当退还保险费。保险人要求解除保险合同的,不得向投保人收取手续费并应退还已收取的保险费。

保险责任开始后,投保人要求解除保险合同的,自通知保险人之日起,保险合同解除,保险人按照保险责任开始之日起至合同解除之日止期间与保险期间的日比例计收保险费,并退还剩余部分保险费;保险人要求解除保险合同的,应提前十五日向投保人发出解约通知书,保险人按照保险责任开始之日起至合同解除之日止期间与保险期间的日比例计收保险费,并退还剩余部分保险费。

第五十三条 保险标的发生全部损失,属于保险责任的,保险人在履行赔偿义务后,本保险合同终止;不属于保险责任的,本保险合同终止,保险人按照保险责任开始之日起至合同解除之日止期间与保险期间的日比例计收保险费,并退还剩余部分保险费。

释　义

第五十四条 本保险合同涉及下列术语时,适用下列释义:

(一)自然灾害:指地震、海啸、雷击、暴雨、洪水、暴风、龙卷风、冰雹、台风、飓风、沙尘暴、暴雪、冰凌、突发性滑坡、崩塌、泥石流、地面突然下陷下沉及其他人力不可抗拒的破坏力强大的自然现象。

1. 地震:指地下岩石的构造活动或火山爆发产生的地面震动。由于地震的强度不同,其破坏力也存在很大的区别,一般保险针对的是破坏性地震,根据国家地震局的有关规定,震级在 4.75 级以上且烈度在 6 级以上的地震为破坏性地震。

2. **海啸**:指由于地震或风暴而造成的海面巨大涨落现象,按成因分为地震海啸和风暴海啸两种。地震海啸是伴随地震而形成的,即海底地壳发生断裂,引起剧烈的震动,产生巨大的波浪。风暴海啸是强大低气压在通过时,海面异常升起的现象。

3. **雷击**:指由雷电造成的灾害。雷电为积雨云中、云间或云地之间产生的放电现象。雷击的破坏形式分直接雷击与感应雷击两种。

(1)直接雷击:由于雷电直接击中保险标的造成损失,属直接雷击责任。

(2)感应雷击:由于雷击产生的静电感应或电磁感应使屋内对地绝缘金属物体产生高电位放出火花引起的火灾,导致电器本身的损毁,或因雷电的高电压感应,致使电器部件的损毁,属感应雷击责任。

4. **暴雨**:指每小时降雨量达 16 毫米以上,或连续 12 小时降雨量达 30 毫米以上,或连续 24 小时降雨量达 50 毫米以上的降雨。

5. **洪水**:指山洪暴发、江河泛滥、潮水上岸及倒灌。但规律性的涨潮、自动灭火设施漏水以及在常年水位以下或地下渗水、水管暴裂不属于洪水责任。

6. **暴风**:指风力达 8 级、风速在 17.2 米/秒以上的自然风。

7. **龙卷风**:指一种范围小而时间短的猛烈旋风,陆地上平均最大风速在 79 米/秒～103 米/秒,极端最大风速在 100 米/秒以上。

8. **冰雹**:指从强烈对流的积雨云中降落到地面的冰块或冰球,直径大于 5 毫米,核心坚硬的固体降水。

9. **台风、飓风**:台风指中心附近最大平均风力 12 级或以上,即风速在 32.6 米/秒以上的热带气旋;飓风是一种与台风性质相同、但出现的位置区域不同的热带气旋,台风出现在西北太平洋海域,而飓风出现在印度洋、大西洋海域。

10. **沙尘暴**:指强风将地面大量尘沙吹起,使空气很混浊,水平能见度小于 1 公里的天气现象。

11. **暴雪**:指连续 12 小时的降雪量大于或等于 10 毫米的降雪现象。

12. **冰凌**:指春季江河解冻期时冰块飘浮遇阻,堆积成坝,堵塞江道,造成水位急剧上升,以致江水溢出江道,蔓延成灾。

陆上有些地区,如山谷风口或酷寒致使雨雪在物体上结成冰块,成下垂形状,越结越厚,重量增加,由于下垂的拉力致使物体毁坏,也属冰凌责任。

13. **突发性滑坡**:斜坡上不稳的岩土体或人为堆积物在重力作用下突然整体向下滑动的现象。

14. **崩塌**:石崖、土崖、岩石受自然风化、雨蚀造成崩溃下塌,以及大量积雪在重力作用下从高处突然崩塌滚落。

15. **泥石流**:由于雨水、冰雪融化等水源激发的、含有大量泥沙石块的特殊洪流。

16. **地面突然下陷下沉**:地壳因为自然变异,地层收缩而发生突然塌陷。对于因海潮、河流、大雨侵蚀或在建筑房屋前没有掌握地层情况,地下有孔穴、矿穴,以致地面突然塌陷,也属地面突然下陷下沉。但未按建筑施工要求导致建筑地基下沉、裂缝、倒塌等,不在此列。

(二)意外事故:指不可预料的以及被保险人无法控制并造成物质损失或人身伤亡的突发性事件,包括火灾和爆炸。

1. **火灾**

在时间或空间上失去控制的燃烧所造成的灾害。构成本保险的火灾责任必须同时具备以下 3 个条件:

(1) 有燃烧现象,即有热有光有火焰;

(2) 偶然、意外发生的燃烧;

(3) 燃烧失去控制并有蔓延扩大的趋势。

因此,仅有燃烧现象并不等于构成本保险中的火灾责任。在生产、生活中有目的用火,如为了防疫而焚毁玷污的衣物,点火烧荒等属正常燃烧,不同于火灾责任。

因烘、烤、烫、烙造成焦糊变质等损失,既无燃烧现象,又无蔓延扩大趋势,也不属于火灾责任。

电机、电器、电气设备因使用过度、超电压、碰线、弧花、漏电、自身发热所造成的本身损毁,不属于火灾责任。但如果发生了燃烧并失去控制蔓延扩大,才构成火灾责任,并对电机、电器、电气设备本身的损失负责赔偿。

2. **爆炸**

爆炸分物理性爆炸和化学性爆炸。

(1) 物理性爆炸:由于液体变为蒸汽或气体膨胀,压力急剧增加并大大超过容器所能承受的极限压力,因而发生爆炸。如锅炉、空气压缩机、压缩气体钢瓶、液化气罐爆炸等。关于锅炉、压力容器爆炸的定义是:锅炉或压力容器在使用中或试压时发生破裂,使压力瞬时降到等于外界大气压力的事故,称为"爆炸事故"。

(2)化学性爆炸:物体在瞬息分解或燃烧时放出大量的热和气体,并以很大的压力向四周扩散的现象。如火药爆炸、可燃性粉尘纤维爆炸、可燃气体爆炸及各种化学物品的爆炸等。

因物体本身的瑕疵,使用损耗或产品质量低劣以及由于容器内部承受"负压"(内压比外压小)造成的损失,不属于爆炸责任。

(三)应保险金额:根据本保险合同第九条(一)、(二)款确定的保险金额。

10.2.3　建设工程质量潜在缺陷保险(上海地区)条款

总　　则

第一条　本保险合同(以下简称为"本合同")由投保单、保险单或其他保险凭证及所附条款,与本合同有关的投保文件、声明、批注、附贴批单及其他书面文件构成。凡涉及本合同的约定,均应采用书面形式。

第二条　凡建设工程项目的建设单位、所有人、合法受让人或继承人均可成为本合同的被保险人。合法受让人和继承人必须得到保险人书面同意并在保险单上进行批注后才具有被保险人资格。

保　险　责　任

第三条　保险单中载明的建设工程项目(以下简称为"工程项目")在按规定的建设程序竣工,并经保险人指定或认可的建设工程质量检查控制机构验收合格满一年后,在正常使用条件下,因潜在缺陷在保险期间内发生下列质量事故造成工程项目损坏的,保险人将按照本合同的约定负责赔偿修理、加固或重建的费用:

(一)整体或局部倒塌;

(二)地基产生超出设计规范允许的不均匀沉降;

(三)阳台、雨篷、挑檐等悬挑构件坍塌或出现影响使用安全的裂缝、破损、断裂;

(四)主体承重结构部位出现影响结构安全的裂缝、变形、破损、断裂。

责　任　免　除

第四条　下列原因造成工程项目的损坏,保险人不负责赔偿:

(一)战争、敌对行动、军事行为、武装冲突、罢工、骚乱、暴动、恐怖活动、行政行为、司法行为;

(二)核爆炸;

（三）放射性污染及其他各种环境污染；

（四）雷电、暴风、台风、龙卷风、暴雨、洪水、雪灾、海啸、地震、崖崩、滑坡、泥石流、地面塌陷等自然灾害；

（五）火灾、爆炸；

（六）外界物体碰撞、空中运行物体坠落；

（七）工程项目附近施工影响；

（八）投保人、被保险人的故意行为；

（九）被保险人或工程项目的使用人使用不当或改动结构、设备位置和原装修。

第五条 对于下列各项,保险人不负责赔偿：

（一）工程项目在保险期间开始日之前出现的损坏；

（二）在对工程项目进行修复过程中发生的功能改变或性能提高所产生的额外费用；

（三）除工程项目本身以外的任何财产损失；

（四）人身损害；

（五）在工程项目经保险人指定或认可的建设工程质量检查控制机构验收合格后增加的包括装修、设施、设备在内的任何财产的损失；

（六）任何性质的间接损失；

（七）保险单中载明的每次事故免赔额。

第六条 其他不属于保险责任范围内的一切损失、费用,保险人不负责赔偿。

保险金额、保险费与免赔额

第七条 保险金额为本合同载明工程项目的总造价。

本合同成立时,保险人依据工程项目施工合同上列明的工程总造价计收预付保险费。在工程项目完成竣工决算之日起一个月内,投保人应向保险人提供工程实际总造价,保险人据此调整保险金额并计算保险费。预付保险费低于保险费的,投保人应补足差额；预付保险费高于保险费的,保险人退回超出的部分。

第八条 每次事故免赔额由投保人与保险人协商确定,并在保险单中载明。

保 险 期 间

第九条 本合同保险期间由投保人与保险人协商确定,并在保险单中载明,但最长不超过十年。

保险责任起始日为工程项目竣工,并经保险人指定或认可的建设工程质量检查控制机构验收合格满一年之日。

保 险 人 义 务

第十条 本合同成立后,保险人应当及时向投保人签发保险单或其他保险凭证。

第十一条　在本合同有效期内,投保人与保险人经协商同意,可以变更本合同的有关内容。保险人应当在原保险单或者其他保险凭证上批注或者附贴批单,或者由投保人和保险人订立变更的书面协议。

第十二条　保险人收到被保险人的赔偿保险金的请求后,应当及时对是否属于保险责任作出核定;情形复杂的,应当在三十日内作出核定;情形特别复杂的,由于非保险人可以控制的原因导致核定困难的,保险人应与被保险人商议合理核定期间,并在商定的期间内作出核定。

保险人应当将核定结果通知被保险人;对属于保险责任的,在与被保险人达成赔偿保险金的协议后十日内,履行赔偿保险金义务。本合同对赔偿保险金的期限有约定的,保险人应当按照约定履行赔偿保险金的义务。保险人依照前款约定作出核定后,对不属于保险责任的,应当自作出核定之日起三日内向被保险人发出拒绝赔偿保险金通知书,并说明理由。

第十三条　保险人自收到赔偿申请和有关证明、资料之日起六十日内,对其赔偿数额不能确定的,应当根据已有证明和资料可以确定的数额先予支付;保险人最终确定赔偿保险金的数额后,应当支付相应的差额。

投保人、被保险人义务

第十四条　投保时,投保人应对投保单中的事项以及保险人提出的其他事项做出真实、详尽的说明或描述,履行如实告知义务。

投保人故意隐瞒事实,不履行如实告知义务的,或者因过失未履行如实告知义务,足以影响保险人决定是否同意承保或者提高保险费率的,保险人有权解除本合同。

投保人故意不履行如实告知义务的,保险人对于合同解除前发生的保险事故,不承担赔偿责任,并不退还保险费。

投保人因过失未履行如实告知义务,对保险事故的发生有严重影响的,保险人对于合同解除前发生的保险事故,不承担赔偿责任,但可以退还未满期保险费。

第十五条　投保人应按照本合同的约定交付保险费。本合同约定一次性交付保险费或对保险费交付方式、交付时间没有约定的,投保人应在保险责任起始日前一次性交付保险费;约定以分期付款方式交付保险费的,投保人应按期交付第一期保险费。投保人未按本款约定交付保险费的,本合同不生效,保险人不承担保险责任。

如果发生投保人未按期足额交付保险费或不按约定日期交付第二期或以后任何一期保险费的情形,从违约之日起,保险人有权解除本合同并追收已经承担保险责任期间的保险费和利息,本合同自解除通知送达投保人时解除;在本合同解除前发生保险事故的,保险人按投保人在保险事故发生前已付保险费占保险单中载明的总保险费的比例承担保险责任。

第十六条　在保险期间内,如工程项目进行改建、扩建等足以影响保险人决定是否继续承保或是否增加保险费的保险合同重要事项变更，被保险人应及时书面通知保险人，保险人有权要求增加保险费或者解除本合同。

被保险人未履行前款约定的义务，因保险合同重要事项变更而导致保险事故发生的，保险人不承担赔偿责任。

第十七条 发生本保险责任范围内的事故，被保险人应该：

（一）尽力采取必要、合理的措施，防止或减少事故损失，否则，对因此扩大的损失，保险人不承担赔偿责任；

（二）立即通知保险人，并书面说明事故发生的原因、经过和损失情况；故意或者因重大过失未及时通知，致使保险事故的性质、原因、损失程度等难以确定的，保险人对无法确定的部分，不承担赔偿保险金的责任，但保险人通过其他途径已经及时知道或者应当及时知道保险事故发生的除外；

（三）保护事故现场，允许并协助保险人进行查勘事故调查。对于拒绝或者妨碍保险人进行事故调查导致无法确定事故原因或核实损失情况的，保险人对无法确定或核实部分不承担赔偿责任。

第十八条 被保险人收到索赔人的损害赔偿请求时，应立即通知保险人。未经保险人书面同意，被保险人对受害人及其代理人作出的任何承诺、拒绝、出价、约定、付款或赔偿，保险人不受其约束。对于被保险人自行承诺或支付的赔偿金额，保险人有权重新核定，不属于本保险责任范围或超出应赔偿限额的，保险人不承担赔偿责任。在处理索赔过程中，保险人有权以被保险人的名义自行处理由其承担最终赔偿责任的任何索赔案件，被保险人有义务向保险人提供其所能提供的资料和协助。

第十九条 被保险人获悉可能发生诉讼、仲裁时，应立即以书面形式通知保险人；接到法院传票或其他法律文书后，应将其副本及时送交保险人。保险人有权以被保险人的名义处理有关诉讼或仲裁事宜，被保险人应提供有关文件，并给予必要的协助。

对因未及时提供上述通知或必要协助导致扩大的损失，保险人不承担赔偿责任。

第二十条 被保险人向保险人申请赔偿时，应提交保险单正本或保险凭证、索赔申请、损失清单、工程项目所有权证明文件、建筑工程质量保修书，以及被保险人所能提供的与索赔有关的、必要的，并能证明损失性质、原因和程度的其他证明和资料。

被保险人未履行前款约定的索赔材料提供义务，导致保险人无法核实损失情况的，保险人对无法核实的部分不承担赔偿责任。

赔 偿 处 理

第二十一条 被保险人与保险人之间就工程项目损坏是否由于保险责任范围内的质量事故所致，或就损坏的工程项目是否需要修理、加固或重建存在争议时，应以双方共同认可的建设工程质量检查控制机构的检测结果为准。

如检测结果认定工程项目损坏全部或部分属于本合同约定的保险责任范围，保险人承担全部或相应部分的检测费用;如检测结果认定工程项目损坏不属于本合同约定的保险责任范围,保险人不承担检测费用。

第二十二条 工程项目发生保险责任范围内的质量事故,需要进行修理或加固的,被保险人应在修理或加固前会同保险人进行检验,确定修理或加固项目、方式和费用,否则,保险人有权重新核定或拒绝赔偿。保险人根据实际修理或加固费用,在扣减保险单中载明的每次事故免赔额后予以赔付。

如果工程项目无法修理或加固需要重建的,保险人根据实际重建费用,在扣减保险单中载明的每次事故免赔额后予以赔付。

在保险期间内,保险人的累计赔偿金额以保险单中载明的保险金额为限。

第二十三条 发生保险事故时,如果被保险人的损失在有相同保障的其他保险项下也能够获得赔偿,则本保险人按照本合同的赔偿限额与其他保险合同及本合同的赔偿限额总和的比例承担赔偿责任。

其他保险人应承担的赔偿金额,本保险人不负责垫付。若被保险人未如实告知导致保险人多支付赔偿金的,保险人有权向被保险人追回多支付的部分。

第二十四条 发生保险责任范围内的损失,应由有关责任方负责赔偿的,保险人自向被保险人赔偿保险金之日起,在赔偿金额范围内代位行使被保险人对其他责任方请求赔偿的权利。被保险人已经从其他责任方取得赔偿的,保险人赔偿保险金时,可以相应扣减被保险人已从其他责任方取得的赔偿金额。

保险事故发生后,在保险人未赔偿保险金之前,被保险人放弃对其他责任方请求赔偿权利的,保险人不承担赔偿责任;保险人向被保险人赔偿保险金后,被保险人未经保险人同意放弃对其他责任方请求赔偿权利的,该行为无效;由于被保险人的过错致使保险人不能行使代位请求赔偿权的,保险人可以相应扣减保险赔偿金。

在保险人向其他责任方行使代位请求赔偿权时,被保险人应向保险人告知其知晓的有关情况并根据保险人的要求提供必要的证明和资料,积极协助保险人追偿。

第二十五条 保险赔偿结案后,保险人不再负责赔偿任何新增加的与该次保险事故相关的损失、费用或赔偿责任。

当一次保险事故涉及多名第三者时,如果保险人和被保险人双方已经确认了其中部分第三者的赔偿金额,保险人可根据被保险人的申请予以先行赔付。先行赔付后,保险人不再负责赔偿与这些第三者相关的任何新增加的赔偿金。

第二十六条 被保险人向保险人请求赔偿保险金的诉讼时效期间为两年,自其知道或者应当知道保险事故发生之日起计算。

其 他 事 项

第二十七条 本合同成立后,投保人可要求解除本合同;若工程项目未通过保险人指定或认可的建设工程质量检查控制机构验收合格,保险人有权解除本合同。

投保人要求解除本合同的,应当向保险人提出书面申请,本合同自保险人收到书面申请之日的二十四时起终止;保险人要求解除本合同的,应当提前十五日书面通知投保人,本合同自解除通知到达投保人后的第十五日二十四时起终止。

第二十八条 在保险单中载明的保险责任起始日前,如果是投保人要求解除本合同的,投保人应当向保险人支付保险费5%的手续费;如果是保险人要求解除的,保险人应当向投保人退还全部已收取的保险费。

在保险单中载明的保险责任起始日后解除本合同的,除本合同另有约定外,保险人应向投保人退还未满期保险费。如果解除时,本合同项下仍有尚未赔偿结案的保险事故,保险人可在赔偿结案后再向投保人退还未满期保险费。

第二十九条 本合同在发生下列任一情况时终止:

(一)本合同解除;

(二)本合同的保险期间届满;

(三)本合同在保险期间内的累计赔偿金额已达到保险单中载明的保险金额;

(四)法律规定或本合同约定的其他情况。

争议处理和法律适用

第三十条 因履行本合同发生的争议,由当事人协商解决。协商不成的,提交保险单中载明的仲裁机构仲裁;保险单中未载明仲裁机构,且争议发生后也未达成仲裁协议的,可依法向人民法院起诉。

第三十一条 本合同的争议适用中华人民共和国(不含香港、澳门特别行政区和台湾地区,下同)法律,并受中华人民共和国司法管辖。

释 义

第三十二条 除另有约定外,下列词语具有如下含义:

保险人: 是指中国太平洋财产保险股份有限公司。

建设工程项目: 是指经工程项目施工合同列明并由投保人投保的土木工程、建筑工程、线路管道和设备安装工程及装修工程。

正常使用: 是指按照工程项目的原设计条件使用,包括但不限于:(1)不改变工程项目的主体结构;(2)不改变使用用途;(3)不超过设计载荷。

潜在缺陷: 是指经保险人指定或认可的建设工程质量检查控制机构验收时,因其技术条件限制或过失未能发现的引起工程项目损坏的缺陷,包括勘察缺陷、设计缺陷、施工缺陷或建筑材料缺陷。

工程项目损坏: 是指工程项目出现包括结构、装修、设备、设施在内的实质性损坏。

主体承重结构部位: 是指工程项目的基础、内外承重墙体、柱、梁、楼板、屋顶等。

修理、加固费用: 包括材料费、人工费、专家费、残骸清理费等必要、合理的费用。

未满期保险费：是指保险人应退还的剩余保险期间的保险费，未满期保险费按照以下公式计算：

$$未满期保险费 = 保险费 \times (剩余保险期间月数 / 保险期间月数) \times$$
$$(保险金额 - 累计赔偿金额) / 保险金额$$

其中，剩余保险期间月数不足一个月的，按一个月计算。

10.3 轨道交通保险条款

10.3.1 产品责任险保险条款

总　　则

第一条　本保险合同由保险条款、投保单、保险单、保险凭证以及批单等组成。凡涉及本保险合同的约定，均应采用书面形式。

第二条　凡在中华人民共和国（不含香港、澳门特别行政区和台湾地区，下同）境内依法设立的各类生产、销售、维修等企业均可成为本合同的被保险人。

保 险 责 任

第三条　在保险期间或追溯期内，在保险单约定的承保区域内，由于被保险产品存在缺陷，造成第三者人身伤害或财产损失且被保险人在保险期限内首次受到赔偿请求，依照中华人民共和国法律（不含香港、澳门特别行政区和台湾地区法律，下同）应由被保险人承担的经济赔偿责任，保险人按照本保险合同约定负责赔偿。

第四条　保险事故发生后，被保险人因保险事故而被提起仲裁或者诉讼的，对应由被保险人支付的仲裁或诉讼费用以及事先经保险人书面同意支付的其他必要的、合理的费用（以下简称"法律费用"），保险人按照本保险合同约定也负责赔偿。

责 任 免 除

第五条　出现下列任一情形时，保险人不负责赔偿：

（一）被保险产品本身的损失或其修理、改装、重置、退换、回收或召回引起的损失及费用；

（二）因产品未达到其设计功能、第三者不当使用或因被保险人或其雇员错误地提供了产品所引发的赔偿责任；

（三）被保险产品尚未离开被保险人或其经销商等代表方的控制或管理范围时所发生之赔偿责任；

（四）被保险产品作为其他产品的材料、零部件、包装等组成部分时导致其他产品的

损失,但保险合同另有约定者不在此限;

(五)被保险产品尚未离开被保险人或其经销商等代表方的控制或管理范围时,被保险人或其经销商等代表方已经发现或知晓该产品已有缺陷;

(六)被保险产品用于船舶、飞机或其他航空器;

(七)由石棉、电磁场、霉变、铅毒或其相关问题引起的责任。

第六条 下列原因造成的损失、费用和责任,保险人不负责赔偿:

(一)投保人、被保险人及其代表的故意行为或重大过失;

(二)战争、敌对行为、军事行动、武装冲突、罢工、骚乱、暴动、恐怖活动、恶意行为、强力占用或被征用;

(三)核辐射、核爆炸、核污染及其他放射性污染;

(四)大气污染、土地污染、水污染或其他各种污染;

(五)计算机或其他电子装置内的数据信息或软件程序之损坏或该些装置之使用功能丧失。

第七条 下列损失、费用和责任,保险人不负责赔偿:

(一)被保险人及其雇员的人身伤亡及其所有或管理的财产损失;

(二)被保险人应该承担的合同责任,但无合同存在时仍然应由被保险人承担的经济赔偿责任不在此限;

(三)由于计算机 2000 年问题引起的责任;

(四)罚款、罚金或惩罚性赔偿金;

(五)精神损害赔偿;

(六)间接损失。

第八条 其他不属于保险责任范围内的损失、费用及责任,保险人不负赔偿责任。

保 险 期 间

第九条 本合同的保险期间为一年,自保险单载明的保险责任起始日零时起至保险责任终止日二十四时止。

保 险 费

第十条 投保人按被保险产品的预计年销售收入预交保险费,待保险期间结束后按实际销售收入计算应收保险费,多退少补,但应收保险费不低于本保险合同设定的最低年保费。

第十一条 本合同约定一次性交付预交保险费或对预交保险费交付方式、时间没有约定的,投保人应在保险责任期间的起始日前支付预交保险费;约定以分期付款方式支付预交保险费的,投保人应按期支付第一期预交保险费。投保人未按本条约定交付预交保险费的,本合同不生效,保险人不承担保险责任。

如果发生未按期足额支付预交保险费或不按约定日期支付第二期或以后各期预交保险费的情形,从保险责任期间的起始日起满十日,保险人有权解除保险合同并追收已经承担保险责任期间的保险费和利息,保险合同自解除通知到达投保人时解除;在保险合同解除前发生保险事故的,保险人按投保人已付预交保险费占应付预交保险费的比例承担保险责任。

赔偿限额与免赔额

第十二条 本合同的赔偿限额包括每次事故赔偿限额和保单累计赔偿限额,也可约定其他特定方式的赔偿限额。各项赔偿限额由投保人与保险人协商确定,并在保险单中载明。

第十三条 每次事故免赔额由投保人与保险人协商确定,并在保险单中载明。

保 险 人 义 务

第十四条 本合同成立后,保险人应当及时向投保人签发保险单或其他保险凭证。

第十五条 保险人收到被保险人的赔偿请求后,应当及时作出核定。对情形复杂的保险人可采取进一步合理必要的核定方式。对在投保时约定的针对不同情况下的赔偿处理方式,保险人应认真履行。

保险人应当将核定结果通知被保险人;对属于保险责任的,在与被保险人达成赔偿保险金的协议后十日内,履行赔偿保险金义务。本保险合同对赔偿保险金的期限有约定的,保险人应当按照约定履行赔偿保险金的义务。保险人依照前款的规定作出核定后,对不属于保险责任的,应当自作出核定之日起三日内向被保险人发出拒绝赔偿保险金通知书,并说明理由。

第十六条 保险人按照第二十七条的约定认为被保险人提供的有关索赔证明和资料不完整的,应当及时一次性通知投保人、被保险人补充提供。

第十七条 保险人自收到索赔请求和有关证明、资料之日起六十日内,对其赔偿保险金的数额不能确定的,应当根据已有证明和资料可以确定的数额先予支付,待最终确定赔偿数额后支付相应差额。

投保人、被保险人义务

第十八条 订立保险合同时,投保人对所填写的投保单及保险人对有关情况的询问应如实告知。

投保人故意或者因重大过失未履行前款规定的如实告知义务,足以影响保险人决定是否同意承保或者提高保险费率的,保险人有权解除合同。

投保人故意不履行如实告知义务的,保险人对于合同解除前发生的保险事故,不承担赔偿或者给付保险金的责任,并不退还保险费。

投保人因重大过失未履行如实告知义务,对保险事故的发生有严重影响的,保险人对于合同解除前发生的保险事故,不承担赔偿或者给付保险金的责任,但退还保险费。

保险人在合同订立时已经知道投保人未如实告知的情况的,保险人不得解除合同;发生保险事故的,保险人应当承担赔偿或者给付保险金的责任。

第十九条 在本合同有效期内,保险标的的危险程度显著增加的,被保险人应及时书面通知保险人,保险人可视情况增加保险费或者解除本合同。被保险人未予通知的,因危险增加而发生之保险事故,保险人不承担赔偿责任。

第二十条 被保险人应严格遵守国家和所从事行业内有关产品安全方面的规定、标准或技术规范,防止事故发生。对有关管理部门或保险人提出的消除损害事故隐患的要求和建议应认真付诸实施。

被保险人未履行前款约定的义务,保险人有权增加保险费或者解除本合同;对因此而导致保险事故发生的,保险人有权拒绝赔偿;对因此而导致其赔偿责任扩大的,保险人有权对扩大的部分拒绝赔偿。

第二十一条 被第三者提出索赔后,被保险人应尽力采取必要、合理的措施,避免或减少赔偿责任。被保险人未此项义务而导致其赔偿责任扩大的,保险人有权对扩大的部分拒绝赔偿。

第二十二条 收到第三者索赔通知后,被保险人应该:

(一)尽力采取必要、合理的措施,防止或减少损失,否则,对因此扩大的损失,保险人不承担赔偿责任;

(二)及时通知保险人,并书面说明事故发生的原因、经过和损失情况;故意或者因重大过失未及时通知,致使保险事故的性质、原因、损失程度等难以确定的,保险人对无法确定的部分,不承担赔偿责任,但保险人通过其他途径已经及时知道或者应当及时知道保险事故发生的除外;

(三)保护事故现场或有关事故记录,允许并且协助保险人进行事故调查;对于拒绝或者妨碍保险人进行事故调查导致无法确定事故原因或核实损失情况的,对无法确定或核实的部分,保险人不承担赔偿责任。

第二十三条 发生保险事故后,未经保险人书面同意,被保险人对受害人及其代理人作出的任何承诺、拒绝、出价、约定、付款或赔偿,保险人不受其约束。对于被保险人自行承诺或支付的赔偿金额,保险人有权重新核定,不属于本保险责任范围或超出应赔偿限额的,保险人不承担赔偿责任。在处理索赔过程中,保险人有权自行处理由其承担最终赔偿责任的任何索赔案件,被保险人有义务向保险人提供其所能提供的资料和协助。

第二十四条 被保险人获悉可能发生诉讼、仲裁时,应立即以书面形式通知保险人;接到法院传票或其他法律文书后,应将其副本及时送交保险人。保险人有权以被保险人的名义处理有关诉讼或仲裁事宜,被保险人应提供有关文件,并给予必要的协助。

对因未及时提供上述通知或必要协助导致扩大的损失,保险人不承担赔偿责任。

第二十五条 被保险人应及时向保险人提供与索赔相关的各种证明和资料,并确保其真实、完整。

因被保险人未履行前款约定的义务,导致部分或全部保险责任无法确定,保险人对无法确定的部分不承担赔偿责任。

赔 偿 处 理

第二十六条 被保险人请求赔偿时,应向保险人提供下列证明和资料:

(一)保险单正本和保险费交付凭证;

(二)产品合法生产证明及产品的生产、销售记录资料;

(三)事故证明及事故处理报告;

(四)有关部门或机构出具的伤残鉴定书、死亡证明、事故处理报告或其他证明;保险事故发生在境外的,则需要出具由我国政府驻外官方机构或授权机构出具的事故证明和损失证明;

(五)二级以上(含)或保险人认可的医疗机构出具的医疗费用收据、诊断证明及病历;

(六)财产损失清单;

(七)生效的法律文书(包括裁定书、裁决书、判决书、调解书等);

(八)投保人或被保险人所能提供的,与索赔有关的、必要的,并能证明损失性质、原因和程度的其他证明和资料。

第二十七条 由于被保险产品相同的缺陷,造成多名第三者人身伤亡或财产损失,受损害方在保险期间内同时或先后向被保险人提出的属于本保险责任范围内的一项或一系列索赔或民事诉讼,应视为一次事故造成的损失。

第二十八条 发生保险事故后,保险人的赔偿金额以按照下列方式之一确定的被保险人的经济赔偿责任为依据:

(一)被保险人与向其提出赔偿要求的索赔权利人协商并经保险人确认;

(二)仲裁机构裁决;

(三)人民法院判决;

(四)保险人认可的其他方式。

在按照上述方式之一确定经济赔偿责任后,保险人对每次事故的实际赔偿金额还应在此基础上扣减保险单中载明的每次事故免赔额,并且保险人对每次事故的赔偿总额不超过保险单中载明的每次事故赔偿限额。约定每次事故每人赔偿限额的,对每一第三者的赔偿金额不超过每次事故赔偿限额。

在保险期间内,保险人的累计赔偿金额不超过保险单中载明的累计赔偿限额。

对每次事故法律费用的赔偿金额在前款计算的赔偿金额以往另行计算,并不扣减免赔额。法律费用的赔偿限额不超过投保时约定的限额。

第二十九条 发生保险事故时,如果被保险人的损失在有相同保障的其他保险项下也能够获得赔偿,则本保险人按照本保险合同的赔偿限额与其他保险合同及本合同的赔偿限额总和的比例承担赔偿责任。

其他保险人应承担的赔偿金额,本保险人不负责垫付。若被保险人未如实告知导致保险人多支付赔偿金的,保险人有权向被保险人追回多支付的部分。

第三十条 属于本合同项下的赔偿责任涉及其他责任方时,保险人自向被保险人赔偿保险金之日起,在赔偿金额范围内代位行使被保险人对其他责任方请求赔偿的权利。被保险人已经从其他责任方取得赔偿的,保险人赔偿保险金时,可以相应扣减被保险人已从其他责任方取得的赔偿金额。

保险事故发生后,在保险人未赔偿保险金之前,被保险人放弃对其他责任方请求赔偿权利的,保险人不承担赔偿责任;保险人向被保险人赔偿保险金后,被保险人未经保险人同意放弃对其他责任方请求赔偿权利的,该行为无效;由于被保险人的过错致使保险人不能行使代位请求赔偿的权利的,保险人可以扣减或者要求返还相应的保险赔偿金。

在保险人向其他责任方行使代位请求赔偿权时,被保险人应向保险人告知其知晓的有关情况并根据保险人的要求提供必要的证明和资料,积极协助保险人追偿。

第三十一条 保险赔偿结案后,保险人不再负责赔偿任何新增加的与该次保险事故相关的损失、费用或赔偿责任。

当一次保险事故涉及多名索赔人时,如果保险人和被保险人双方已经确认了其中部分索赔人的赔偿金额,保险人可根据被保险人的申请予以先行赔付。先行赔付后,保险人不再负责赔偿与这些索赔人相关的任何新增加的赔偿金。

争议处理和法律适用

第三十二条 因履行本合同发生的争议,由当事人协商解决。协商不成的,提交保险单中载明的仲裁机构仲裁;保险单中未载明仲裁机构并且争议发生后未达成仲裁协议的,可依法向中华人民共和国法院(不含香港、澳门特别行政区和台湾地区的法院)起诉。

第三十三条 本保险合同的争议处理适用中华人民共和国法律。

释 义

第三十四条 除另有约定外,本合同中的下列词语具有如下含义:

产品: 是指经过加工、制作,用于销售的产品,既包括其实际组成部分及部件,也包括其安装指示、包装材料、使用说明书、安全警示和告知。

被保险产品: 是指由本保险的投保人及被保险人生产、销售的并且在保险单载明的已投保本保险的产品。

缺陷:是指产品存在危及人身或财产安全的不合理危险,未能达到合理的安全预期,或不符合事故发生地国家或地区的有关技术标准,具有不可预料并足以导致第三者人身或财产安全之损害性。

第三者:是指因产品存在缺陷,致使其人身或财产遭受损害的人员,包括消费、使用、操作产品的人员或其他任何人,但不包括被保险人及其雇员或代表。

被保险人的代表:是指虽不是被保险人的雇员或其组成人员的一部分,但其从事的相关活动是按被保险人委托或与被保险人约定的、与被保险人之经营或活动的范围或性质有直接关联的人或组织。

人身伤害:是指任何人死亡、肢体残疾、组织器官功能障碍及其他影响人身健康的损伤。

财产损失:是指有形财产的物质损坏,包括所引起的该财产不能使用,或有形财产虽未受实质损坏但已丧失使用价值。

追溯期:是指保险期间开始前的与保险期间相连续的一段时期,在该段时期内被保险产品发生导致损害的事故,受损害第三者在保险期间内首次向被保险人提出赔偿请求的,保险人将按保单约定处理,但该事故须为投保时投保人所不知晓的。如果该事故发生在追溯期之前,或投保人在投保时已经获知,则不在本保险保障范围之内。

一次事故:是指在保险期间内,一名或多名第三者或其他索赔权利人基于同一原因或理由,单独或共同向被保险人提出的,属于保险责任范围内的一项或一系列索赔或民事诉讼。

每次事故赔偿限额:是指保单约定的对每一次事故所承担的最高赔偿限额。本合同可以在每次事故赔偿限额中设定对每一个人的赔偿限额。若有多名第三者或其他索赔权利人,则对所有人员之赔偿以保单载明的每次事故赔偿限额约定为限。如果保单列有多名被保险人,本合同对每次事故的赔偿限额仍以保单载明的每次事故赔偿限额为限。

累计赔偿金额:是指在本合同有效期内,由保险人负责赔偿的保险赔偿金之和,是保险人在本合同中承担赔偿保险金责任的最高限额。如果保单列有多名被保险人,本合同的累计赔偿限额仍以保单载明的累计赔偿限额为限。

间接损失:是指不能归结为以上定义的人身伤害和财产损失情形的损失。

10.3.2 电梯安全责任保险条款(附加第三者责任保险条款)

总　　则

第一条　投保人只有在投保了《电梯安全综合保险》(以下简称为"主险")后,方可投保《附加第三者责任保险》(以下简称为"本附加险")。

第二条　本附加险与主险相抵触之处,以本附加险为准;本附加险未尽之处,以主险为准。

第三条 主险合同效力终止,本附加险合同效力即行终止。

保 险 责 任

第四条 在保险期间内,由于保险标的在使用过程中自身意外事故,导致第三者遭受人身损害或财产损失,依照中华人民共和国法律(不包括港澳台地区法律)应由被保险人承担的经济赔偿责任,保险人按照本附加险和主险的约定负责赔偿。

第五条 本附加险保险事故发生后,被保险人因保险事故而被提起仲裁或者诉讼的,对应由被保险人支付的仲裁或诉讼费用以及事先经保险人书面同意支付的其他必要的、合理的费用(以下简称为"法律费用"),保险人按照本附加险和主险的约定也负责赔偿。

责 任 免 除

第六条 下列损失、费用和责任,保险人不负责赔偿:

(一)被保险人或其雇员的人身损害和财产损失;

(二)罚款、罚金或惩罚性赔款;

(三)在合同或协议中约定的应由被保险人承担的赔偿责任,但即使没有这种合同或协议,被保险人依法仍应承担的赔偿责任不在本款责任免除范围内;

(四)保险单中载明的应由被保险人自行承担的本附加险免赔额。

第七条 其他不属于本附加险责任范围内的损失、费用和责任,保险人不负责赔偿。

第八条 主险中责任免除事项,也适用于本附加险。

赔偿限额、免赔额

第九条 本附加险的赔偿限额包括累计赔偿限额、每次事故赔偿限额、每次事故人身损害每人赔偿限额和每次事故医疗费用每人赔偿限额。各项赔偿限额由投保人与保险人协商确定,并在保险单中载明。

第十条 本附加险免赔额(率)由投保人与保险人在订立本附加险合同时协商确定,并在保险单中载明。

赔 偿 处 理

第十一条 被保险人收到向其提出赔偿要求的受害第三者或其他索赔权利人(以下统称为"索赔人")的损害赔偿请求时,应立即通知保险人。未经保险人书面同意,被保险人对索赔人及其代理人作出的任何承诺、拒绝、出价、约定、付款或赔偿,保险人不受其约束。对于被保险人自行承诺或支付的赔偿金额,保险人有权重新核定,不属于本附加险保险责任范围或超出应赔偿限额的,保险人不承担赔偿责任。在处理索赔过程中,保险人有权自行处理由其承担最终赔偿责任的任何索赔案件,被保险人有义务向保险人提供其所能提供的资料和协助。

第十二条 被保险人获悉可能发生诉讼、仲裁时,应立即以书面形式通知保险人;接到法院传票或其他法律文书后,应将其副本及时送交保险人。保险人有权以被保险人的名义处理有关诉讼或仲裁事宜,被保险人应提供有关文件,并给予必要的协助。

对因未及时提供上述通知或必要协助导致扩大的损失,保险人不承担赔偿责任。

第十三条 发生本附加险保险事故后,保险人的赔偿以下列方式之一确定的被保险人的赔偿责任为基础:

(一)被保险人与索赔人协商并经保险人确认;

(二)仲裁机构裁决;

(三)人民法院判决;

(四)保险人认可的其他方式。

第十四条 如果一名或多名索赔人基于同一原因或理由,单独或共同向被保险人提出的,属于本附加险保险责任范围内的一项或一系列索赔或民事诉讼,本附加险将其视为一次附加险保险事故。

第十五条 保险人对被保险人给第三者造成的损害,可以依照法律的规定或者本合同的约定,直接向该第三者赔偿保险金。

被保险人给第三者造成损害,被保险人对第三者应负的赔偿责任确定的,根据被保险人的请求,保险人应当直接向该第三者赔偿保险金。被保险人怠于请求的,第三者有权就其应获赔偿部分直接向保险人请求赔偿保险金。

被保险人给第三者造成损害,被保险人未向该第三者赔偿的,保险人不得向被保险人赔偿保险金。

第十六条 发生本附加险保险责任范围内的损失,保险人按以下方式计算赔偿:

(一)对于每次事故造成的损失,保险人在保险单中载明的本附加险每次事故赔偿限额内计算赔偿,其中对每人医疗费用的赔偿金额不超过保险单中载明的本附加险每次事故医疗费用每人赔偿限额,每人人身损害的赔偿金额不超过保险单中载明的本附加险每次事故人身损害每人赔偿限额;

(二)在依据本条第(一)项计算的基础上,保险人在扣除保险单中载明的本附加险免赔额后进行赔偿;

(三)在保险期间内,保险人对多次事故损失的累计赔偿金额不超过保险单中载明的本附加险累计赔偿限额。

第十七条 保险人对本附加险每次事故法律费用的赔偿金额在第十六条计算的赔偿金额以外另行计算,并且赔偿时不扣减免赔额,但每次事故的赔偿总额不超过保险单中载明的本附加险每次事故赔偿限额的10%。

在保险期间内,保险人对法律费用的累计赔偿金额不超过保险单中载明的本附加险累计赔偿限额的 10％。

如果被保险人的赔偿责任同时涉及本附加险保险事故和非本附加险保险事故,并且无法区分法律费用是因何种事故而产生的,保险人按照本附加险保险赔偿金额(不含法律费用)与应由被保险人承担的全部赔偿金额(不含法律费用)的比例赔偿法律费用。

第十八条 保险赔偿结案后,保险人不再负责赔偿任何新增加的与该次保险事故相关的损失、费用或责任。

当一次保险事故涉及多名索赔人时,如果保险人和被保险人双方已经确认了其中部分索赔人的赔偿金额,保险人可根据被保险人的申请予以先行赔付。先行赔付后,保险人不再负责赔偿与这些索赔人相关的任何新增加的赔偿金。

第十九条 发生本附加险保险事故时,如果被保险人的损失在有相同保障的其他保险项下也能够获得赔偿,保险人将按照本附加险累计赔偿限额与其他保险合同及本附加险累计赔偿限额总和的比例承担赔偿责任。

其他保险人应承担的赔偿金额,本保险人不负责垫付。若被保险人未如实告知导致保险人多支付赔偿金的,保险人有权向被保险人追回多支付的部分。

其 他 事 项

第二十条 本附加险未满期保险费按以下公式计算:

$$本附加险未满期保险费＝本附加险保险费×(剩余保险期间天数/保险期间天数)×$$
$$(累计赔偿限额－累计赔偿金额)/累计赔偿限额$$

其中,累计赔偿金额是指在实际保险期间内,保险人已支付的本附加险保险赔偿金和已发生保险事故但还未支付的本附加险保险赔偿金之和,但不包括保险人负责赔偿的法律费用。

释 义

第二十一条 除另有约定外,本附加险合同中的下列词语具有如下含义:

人身损害: 是指死亡、肢体残疾、组织器官功能障碍及其他影响人身健康的损伤。

10.3.3 公众责任险保险条款

总 则

第一条 本保险合同(以下简称为“本合同”)由保险条款、投保单、保险单或其他保险凭证、与本合同有关的投保文件、声明、批注、附贴批单或其他书面文件构成。凡涉及本合同的约定,均应采用书面形式。

第二条 凡中华人民共和国境内(不含香港、澳门特别行政区和台湾地区,下同)的政府机构、企事业单位、社会团体、个体经济组织及其他合法成立的组织均可成为本合同的被保险人。

保 险 责 任

第三条 在保险期间内,被保险人在列明的场所范围内,在从事经营活动或自身业务过程中因过失导致意外事故发生,造成第三者人身伤害或财产损失并且受害方在保险期限内首次提出赔偿请求,依照中华人民共和国法律(不含香港、澳门特别行政区和台湾地区法律,下同)应由被保险人承担的经济赔偿责任,保险人按照本合同约定负责赔偿。

第四条 保险事故发生后,被保险人因保险事故而被提起仲裁或者诉讼的,对应由被保险人支付的仲裁或诉讼费用以及事先经保险人书面同意支付的其他必要的、合理的费用(以下简称"法律费用"),保险人按照本保险合同约定也负责赔偿。

责 任 免 除

第五条 出现下列任一情形时,保险人不负责赔偿:

(一)对于未载入本保险单明细表而属于被保险人的或其所占有的或以其名义使用的任何牲畜、自行车、汽车、机车、各类船只、飞机、电梯、升降机、自动梯、起重机、吊车或其他升降装置;

(二)被保险人或其雇员、代表出售、赠与产品、货物、商品;

(三)有缺陷的卫生装置或任何类型的中毒或任何不洁或有害的食物或饮料;

(四)被保险人或其雇员因从事医师、律师、会计师等属专门职业性质的工作过程中所发生的赔偿责任;

(五)被保险人从事建筑、安装或装修工程。

第六条 下列原因造成的损失、费用或责任,保险人不负责赔偿:

(一)被保险人或其雇员或其代表的故意或重大过失行为、犯罪行为或重大过失;

(二)战争、敌对行为、军事行动、武装冲突、恐怖主义活动、罢工、暴动、民众骚乱;

(三)行政行为、司法行为;

(四)自然灾害;

(五)火灾、爆炸、烟熏;

(六)核反应、核辐射、核爆炸及其他放射性污染;

(七)大气、土地、水污染及其他非放射性污染;

(八)被保险人或其雇员或以被保险人名义从事相关工作者超越其经营范围或职责范围的行为;

(九)接触、使用石棉、石棉制品或含有石棉成分的物质。

第七条　对于下列损失、费用或责任,保险人不负责赔偿:

（一）被保险人或其雇员或其代表的人身损害;

（二）被保险人或其雇员或其代表所有的或由其保管的或由其控制的财产的损失;

（三）被保险人或其雇员或其代表因经营或职责需要一直使用或占用的任何物品、土地、房屋或其他建筑的损失;

（四）为被保险人提供服务的任何人的人身损害和财产损失;

（五）被保险人或其雇员、代表因从事加工、修理、改进、承揽等工作造成委托人的人身损害和财产损失;

（六）罚款、罚金或惩罚性赔款;

（七）在合同或协议中约定的应由被保险人承担的赔偿责任,但即使没有这种合同或协议,被保险人依法仍应承担的赔偿责任不在本款责任免除范围内;

（八）保险单中载明的应由被保险人自行承担的免赔额。

第八条　不属于保险责任范围内的其他损失、费用和赔偿责任,保险人不负责赔偿。

保 险 期 间

第九条　本合同的保险期间为一年,自保险单载明的保险责任起始日零时起至约定的保险责任终止日二十四时止。

赔偿限额与免赔额

第十条　本合同的赔偿限额包括每次事故赔偿限额和保单累计赔偿限额,也可约定其他特定计算方式的赔偿限额。各项赔偿限额由投保人与保险人协商确定,并在保险单中载明。

第十一条　每次事故免赔额由投保人与保险人协商确定,并在保险单中载明。

保 险 人 义 务

第十二条　本合同成立后,保险人应当及时向投保人签发保险单或其他保险凭证。

第十三条　保险人收到被保险人的赔偿请求后,应当及时作出核定。对情形复杂的保险人可采取进一步合理必要的核定方式。对在投保时约定的针对不同情况下的赔偿处理方式,保险人应认真履行。

保险人应当将核定结果通知被保险人;对属于保险责任的,在与被保险人达成保险赔偿协议后十日内或在合同约定的赔偿期限内履行赔偿义务。

第十四条　保险人认为本合同约定的被保险人应提供的有关索赔证明和资料不完整的,应当及时一次性通知投保人、被保险人补充提供。

第十五条　保险人自收到索赔请求和有关证明、资料之日起六十日内,对其赔偿保险金的数额不能确定的,应当根据已有证明和资料可以确定的数额先予支付,待最终确定赔偿数额后支付相应差额。

投保人、被保险人义务

第十六条 订立保险合同时,投保人对所填写的投保单及保险人对有关情况的询问应如实告知。

投保人故意或者因重大过失未履行前款规定的如实告知义务,足以影响保险人决定是否同意承保或者提高保险费率的,保险人有权解除合同。

投保人故意不履行如实告知义务的,保险人对于合同解除前发生的保险事故,不承担赔偿或者给付保险金的责任,并不退还保险费。

投保人因重大过失未履行如实告知义务,对保险事故的发生有严重影响的,保险人对于合同解除前发生的保险事故,不承担赔偿或者给付保险金的责任,但退还保险费。

保险人在合同订立时已经知道投保人未如实告知的情况的,保险人不得解除合同;发生保险事故的,保险人应当承担赔偿或者给付保险金的责任。

第十七条 投保人应按照本合同的约定交付保险费。本合同约定一次性交付保险费或对保险费交付方式、交付时间没有约定的,投保人应在保险责任起始日前一次性交付保险费;约定以分期付款方式交付保险费的,投保人应按期交付第一期保险费。投保人未按本款约定交付保险费的,本合同不生效,保险人不承担保险责任。

如果发生投保人未按期足额交付保险费或不按约定日期交付第二期或以后任何一期保险费的情形,从违约之日起,保险人有权解除本合同并追收已经承担保险责任期间的保险费和利息,本合同自解除通知送达投保人时解除;在本合同解除前发生保险事故的,保险人按投保人已付保险费占保险单中载明的总保险费的比例承担保险责任。

第十八条 在本合同有效期内,保险标的的危险程度显著增加的,被保险人应及时书面通知保险人,保险人可视情况增加保险费或者解除本合同。

被保险人未予通知的,因危险程度显著增加而发生之保险事故,保险人不承担赔偿责任。

第十九条 被保险人应严格遵守国家和所从事行业内有关的安全管理规定,防止事故发生。对有关管理部门或保险人提出的消除安全隐患防止事故发生的要求和建议应认真付诸实施。

被保险人未履行前款约定的义务,保险人有权增加保险费或者解除本合同;对因此而导致保险事故发生的,保险人有权拒绝赔偿;对因此而导致其赔偿责任扩大的,保险人有权对扩大的部分拒绝赔偿。

第二十条 收到第三者索赔通知后,被保险人应该:

(一) 尽力采取必要、合理的措施,防止或减少损失,否则,对因此扩大的损失,保险人不承担赔偿责任;

（二）及时通知保险人，并书面说明事故发生的原因、经过和损失情况；故意或者重大过失未及时通知，致使保险事故的性质、原因、损失程度等难以确定的，保险人对无法确定的部分，不承担赔偿责任，但保险人通过其他途径已经及时知道或者应当及时知道保险事故发生的除外；

（三）保护事故现场或有关记录，允许并且协助保险人进行事故调查；对于拒绝或者妨碍保险人进行事故调查导致无法确定事故原因或核实损失情况的，对无法确定或核实的部分，保险人不承担赔偿责任。

第二十一条　被保险人获悉可能发生诉讼、仲裁时，应立即以书面形式通知保险人；接到法院传票或其他法律文书后，应将其副本及时送交保险人。保险人有权以被保险人的名义处理有关诉讼或仲裁事宜，被保险人应提供有关文件，并给予必要的协助。

对因未及时提供上述通知或必要协助导致扩大的损失，保险人不承担赔偿责任。

第二十二条　发生保险事故后，未经保险人书面同意，被保险人对受害人及其代理人作出的任何承诺、拒绝、出价、约定、付款或赔偿，保险人不受其约束。对于被保险人自行承诺或支付的赔偿金额，保险人有权重新核定，不属于本保险责任范围或超出应赔偿限额的，保险人不承担赔偿责任。在处理索赔过程中，保险人有权自行处理由其承担最终赔偿责任的任何索赔案件，被保险人有义务向保险人提供其所能提供的资料和协助。

第二十三条　被保险人应及时向保险人提供与索赔相关的各种证明和资料，并确保其真实、完整。

因被保险人未履行前款约定的义务，导致部分或全部保险责任无法确定，保险人对无法确定的部分不承担赔偿责任。

第二十四条　被保险人在申请赔偿时，应当如实向保险人说明与本合同保险责任有关的其他保险合同的情况。被保险人未如实说明情况导致保险人多支付保险赔偿金的，保险人有权向被保险人追回应由其他保险合同的保险人负责赔偿的部分。

赔 偿 处 理

第二十五条　被保险人请求赔偿时，应向保险人提供下列证明和资料：

（一）保险单正本和保险费交付凭证；

（二）索赔申请书；

（三）第三者或其代理人向被保险人提出损害赔偿的相关材料；

（四）有关部门出具的事故证明；

（五）造成第三者人身损害的，应提供：二级以上或保险人认可的医疗机构出具的原始医疗费用收据、诊断证明及病历；造成第三者伤残的，还应提供具备相关法律法规要求的伤残鉴定资格的医疗机构出具的伤残程度证明；造成第三者死亡的，还应提供公安机关或医疗机构出具的死亡证明书；

（六）造成第三者财产损失的，应提供：财产损失清单、费用清单；

（七）生效的法律文书（包括裁定书、裁决书、判决书、调解书等）；

（八）投保人或被保险人所能提供的、与索赔有关的、必要的，并能证明损失性质、原因和程度的其他证明和资料。

第二十六条　发生保险事故后，保险人的赔偿金额以按照下列方式之一确定的被保险人的经济赔偿责任为依据：

（一）被保险人与第三者或其他索赔权利人协商并经保险人确认；

（二）仲裁机构裁决；

（三）人民法院判决；

（四）保险人认可的其他方式。

在按照上述方式之一确定经济赔偿责任后，保险人对每次事故的实际赔偿金额还应在此基础上扣减保险单中载明的每次事故免赔额，并且保险人对每次事故的赔偿金额不超过保险单中载明的每次事故赔偿限额。

在保险期间内，保险人的累计赔偿金额不超过保险单中载明的累计赔偿限额。

第二十七条　除另有约定外，保险人对每次事故法律费用的赔偿在第三者人身损害和财产损失的赔偿金额以外另行计算，并且赔偿时不扣减每次事故免赔额，但每次事故的赔偿总额不超过约定的赔偿限额。

如果被保险人的赔偿责任同时涉及保险事故和非保险事故，并且无法区分法律费用是因何种事故而产生的，保险人按照本合同保险赔偿金额（不含法律费用）占应由被保险人承担的全部赔偿金额（不含法律费用）的比例赔偿法律费用。

第二十八条　被保险人给第三者造成损害，被保险人未向该第三者赔偿的，保险人不得向被保险人赔偿保险金。

第二十九条　发生保险事故时，如果被保险人的损失在有相同保障的其他保险项下也能够获得赔偿，则本保险人按照本保险合同的赔偿限额与其他保险合同及本合同的赔偿限额总和的比例承担赔偿责任。

其他保险人应承担的赔偿金额，本保险人不负责垫付。若被保险人未如实告知导致保险人多支付赔偿金的，保险人有权向被保险人追回多支付的部分。

第三十条　发生保险责任范围内的损失，应由有关责任方负责赔偿的，保险人自向被保险人赔偿保险金之日起，在赔偿金额范围内代位行使被保险人对有关责任方请求赔偿的权利，被保险人应当向保险人提供必要的文件和所知道的有关情况。

被保险人已经从有关责任方取得赔偿的，保险人赔偿保险金时，可以相应扣减被保险人已从有关责任方取得的赔偿金额。

保险事故发生后，在保险人未赔偿保险金之前，被保险人放弃对有关责任方请求赔偿权利的，保险人不承担赔偿责任；保险人向被保险人赔偿保险金后，被保险人未经保险人同意放弃对有关责任方请求赔偿权利的，该行为无效；由于被保险人故意或者因重大过失致使保险人不能行使代位请求赔偿的权利的,保险人可以扣减或者要求返还相应的保险金。

第三十一条 每次事故的保险赔偿结案后,保险人不再负责赔偿任何新增加的与该次保险事故相关的损失、费用或赔偿责任。

当一次保险事故涉及多名第三者时,如果保险人和被保险人双方已经确认了其中部分第三者的赔偿金额,保险人可根据被保险人的申请予以先行赔付。先行赔付后,保险人不再负责赔偿与这些第三者相关的任何新增加的赔偿金。

第三十二条 保险人自收到赔偿请求和有关证明、资料之日起六十日内,对其赔偿数额不能确定的,应当根据已有证明和资料可以确定的数额先予支付;保险人最终确定赔偿保险金的数额后,应当支付相应的差额。

第三十三条 被保险人向保险人请求赔偿保险金的诉讼时效期间为两年,自其知道或者应当知道保险事故发生之日起计算。

争议处理和法律适用

第三十四条 因履行本合同发生的争议,由当事人协商解决。协商不成的,提交保险单载明的仲裁机构仲裁;保险单未载明仲裁机构且争议发生后未达成仲裁协议的,依法向中华人民共和国人民法院起诉。

第三十五条 本合同的争议处理适用中华人民共和国法律。

其 他 事 项

第三十六条 本合同成立后,投保人可要求解除本合同。投保人要求解除本合同的,应当向保险人提出书面申请,本合同自保险人收到书面申请时终止。

第三十七条 本合同成立后,保险人根据保险法规定或者本合同约定要求解除本合同的,除保险法另有规定或本合同另有约定外,本合同自解除通知送达投保人最后所留通讯地址时终止。

第三十八条 在保险单中载明的保险责任起始日前,投保人要求解除本合同的,除本合同另有约定外,投保人应当按照保险费5%的比例向保险人支付手续费,保险人退还已收取的保险费。

在保险单中载明的保险责任起始日后解除本合同的,除本合同另有约定外,保险人应向投保人退还未满期保险费。

如果解除时,本合同项下仍有尚未赔偿结案的保险事故,保险人可在赔偿结案后再向投保人退还未满期保险费。

释 义

第三十九条 除另有约定外,本合同中的下列词语具有如下含义:

个体经济组织:是指经工商部门批准登记注册,并领取营业执照的个体工商户。

其他合法组织:是指经法定登记程序成立并从事其注册登记范围内活动事项的团体机构。

意外事故:是指不可预料的、被保险人无法控制并造成财产损失或人身损害的突发性事件。

第三者:是指除被保险人及其雇员、代表以外的自然人、法人或其他组织。

被保险人的代表:是指虽不是被保险人的雇员或其组织的一部分,但其从事的相关活动是按被保险人委托或与被保险人约定的、与被保险人之经营或活动的范围或性质有直接关联的人或组织。

人身伤害:是指死亡、肢体残疾、组织器官功能障碍及其他影响人身健康的损伤。

财产损失:是指有形财产的物质损坏,包括所引起的该财产不能使用;或有形财产虽未受实质损坏但已丧失使用价值。

自然灾害:是指雷击、暴风、暴雨、洪水、暴雪、冰雹、沙尘暴、冰凌、泥石流、崖崩、突发性滑坡、火山爆发、地面突然塌陷、地震、海啸及其他人力不可抗拒的自然现象。

每次事故:是指一名或多名第三者或其他索赔权利人基于同一原因或理由,单独或共同向被保险人提出的,属于保险责任范围内的一项或一系列索赔或民事诉讼,本合同将其视为一次保险事故,在本合同中简称为每次事故。

未满期保险费:是指保险人应退还的剩余保险期间的保险费,未满期保险费按照以下公式计算:

$$未满期保险费＝年保险费×(剩余保险期间天数/保险期间天数)×$$

$$(累计赔偿限额－累计赔偿金额)/累计赔偿限额$$

保险期间:是指本合同成立时保险单中载明的保险责任起始日零时起至保险责任终止日二十四时止。

保险费:是指本合同成立时保险单中载明的保险费。

累计赔偿金额:是指在实际保险期间内,保险人已支付的保险赔偿金和已发生保险事故但还未支付的保险赔偿金之和,但不包括保险人负责赔偿的(施救费用和)法律费用。

实际保险期间:是指自保险单载明的保险责任起始日零时起至本合同终止日二十四时止。

剩余保险期间:是指自本合同终止日次日零时起至保险单载明的保险责任终止日二十四时止。

10.3.4 财产一切险保险条款

总　　则

第一条　本保险合同由保险条款、投保单、保险单或其他保险凭证以及批单组成。

凡涉及本保险合同的约定,均应采用书面形式。

保 险 标 的

第二条 本保险合同载明地址内的下列财产可作为保险标的:

(一)属于被保险人所有或与他人共有而由被保险人负责的财产;

(二)由被保险人经营管理或替他人保管的财产;

(三)其他具有法律上承认的与被保险人有经济利害关系的财产。

第三条 本保险合同载明地址内的下列财产未经保险合同双方特别约定并在保险合同中载明保险价值的,不属于本保险合同的保险标的:

(一)金银、珠宝、钻石、玉器、首饰、古币、古玩、古书、古画、邮票、字画、艺术品、稀有金属等珍贵财物;

(二)堤堰、水闸、铁路、道路、涵洞、隧道、桥梁、码头;

(三)矿井(坑)内的设备和物资;

(四)便携式通讯装置、便携式计算机设备、便携式照相摄像器材以及其他便携式装置、设备;

(五)尚未交付使用或验收的工程。

第四条 下列财产不属于本保险合同的保险标的:

(一)土地、矿藏、水资源及其他自然资源;

(二)矿井、矿坑;

(三)货币、票证、有价证券以及有现金价值的磁卡、集成电路(IC)卡等卡类;

(四)文件、账册、图表、技术资料、计算机软件、计算机数据资料等无法鉴定价值的财产;

(五)枪支弹药;

(六)违章建筑、危险建筑、非法占用的财产;

(七)领取公共行驶执照的机动车辆;

(八)动物、植物、农作物。

保 险 责 任

第五条 在保险期间内,由于自然灾害或意外事故造成保险标的的直接物质损坏或灭失(以下简称"损失"),保险人按照本保险合同的约定负责赔偿。

前款原因造成的保险事故发生时,为抢救保险标的或防止灾害蔓延,采取必要的、合理的措施而造成保险标的的损失,保险人按照本保险合同的约定也负责赔偿。

第六条 保险事故发生后,被保险人为防止或减少保险标的的损失所支付的必要的、合理的费用,保险人按照本保险合同的约定也负责赔偿。

责 任 免 除

第七条 下列原因造成的损失、费用,保险人不负责赔偿:

（一）投保人、被保险人及其代表的故意或重大过失行为;

（二）行政行为或司法行为;

（三）战争、类似战争行为、敌对行动、军事行动、武装冲突、罢工、骚乱、暴动、政变、谋反、恐怖活动;

（四）地震、海啸及其次生灾害;

（五）核辐射、核裂变、核聚变、核污染及其他放射性污染;

（六）大气污染、土地污染、水污染及其他非放射性污染,但因保险事故造成的非放射性污染不在此限;

（七）保险标的的内在或潜在缺陷、自然磨损、自然损耗,大气（气候或气温）变化、正常水位变化或其他渐变原因,物质本身变化、霉烂、受潮、鼠咬、虫蛀、鸟啄、氧化、锈蚀、渗漏、烘焙;

（八）盗窃、抢劫。

第八条 下列损失、费用,保险人也不负责赔偿:

（一）保险标的遭受保险事故引起的各种间接损失;

（二）设计错误、原材料缺陷或工艺不善造成保险标的本身的损失;

（三）广告牌、天线、霓虹灯、太阳能装置等建筑物外部附属设施,存放于露天或简易建筑物内的保险标的以及简易建筑,由于雷电、暴雨、洪水、暴风、龙卷风、冰雹、台风、飓风、暴雪、冰凌、沙尘暴造成的损失;

（四）锅炉及压力容器爆炸造成其本身的损失;

（五）非外力造成机械或电气设备本身的损失;

（六）被保险人及其雇员的操作不当、技术缺陷造成被操作的机械或电气设备的损失;

（七）盘点时发现的短缺;

（八）任何原因导致公共供电、供水、供气及其他能源供应中断造成的损失和费用;

（九）本保险合同中载明的免赔额或按本保险合同中载明的免赔率计算的免赔额。

保险价值、保险金额与免赔额(率)

第九条 保险标的的保险价值可以为出险时的重置价值、出险时的账面余额、出险时的市场价值或其他价值,由投保人与保险人协商确定,并在本保险合同中载明。

第十条 保险金额由投保人参照保险价值自行确定,并在保险合同中载明。保险金额不得超过保险价值。超过保险价值的,超过部分无效,保险人应当退还相应的保险费。

第十一条 免赔额(率)由投保人与保险人在订立保险合同时协商确定,并在保险合同中载明。

保 险 期 间

第十二条 除另有约定外,保险期间为一年,以保险单载明的起讫时间为准。

保 险 人 义 务

第十三条 订立保险合同时,采用保险人提供的格式条款的,保险人向投保人提供的投保单应当附格式条款,保险人应当向投保人说明保险合同的内容。对保险合同中免除保险人责任的条款,保险人在订立合同时应当在投保单、保险单或者其他保险凭证上作出足以引起投保人注意的提示,并对该条款的内容以书面或者口头形式向投保人作出明确说明;未作提示或者明确说明的,该条款不产生效力。

第十四条 本保险合同成立后,保险人应当及时向投保人签发保险单或其他保险凭证。

第十五条 保险人依据第十九条所取得的保险合同解除权,自保险人知道有解除事由之日起,超过三十日不行使而消灭。自保险合同成立之日起超过两年的,保险人不得解除合同;发生保险事故的,保险人承担赔偿责任。

保险人在合同订立时已经知道投保人未如实告知的情况的,保险人不得解除合同;发生保险事故的,保险人应当承担赔偿责任。

第十六条 保险人按照第二十五条的约定,认为被保险人提供的有关索赔的证明和资料不完整的,应当及时一次性通知投保人、被保险人补充提供。

第十七条 保险人收到被保险人的赔偿保险金的请求后,应当及时作出是否属于保险责任的核定;情形复杂的,应当在三十日内作出核定,但保险合同另有约定的除外。

保险人应当将核定结果通知被保险人;对属于保险责任的,在与被保险人达成赔偿保险金的协议后十日内,履行赔偿保险金义务。保险合同对赔偿保险金的期限有约定的,保险人应当按照约定履行赔偿保险金的义务。保险人依照前款约定作出核定后,对不属于保险责任的,应当自作出核定之日起三日内向被保险人发出拒绝赔偿保险金通知书,并说明理由。

第十八条 保险人自收到赔偿的请求和有关证明、资料之日起六十日内,对其赔偿保险金的数额不能确定的,应当根据已有证明和资料可以确定的数额先予支付;保险人最终确定赔偿的数额后,应当支付相应的差额。

投保人、被保险人义务

第十九条 订立保险合同,保险人就保险标的或者被保险人的有关情况提出询问的,投保人应当如实告知,并如实填写投保单。

投保人故意或者因重大过失未履行前款规定的如实告知义务,足以影响保险人决定是否同意承保或者提高保险费率的,保险人有权解除合同。

投保人故意不履行如实告知义务的,保险人对于合同解除前发生的保险事故,不承担赔偿责任,并不退还保险费。

投保人因重大过失未履行如实告知义务,对保险事故的发生有严重影响的,保险人对于合同解除前发生的保险事故,不承担赔偿责任,但应当退还保险费。

第二十条 投保人应按约定交付保险费。

约定一次性交付保险费的,投保人在约定交费日后交付保险费的,保险人对交费之前发生的保险事故不承担保险责任。

约定分期交付保险费的,保险人按照保险事故发生前保险人实际收取保险费总额与投保人应当交付的保险费的比例承担保险责任,投保人应当交付的保险费是指截至保险事故发生时投保人按约定分期应该缴纳的保费总额。

第二十一条 被保险人应当遵守国家有关消防、安全、生产操作、劳动保护等方面的相关法律、法规及规定,加强管理,采取合理的预防措施,尽力避免或减少责任事故的发生,维护保险标的的安全。

保险人可以对被保险人遵守前款约定的情况进行检查,向投保人、被保险人提出消除不安全因素和隐患的书面建议,投保人、被保险人应该认真付诸实施。

投保人、被保险人未按照约定履行其对保险标的的安全应尽责任的,保险人有权要求增加保险费或者解除合同。

第二十二条 保险标的转让的,被保险人或者受让人应当及时通知保险人。

因保险标的转让导致危险程度显著增加的,保险人自收到前款规定的通知之日起三十日内,可以按照合同约定增加保险费或者解除合同。保险人解除合同的,应当将已收取的保险费,按照合同约定扣除自保险责任开始之日起至合同解除之日止应收的部分后,退还投保人。

被保险人、受让人未履行本条规定的通知义务的,因转让导致保险标的的危险程度显著增加而发生的保险事故,保险人不承担赔偿责任。

第二十三条 在合同有效期内,如保险标的的占用与使用性质、保险标的的地址及其他可能导致保险标的的危险程度显著增加的、或其他足以影响保险人决定是否继续承保或是否增加保险费的保险合同重要事项变更,被保险人应及时书面通知保险人,保险人有权要求增加保险费或者解除合同。

被保险人未履行前款约定的通知义务的,因保险标的的危险程度显著增加而发生的保险事故,保险人不承担赔偿责任。

第二十四条 知道保险事故发生后,被保险人应该:

(一)尽力采取必要、合理的措施,防止或减少损失,否则,对因此扩大的损失,保险人不承担赔偿责任;

（二）立即通知保险人，并书面说明事故发生的原因、经过和损失情况；故意或者因重大过失未及时通知，致使保险事故的性质、原因、损失程度等难以确定的，保险人对无法确定的部分，不承担赔偿责任，但保险人通过其他途径已经及时知道或者应当及时知道保险事故发生的除外；

（三）保护事故现场，允许并且协助保险人进行事故调查；对于拒绝或者妨碍保险人进行事故调查导致无法确定事故原因或核实损失情况的，保险人对无法确定或核实的部分不承担赔偿责任。

第二十五条 被保险人请求赔偿时，应向保险人提供下列证明和资料：

（一）保险单正本、索赔申请、财产损失清单、技术鉴定证明、事故报告书、救护费用发票、必要的账簿、单据和有关部门的证明；

（二）投保人、被保险人所能提供的与确认保险事故的性质、原因、损失程度等有关的其他证明和资料。

投保人、被保险人未履行前款约定的单证提供义务，导致保险人无法核实损失情况的，保险人对无法核实的部分不承担赔偿责任。

赔 偿 处 理

第二十六条 保险事故发生时，被保险人对保险标的不具有保险利益的，不得向保险人请求赔偿保险金。

第二十七条 保险标的发生保险责任范围内的损失，保险人有权选择下列方式赔偿：

（一）货币赔偿：保险人以支付保险金的方式赔偿；

（二）实物赔偿：保险人以实物替换受损标的，该实物应具有保险标的出险前同等的类型、结构、状态和性能；

（三）实际修复：保险人自行或委托他人修理修复受损标的。

对保险标的在修复或替换过程中，被保险人进行的任何变更、性能增加或改进所产生的额外费用，保险人不负责赔偿。

第二十八条 保险标的遭受损失后，如果有残余价值，应由双方协商处理。如折归被保险人，由双方协商确定其价值，并在保险赔款中扣除。

第二十九条 保险标的发生保险责任范围内的损失，保险人按以下方式计算赔偿：

（一）保险金额等于或高于保险价值时，按实际损失计算赔偿，最高不超过保险价值；

（二）保险金额低于保险价值时，按保险金额与保险价值的比例乘以实际损失计算赔偿，最高不超过保险金额；

（三）若本保险合同所列标的不止一项时，应分项按照本条约定处理。

第三十条 保险标的的保险金额大于或等于其保险价值时，被保险人为防止或减少保险标的的损失所支付的必要的、合理的费用,在保险标的损失赔偿金额之外另行计算,最高不超过被施救保险标的的保险价值。

保险标的的保险金额小于其保险价值时,上述费用按被施救保险标的的保险金额与其保险价值的比例在保险标的损失赔偿金额之外另行计算,最高不超过被施救保险标的的保险金额。

被施救的财产中,含有本保险合同未承保财产的,按被施救保险标的的保险价值与全部被施救财产价值的比例分摊施救费用。

第三十一条 每次事故保险人的赔偿金额为根据第二十九条、第三十条约定计算的金额扣除每次事故免赔额后的金额,或者为根据第二十九条、第三十条约定计算的金额扣除该金额与免赔率乘积后的金额。

第三十二条 保险事故发生时,如果存在重复保险,保险人按照本保险合同的相应保险金额与其他保险合同及本保险合同相应保险金额总和的比例承担赔偿责任。

其他保险人应承担的赔偿金额,本保险人不负责垫付。若被保险人未如实告知导致保险人多支付赔偿金的,保险人有权向被保险人追回多支付的部分。

第三十三条 保险标的发生部分损失,保险人履行赔偿义务后,本保险合同的保险金额自损失发生之日起按保险人的赔偿金额相应减少,保险人不退还保险金额减少部分的保险费。如投保人请求恢复至原保险金额,应按原约定的保险费率另行支付恢复部分从投保人请求的恢复日期起至保险期间届满之日止按日比例计算的保险费。

第三十四条 发生保险责任范围内的损失,应由有关责任方负责赔偿的,保险人自向被保险人赔偿保险金之日起,在赔偿金额范围内代位行使被保险人对有关责任方请求赔偿的权利,被保险人应当向保险人提供必要的文件和所知道的有关情况。

被保险人已经从有关责任方取得赔偿的,保险人赔偿保险金时,可以相应扣减被保险人已从有关责任方取得的赔偿金额。

保险事故发生后,在保险人未赔偿保险金之前,被保险人放弃对有关责任方请求赔偿权利的,保险人不承担赔偿责任;保险人向被保险人赔偿保险金后,被保险人未经保险人同意放弃对有关责任方请求赔偿权利的,该行为无效;由于被保险人故意或者因重大过失致使保险人不能行使代位请求赔偿的权利的,保险人可以扣减或者要求返还相应的保险金。

第三十五条 被保险人向保险人请求赔偿保险金的诉讼时效期间为两年,自其知道或者应当知道保险事故发生之日起计算。

争议处理和法律适用

第三十六条 因履行本保险合同发生的争议,由当事人协商解决。协商不成的,提交保险单载明的仲裁机构仲裁;保险单未载明仲裁机构且争议发生后未达成仲裁协议的,依法向人民法院起诉。

第三十七条 与本保险合同有关的以及履行本保险合同产生的一切争议,适用中华人民共和国法律(不包括港澳台地区法律)。

其 他 事 项

第三十八条 保险标的发生部分损失的,自保险人赔偿之日起三十日内,投保人可以解除合同;除合同另有约定外,保险人也可以解除合同,但应当提前十五日通知投保人。

保险合同依据前款规定解除的,保险人应当将保险标的未受损失部分的保险费,按照合同约定扣除自保险责任开始之日起至合同解除之日止应收的部分后,退还投保人。

第三十九条 保险责任开始前,投保人要求解除保险合同的,应当按本保险合同的约定向保险人支付退保手续费,保险人应当退还剩余部分保险费。

保险责任开始后,投保人要求解除保险合同的,自通知保险人之日起,保险合同解除,保险人按短期费率计收保险责任开始之日起至合同解除之日止期间的保险费,并退还剩余部分保险费。

保险责任开始后,保险人要求解除保险合同的,可提前十五日向投保人发出解约通知书解除本保险合同,保险人按照保险责任开始之日起至合同解除之日止期间与保险期间的日比例计收保险费,并退还剩余部分保险费。

第四十条 保险标的发生全部损失,属于保险责任的,保险人在履行赔偿义务后,本保险合同终止;不属于保险责任的,本保险合同终止,保险人按短期费率计收自保险责任开始之日起至损失发生之日止期间的保险费,并退还剩余部分保险费。

释 义

第四十一条 本保险合同涉及下列术语时,适用下列释义:

(一)火灾

在时间或空间上失去控制的燃烧所造成的灾害。构成本保险的火灾责任必须同时具备以下三个条件:

1. 有燃烧现象,即有热有光有火焰;

2. 偶然、意外发生的燃烧;

3. 燃烧失去控制并有蔓延扩大的趋势。

因此,仅有燃烧现象并不等于构成本保险中的火灾责任。在生产、生活中有目的用火,如为了防疫而焚毁玷污的衣物,点火烧荒等属正常燃烧,不同于火灾责任。

因烘、烤、烫、烙造成焦糊变质等损失,既无燃烧现象,又无蔓延扩大趋势,也不属于火灾责任。

电机、电器、电气设备因使用过度、超电压、碰线、弧花、漏电、自身发热所造成的本身损毁,不属于火灾责任。但如果发生了燃烧并失去控制蔓延扩大,才构成火灾责任,

231

并对电机、电器、电气设备本身的损失负责赔偿。

（二）**爆炸**

爆炸分物理性爆炸和化学性爆炸。

1. 物理性爆炸：由于液体变为蒸汽或气体膨胀，压力急剧增加并大大超过容器所能承受的极限压力，因而发生爆炸。如锅炉、空气压缩机、压缩气体钢瓶、液化气罐爆炸等。关于锅炉、压力容器爆炸的定义是：锅炉或压力容器在使用中或试压时发生破裂，使压力瞬时降到等于外界大气压力的事故，称为"爆炸事故"。

2. 化学性爆炸：物体在瞬息分解或燃烧时放出大量的热和气体，并以很大的压力向四周扩散的现象。如火药爆炸、可燃性粉尘纤维爆炸、可燃气体爆炸及各种化学物品的爆炸等。

因物体本身的瑕疵，使用损耗或产品质量低劣以及由于容器内部承受"负压"（内压比外压小）造成的损失，不属于爆炸责任。

（三）**雷击**

雷击指由雷电造成的灾害。雷电为积雨云中、云间或云地之间产生的放电现象。雷击的破坏形式分直接雷击与感应雷击两种。

1. 直接雷击：由于雷电直接击中保险标的造成损失，属直接雷击责任。

2. 感应雷击：由于雷击产生的静电感应或电磁感应使屋内对地绝缘金属物体产生高电位放出火花引起的火灾，导致电器本身的损毁，或因雷电的高电压感应，致使电器部件的损毁，属感应雷击责任。

（四）**暴雨**：指每小时降雨量达 16 毫米以上，或连续 12 小时降雨量达 30 毫米以上，或连续 24 小时降雨量达 50 毫米以上的降雨。

（五）**洪水**：指山洪暴发、江河泛滥、潮水上岸及倒灌。但规律性的涨潮、自动灭火设施漏水以及在常年水位以下或地下渗水、水管爆裂不属于洪水责任。

（六）**暴风**：指风力达 8 级、风速在 17.2 米/秒以上的自然风。

（七）**龙卷风**：指一种范围小而时间短的猛烈旋风，陆地上平均最大风速在 79 米/秒～103 米/秒，极端最大风速在 100 米/秒以上。

（八）**冰雹**：指从强烈对流的积雨云中降落到地面的冰块或冰球，直径大于 5 毫米，核心坚硬的固体降水。

（九）**台风、飓风**：台风指中心附近最大平均风力 12 级或以上，即风速在 32.6 米/秒以上的热带气旋；飓风是一种与台风性质相同、但出现的位置区域不同的热带气旋，台风出现在西北太平洋海域，而飓风出现在印度洋、大西洋海域。

（十）**沙尘暴**：指强风将地面大量尘沙吹起，使空气很混浊，水平能见度小于 1 公里的天气现象。

（十一）**暴雪**：指连续 12 小时的降雪量大于或等于 10 毫米的降雪现象。

（十二）**冰凌**：指春季江河解冻期时冰块飘浮遇阻，堆积成坝，堵塞江道，造成水位急剧上升,以致江水溢出江道,蔓延成灾。

陆上有些地区,如山谷风口或酷寒致使雨雪在物体上结成冰块,成下垂形状,越结越厚,重量增加,由于下垂的拉力致使物体毁坏,也属冰凌责任。

(十三)**突发性滑坡**:斜坡上不稳的岩土体或人为堆积物在重力作用下突然整体向下滑动的现象。

(十四)**崩塌**:石崖、土崖、岩石受自然风化、雨蚀造成崩溃下塌,以及大量积雪在重力作用下从高处突然崩塌滚落。

(十五)**泥石流**:由于雨水、冰雪融化等水源激发的、含有大量泥沙石块的特殊洪流。

(十六)**地面突然下陷下沉**:地壳因为自然变异,地层收缩而发生突然塌陷。对于因海潮、河流、大雨侵蚀或在建筑房屋前没有掌握地层情况,地下有孔穴、矿穴,以致地面突然塌陷,也属地面突然下陷下沉。但未按建筑施工要求导致建筑地基下沉、裂缝、倒塌等,不在此列。

(十七)**飞行物体及其他空中运行物体坠落**:指空中飞行器、人造卫星、陨石坠落,吊车、行车在运行时发生的物体坠落,人工开凿或爆炸而致石方、石块、土方飞射、塌下,建筑物倒塌、倒落、倾倒,以及其他空中运行物体坠落。

(十八)**自然灾害**:指雷击、暴雨、洪水、暴风、龙卷风、冰雹、台风、飓风、沙尘暴、暴雪、冰凌、突发性滑坡、崩塌、泥石流、地面突然下陷下沉及其他人力不可抗拒的破坏力强大的自然现象。

(十九)**意外事故**:指不可预料的以及被保险人无法控制并造成物质损失的突发性事件,包括火灾和爆炸。

(二十)**重大过失行为**:指行为人不但没有遵守法律规范对其较高要求,甚至连人们都应当注意并能注意的一般标准也未达到的行为。

(二十一)**恐怖活动**:指任何人以某一组织的名义或参与某一组织使用武力或暴力对任何政府进行恐吓或施加影响而采取的行动。

(二十二)**地震**:地壳发生的震动。

(二十三)**海啸**:海啸是指由海底地震,火山爆发或水下滑坡、塌陷所激发的海洋巨波。

(二十四)**行政行为或司法行为**:指各级政府部门、执法机关或依法履行公共管理、社会管理职能的机构下令破坏、征用、罚没保险标的的行为。

(二十五)**简易建筑**:指符合下列条件之一的建筑:(1)使用竹木、芦席、篷布、茅草、油毛毡、塑料膜、尼龙布、玻璃钢瓦等材料为顶或墙体的建筑;(2)顶部封闭,但直立面非封闭部分的面积与直立面总面积的比例超过10%的建筑;(3)屋顶与所有墙体之间的最大距离超过一米的建筑。

(二十六)**自燃**:指可燃物在没有外部热源直接作用的情况下,由于其内部的物理作用(如吸附、辐射等)、化学作用(如氧化、分解、聚合等)或生物作用(如发酵、细菌腐败等)而发热,热量积聚导致升温,当可燃物达到一定温度时,未与明火直接接触而发生燃烧的现象。

(二十七)**重置价值**:指替换、重建受损保险标的,以使其达到全新状态而发生的费用,但不包括被保险人进行的任何变更、性能增加或改进所产生的额外费用。

(二十八)**水箱、水管爆裂**:包括冻裂和意外爆裂两种情况。水箱、水管爆裂一般是由水箱、水管本身瑕疵或使用耗损或严寒结冰造成的。

短期费率表

保险期间	一个月	二个月	三个月	四个月	五个月	六个月	七个月	八个月	九个月	十个月	十一个月	十二个月
年费率的百分比	10%	20%	30%	40%	50%	60%	70%	80%	85%	90%	95%	100%

注:不足一个月的部分按一个月计收。

10.4 水上交通保险条款

10.4.1 码头营运人责任保险条款

总　　则

第一条　本保险合同(以下简称为“本合同”)由投保单、保险单或其他保险凭证及所附条款,与本合同有关的投保文件、声明、批注、附贴批单及其他书面文件构成。凡涉及本合同的约定,均应采用书面形式。

保　险　责　任

第二条　在保险单明细表载明的保险期间或追溯期内,被保险人在保险单明细表载明的码头区域范围内从事码头作业过程中,因疏忽或过失造成意外事故并导致下列损失,由作业委托人或其他第三者在保险期间内首次向被保险人提出有效索赔申请,依据中华人民共和国法律(不包括港澳台地区法律,下同)(以下简称为“依法”)应由被保险人承担的经济赔偿责任,保险人根据本合同的约定负责赔偿:

(一)作业货物、船舶的损失,包括:

1. 作业货物的物质损失。

本款所称货物包括经由码头运输的货物和非由码头营运人提供的集装箱、货盘或其他类似的运输或包装器具。

2. 被保险人以外的第三者所有或控制的作业船舶船体、船具的损坏或灭失。

(二)第三者的损失,包括:

1. 第三者的人身伤亡;

2. 除作业货物、船舶之外的其他第三者财产的损失。

第三条 在保险单明细表载明的保险期间或追溯期内，被保险人在保险单明细表载明的码头区域范围内从事码头作业过程中，因疏忽或过失造成作业错误或作业延迟并导致下列损失，由作业委托人在保险期间内首次向被保险人提出有效索赔申请，依据中华人民共和国法律或相关作业合同应由被保险人承担的赔偿责任，保险人也根据本合同的约定负责赔偿：

（一）被保险人延误作业造成作业委托人的直接经济损失；

（二）被保险人未按作业合同的规定交付货物造成作业委托人的直接经济损失；

（三）被保险人未履行或未完全履行作业合同造成作业委托人的其他直接经济损失。

第四条 保险事故发生后，被保险人因保险事故而被提起仲裁或者诉讼的，对应由被保险人支付的仲裁或诉讼费用以及事先经保险人书面同意支付的其他必要的、合理的费用（以下简称"法律费用"），保险人按照本合同约定也负责赔偿。

第五条 保险事故发生时，被保险人为控制或减少对作业委托人或其他第三者的损失所支付的必要的、合理的费用（以下简称"施救费用"），保险人按照本合同约定也负责赔偿。

第六条 投保人首次投保本保险，不适用追溯期；投保人连续投保，追溯期可以连续计算，但最长不得超过二年，且追溯期的起始日不应超过首张保险单的保险期间起始日。

责 任 免 除

第七条 下列损失、费用和责任，保险人不负责赔偿：

（一）被保险人或其雇员的人身伤亡，以及被保险人或其雇员所有或管理的财产的损失，但本合同另有约定的不在此限；

（二）精神损害赔偿责任；

（三）罚款、罚金及惩罚性赔款；

（四）被保险人在作业合同以外的协议下应承担的责任，但不包括没有该协议被保险人仍应承担的责任；

（五）由于震动、移动或减弱支撑引起任何土地、财产、建筑物的损坏责任；

（六）疏浚航道、挖泥过程中造成的损失或伤害责任；

（七）处理废物或垃圾过程中（包括运输、倾卸和填埋）造成的损失或伤害责任；

（八）被保险人所有或管理的拖头、车架、飞机、船舶或领有或按照有关规定应领有公共行驶牌照的车辆造成的损失或伤害责任；

（九）码头机械设备造成的损害赔偿责任；

（十）根据作业合同或中华人民共和国《港口货物作业规则》，被保险人对货物的损坏、灭失或迟延交付可以免除的责任；

（十一）被保险人的各种间接损失；

（十二）盘点时发现的短缺；

（十三）烟熏、大气污染、土地污染、水污染及其他各种污染所造成的损失和责任，但不包括因本合同所承保的风险造成的污染而导致保险标的的损失；

（十四）本合同中载明的每次事故免赔额。

第八条 下列原因造成的损失、费用和责任，保险人不负责赔偿：

（一）码头机械设备的拆装、重装或改变设备的作业场所过程中造成的损坏责任；但此除外不适用于为检修、维护或维修所进行的设备的拆装、重装及机械设备在保险单明细表中所载明的码头作业区域内的改变作业场所；

（二）被保险人无单放货，即被保险人在货物接收人未能提供有效提单或其他提货凭证的情况下进行货物交付而造成的有关利益方的损失；

（三）投保人、被保险人及其代表的故意行为或重大过失；

（四）战争、敌对行动、军事行为、武装冲突、罢工、骚乱、暴动、恐怖主义活动；

（五）核爆炸、核裂变、核聚变；

（六）放射性污染及其他各种环境污染；

（七）地震、海啸等自然灾害；

（八）行政行为或司法行为。

第九条 下列财产的损失责任，保险人不负责赔偿：

（一）货币、有价证券、金银、珠宝、钻石、玉器、首饰、古玩、文物、邮票、艺术品、稀有金属等珍贵财物；

（二）活的动植物；

（三）保价货物。

责任限额、免赔额

第十条 本合同的责任限额包括每次事故责任限额、累计责任限额和每次事故法律费用责任限额，由投保人与保险人在签订本合同时协商确定，并分别载于保险单明细表中。

每次事故免赔额由投保人与保险人在签订本合同时协商确定，并在本合同中载明。

保 险 费

第十一条 签订本合同时，保险人按保险期间预计码头作业吞吐量（集装箱货物以标准箱 TEU 为单位，散装货物以吨为单位）计收预付保险费。保险期间届满后，被保险人应将保险期间内实际码头作业吞吐量书面通知保险人，作为计算实际保险费的依据。实际保险费若高于预付保险费，被保险人应补交其差额；若预付保险费高于实际保险费,保险人退还其差额,但实际保险费不得低于保险单明细表中载明的最低保险费。

保 险 人 义 务

第十二条 本合同成立后,保险人应当及时向投保人签发保险单或其他保险凭证。

第十三条 保险人按照第二十二条的约定,认为被保险人提供的有关索赔的证明和资料不完整的,应当及时一次性通知投保人、被保险人补充提供。

第十四条 保险人收到被保险人或直接向保险人提出赔偿请求的作业委托人或其他第三者(以下简称为"索赔人")的赔偿保险金的请求后,应当及时作出是否属于保险责任的核定;情形复杂的,应当在三十日内作出核定,但本合同另有约定的除外。

保险人应当将核定结果通知被保险人;对属于保险责任的,在与被保险人达成赔偿保险金的协议后十日内,履行赔偿保险金义务。本合同对赔偿保险金的期限有约定的,保险人应当按照约定履行赔偿保险金的义务。保险人依照前款的规定作出核定后,对不属于保险责任的,应当自作出核定之日起三日内向被保险人发出拒绝赔偿保险金通知书,并说明理由。

第十五条 保险人自收到赔偿保险金的请求和有关证明、资料之日起六十日内,对其赔偿保险金的数额不能确定的,应当根据已有证明和资料可以确定的数额先予支付;保险人最终确定赔偿的数额后,应当支付相应的差额。

投保人、被保险人义务

第十六条 订立本合同,保险人就保险标的或者被保险人的有关情况提出询问的,投保人应当如实告知。

投保人故意或者因重大过失未履行前款规定的如实告知义务,足以影响保险人决定是否同意承保或者提高保险费率的,保险人有权解除本合同。

前款规定的合同解除权,自保险人知道有解除事由之日起,超过三十日不行使而消灭。自合同成立之日起超过两年的,保险人不得解除合同;发生保险事故的,保险人应当承担赔偿保险金的责任。

投保人故意不履行如实告知义务的,保险人对于合同解除前发生的保险事故,不承担赔偿保险金的责任,并不退还保险费。

投保人因重大过失未履行如实告知义务,对保险事故的发生有严重影响的,保险人对于合同解除前发生的保险事故,不承担赔偿保险金的责任,但应当退还保险费。

保险人在合同订立时已经知道投保人未如实告知的情况的,保险人不得解除合同;发生保险事故的,保险人应当承担赔偿保险金的责任。

第十七条 投保人应按照本合同的约定交付保险费。本合同约定一次性交付保险费或对保险费交付方式、交付时间没有约定的,投保人应在保险责任起始日前一次性交付保险费;约定以分期付款方式交付保险费的,投保人应按期交付第一期保险费。投保人未按本款约定交付保险费的,本合同不生效,保险人不承担保险责任。

如果发生投保人未按期足额交付保险费或不按约定日期交付第二期或以后任何一期保险费的情形,从违约之日起,保险人有权解除本合同并追收已经承担保险责任期间的保险费和利息,本合同自解除通知送达投保人时解除;在本合同解除前发生保险事故的,保险人按照保险事故发生前保险人实际收取的保险费总额与投保人应当交付保险费的比例承担保险责任,投保人应当交付保险费是指按照付款约定截至保险事故发生时投保人应该交纳的保险费总额。

第十八条 被保险人应当遵守国家有关消防、安全、生产操作等方面的规定,维护保险标的和作业货物的安全,制订码头安全作业的规章制度并付诸实施,聘用技术及技能合格的工人和技术人员并且使拥有的建筑物、道路、航道、工厂、机器、装修和设备处于坚实、良好可供使用的状态,加强管理,采取合理的预防措施,尽力避免或减少责任事故的发生。

被保险人应按照码头机械设备的规范要求,对保险码头机械设备定期做好维修和保养工作,使之处于良好的技术状态。被保险人在保险码头机械设备大修时应及时通知保险人并将修理记录提供给保险人。

保险人可以对保险标的及经营、作业的安全状况进行检查,向投保人、被保险人提出消除不安全因素和隐患的书面建议,被保险人应该认真付诸实施。

投保人、被保险人未按照约定履行上述安全义务的,保险人有权要求增加保险费或者解除合同。

第十九条 若在某一保险码头机械设备中发现的缺陷表明或预示类似缺陷亦存在于其他保险码头机械设备中时,被保险人应立即自付费用进行调查并纠正该缺陷。否则,由类似缺陷造成的一切损失应由被保险人自行承担。

第二十条 在本合同有效期内,保险标的的危险程度显著增加的,被保险人应当按照合同约定及时通知保险人,保险人可以按照合同约定增加保险费或者解除合同。

被保险人未履行前款约定的通知义务的,因保险标的的危险程度显著增加而发生的保险事故,保险人不承担赔偿保险金的责任。

第二十一条 知道保险事故发生后,被保险人应该:

(一)尽力采取必要、合理的措施,防止或减少损失,否则,对因此扩大的损失,保险人不承担赔偿责任;

(二)及时通知保险人,并书面说明事故发生的原因、经过和损失情况;故意或者因重大过失未及时通知,致使保险事故的性质、原因、损失程度等难以确定的,保险人对无法确定的部分,不承担赔偿责任,但保险人通过其他途径已经及时知道或者应当及时知道保险事故发生的除外;

(三)保护事故现场,允许并且协助保险人进行事故调查。对于拒绝或者妨碍保险人进行事故调查导致无法确定事故原因或核实损失情况的,保险人对无法确定或核实部分不承担赔偿责任；

（四）如果保险事故由恶意第三方所导致，应及时向当地公安机关报案，否则对可以追回而未能追回的损失，保险人有权拒绝赔偿。

第二十二条 被保险人请求赔偿时，应向保险人提供下列证明和资料：

（一）保险单正本；

（二）事故证明书；

（三）损失清单；

（四）索赔申请；

（五）提单、发票、装箱单；

（六）法院的判决书、裁定书或调解书、或仲裁机构出具的裁决书或调解书、或责任认定证明；

（七）付款凭证；

（八）投保人、被保险人所能提供的与确认保险事故的性质、原因、损失程度等有关的其他证明和资料。

被保险人未履行前款约定的索赔材料提供义务，导致保险人无法核实损失情况的，保险人对无法核实部分不承担赔偿责任。

第二十三条 被保险人收到索赔人的损害赔偿请求时，应立即通知保险人。未经保险人书面同意，被保险人对索赔人作出的任何承诺、拒绝、出价、约定、付款或赔偿，保险人不受其约束。对于被保险人自行承诺或支付的赔偿金额，保险人有权重新核定，不属于本保险责任范围或超出应责任限额的，保险人不承担赔偿责任。在处理索赔过程中，保险人有权自行处理由其承担最终赔偿责任的任何索赔案件，被保险人有义务向保险人提供其所能提供的资料和协助。

第二十四条 被保险人获悉可能发生诉讼、仲裁时，应立即以书面形式通知保险人；接到法院传票或其他法律文书后，应将其副本及时送交保险人。保险人有权以被保险人的名义处理有关诉讼或仲裁事宜，被保险人应提供有关文件，并给予必要的协助。

对因未及时提供上述通知或必要协助导致扩大的损失，保险人不承担赔偿责任。

赔 偿 处 理

第二十五条 保险人的赔偿以下列方式之一确定的被保险人的赔偿责任为基础：

（一）被保险人与索赔人协商并经保险人确认；

（二）仲裁机构裁决；

（三）法院判决；

（四）保险人认可的其他方式。

第二十六条 被保险人给作业委托人或其他第三者造成损害，被保险人未向该作业委托人或其他第三者赔偿的，保险人不得向被保险人赔偿保险金。

第二十七条 对于每次保险事故,保险人就第二条、第三条项下的赔偿金额,按被保险人应当承担的赔偿责任扣除本合同约定的免赔额计算,最高不超过保险单明细表载明的每次事故责任限额;在保险期间内,保险人就第二条、第三条项下的累计赔偿金额,不超过保险单明细表载明的累计责任限额。

对于被保险人因每次保险事故而支付的事先经保险人书面同意的法律费用,保险人的赔偿金额不超过保险单明细表载明的每次事故法律费用责任限额。

对于被保险人在每次保险事故发生时为控制或减少对作业委托人或其他第三者的损失而支付的必要的、合理的施救费用,保险人的赔偿金额在第二条、第三条项下赔偿金额以外另行计算,最高不超过保险单明细表载明的每次事故责任限额。

作业委托人或其他第三者在保险期间内首次向被保险人提出赔偿请求,视为保险事故发生。

第二十八条 发生保险事故时,如果被保险人的损失在有相同保障的其他保险项下也能够获得赔偿,则本保险人按照本合同的责任限额与其他保险合同及本合同的责任限额总和的比例承担赔偿责任。

其他保险人应承担的赔偿金额,本保险人不负责垫付。若被保险人未如实告知导致保险人多支付赔偿金的,保险人有权向被保险人追回多支付的部分。

第二十九条 发生保险责任范围内的损失,应由有关责任方负责赔偿的,保险人自向被保险人赔偿保险金之日起,在赔偿金额范围内代位行使被保险人对有关责任方请求赔偿的权利,被保险人应当向保险人提供必要的文件和所知道的有关情况。

被保险人已经从有关责任方取得赔偿的,保险人赔偿保险金时,可以相应扣减被保险人已从有关责任方取得的赔偿金额。

保险事故发生后,在保险人未赔偿保险金之前,被保险人放弃对有关责任方请求赔偿权利的,保险人不承担赔偿责任;保险人向被保险人赔偿保险金后,被保险人未经保险人同意放弃对有关责任方请求赔偿权利的,该行为无效;由于被保险人故意或者因重大过失致使保险人不能行使代位请求赔偿的权利的,保险人可以扣减或者要求返还相应的保险金。

第三十条 保险赔偿结案后,保险人不再负责赔偿任何新增加的与该次保险事故相关的损失、费用或赔偿责任。

当一次保险事故涉及多名作业委托人或其他第三者时,如果保险人和被保险人双方已经确认了其中部分作业委托人或其他第三者的赔偿金额,保险人可根据被保险人的申请予以先行赔付。先行赔付后,保险人不再负责赔偿与这些作业委托人或其他第三者相关的任何新增加的赔偿金。

第三十一条 被保险人向保险人请求赔偿保险金的诉讼时效期间为两年,自其知道或者应当知道保险事故发生之日起计算。

第三十二条 保险人赔偿损失后,本合同中与赔款相应的累计责任限额从损失发生之日起相应减少，保险人以批单的方式批改本合同，并且不退还累计责任限额减少部分的保险费。

如被保险人要求恢复至原累计责任限额，应按约定的保险费率支付恢复部分从被保险人要求之日起至保险期间终止之日止按日比例计算的保险费。

争 议 处 理

第三十三条 因履行本合同发生的争议，由当事人协商解决。协商不成的，提交保险单载明的仲裁机构仲裁；保险单未载明仲裁机构且争议发生后未达成仲裁协议的，依法向中华人民共和国法院起诉。

第三十四条 本合同争议处理适用中华人民共和国法律。

其 他 事 项

第三十五条 本合同成立后，投保人可要求解除本合同。投保人要求解除本合同的，应当向保险人提出书面申请，本合同自保险人收到书面申请时终止。

第三十六条 本合同成立后，保险人根据保险法规定或者本合同约定要求解除本合同的，除保险法另有规定或本合同另有约定外，本合同自解除通知送达投保人最后所留通讯地址时终止。

第三十七条 在保险单中载明的保险责任起始日前，投保人要求解除本合同的，除本合同另有约定外，投保人应当按照保险费5％的比例向保险人支付手续费，保险人退还已收取的保险费。

在保险单中载明的保险责任起始日后解除本合同的，除本合同另有约定外，保险人应向投保人退还未满期保险费。

如果解除时，本合同项下仍有尚未赔偿结案的保险事故，保险人可在赔偿结案后再向投保人退还未满期保险费。

释 义

第三十八条 除非另有约定，本合同中的下列词语具有如下含义：

保险人：是指中国太平洋财产保险股份有限公司。

第三者：是指被保险人或其雇员、代表以外的自然人、法人或其他组织。

人身伤亡：是指死亡、肢体残疾、组织器官功能障碍及其他影响人身健康的损伤。

自然灾害：指雷击、暴风、暴雨、洪水、暴雪、冰雹、沙尘暴、冰凌、泥石流、崖崩、突发性滑坡、火山爆发、地面突然塌陷、地震、海啸及其他人力不可抗拒的自然现象。

每次事故：是指一名或多名索赔人基于同一原因或理由，单独或共同向被保险人提出的，属于保险责任范围内的一项或一系列索赔或民事诉讼，本合同将其视为一次保险事故，在本合同中简称为每次事故。

未满期保险费:是指保险人应退还的剩余保险期间的保险费,未满期保险费按照以下公式计算:

$$未满期保险费＝保险费×(剩余保险期间天数/保险期间天数)×$$
$$(累计责任限额－累计赔偿金额)/累计责任限额$$

其中,累计赔偿金额是指在实际保险期间内,保险人已支付的保险赔偿金和已发生保险事故但还未支付的保险赔偿金之和,但不包括保险人负责赔偿的法律费用和施救费用。

10.4.2　沿海内河船舶保险条款

总　　则

本保险的保险标的是指中华人民共和国境内合法登记注册从事沿海、内河航行的船舶,包括船体、机器、设备、仪器和索具。船上燃料、物料、给养、淡水等财产和渔船不属于本保险标的范围。

本保险分为全损险和一切险,本保险按保险单注明的承保险别承担保险责任。

保　险　责　任

第一条　全损险

由于下列原因造成保险船舶发生的全损,本保险负责赔偿。

(一)八级以上(含八级)大风、洪水、地震、海啸、雷击、崖崩、滑坡、泥石流、冰凌;

(二)火灾、爆炸;

(三)碰撞、触碰;

(四)搁浅、触礁;

(五)由于上述一至四款灾害或事故引起的倾覆、沉没;

(六)船舶失踪。

第二条　一切险

本保险承保第一条列举的六项原因所造成保险船舶的全损或部分损失以及所引起的下列责任和费用:

(一)碰撞、触碰责任:本公司承保的保险船舶在可航水域碰撞其他船舶或触碰码头、港口设施、航标,致使上述物体发生的直接损失和费用,包括被碰船舶上所载货物的直接损失,依法应当由被保险人承担的赔偿责任。本保险对每次碰撞、触碰责任仅负责赔偿金额的四分之三,但在保险期间内一次或累计最高赔偿额以不超过船舶保险金额为限。

属于本船舶上的货物损失,本保险不负赔偿责任。

非机动船舶不负碰撞、触碰责任,但保险船舶由本公司承保的拖船拖带时,可视为机动船舶。

（二）共同海损、救助及施救：本保险负责赔偿依照国家有关法律或规定应当由保险船舶摊负的共同海损。除合同另有约定外,共同海损的理算办法应按《北京理算规则》办理。

保险船舶在发生保险事故时,被保险人为防止或减少损失而采取施救及救助措施所支付的必要的、合理的施救或救助费用、救助报酬,由本保险负责赔偿。

但共同海损、救助及施救三项费用之和的累计最高赔偿额以不超过保险金额为限。

除 外 责 任

第三条 保险船舶由于下列情况所造成的损失、责任及费用,本保险不负责赔偿：

（一）船舶不适航、不适拖（包括船舶技术状态、配员、装载等,拖船的拖带行为引起的被拖船舶的损失、责任和费用,非拖轮的拖带行为所引起的一切损失、责任和费用）；

（二）船舶正常的维修保养、油漆,船体自然磨损、锈蚀、腐烂及机器本身发生的故障和舵、螺旋桨、桅、锚、锚链、橹及子船的单独损失；

（三）浪损、座浅；

（四）被保险人及其代表（包括船长）的故意行为或违法犯罪行为；

（五）清理航道、污染和防止或清除污染、水产养殖及设施、捕捞设施、水下设施、桥的损失和费用；

（六）因保险事故引起本船及第三者的间接损失和费用以及人员伤亡或由此引起的责任和费用；

（七）战争、军事行为、扣押、骚乱、罢工、哄抢和政府征用、没收；

（八）其他不属于保险责任范围内的损失。

保 险 期 间

第四条 除另有约定,保险期间最长为一年,起止日期以保险单载明的时间为准。

保 险 金 额

第五条 船龄在三年（含）以内的船舶视为新船,新船的保险价值按重置价值确定,船龄在三年以上的船舶视为旧船,旧船的保险价值按实际价值确定。

保险金额按保险价值确定,也可以由保险双方协商确定,但保险金额不得超过保险价值。

重置价值是指市场新船购置价；实际价值是指船舶市场价或出险时的市场价。

索 赔 和 赔 偿

第六条 保险事故发生时,被保险人对保险标的不具有保险利益的,不得向保险人请求赔偿保险金。

第七条 在保险有效期内,保险船舶发生保险事故的损失或费用支出,保险人均按以下规定赔偿:

(一)全损险

船舶全损按照保险金额赔偿。但保险金额高于保险价值时,以不超过出险当时的保险价值计算赔偿。

(二)一切险

1. 全损:按第七条第一款规定计算赔偿。

2. 部分损失:按实际发生的损失、费用赔偿,但保险金额低于保险价值时,按保险金额与该保险价值的比例计算赔偿。

部分损失的赔偿金额以不超过保险金额或实际价值为限,两者以低为准,但无论一次或多次累计的赔款等于保险金额的全数时(含免赔额),则保险责任即行终止。

第八条 保险船舶发生保险事故的损失时,被保险人必须与保险人商定后方可进行修理或支付费用,否则保险人有权重新核定,并对不属于保险人责任或不合理的损失和费用拒绝赔偿。

第九条 保险船舶发生海损事故时,凡涉及船舶、货物和运费方共同安全的,对施救、救助费用、救助报酬的赔偿,保险人只负责获救船舶价值与获救的船、货、运费总价值的比例分摊部分。

第十条 船舶失踪,本保险自船舶在合理时间内从被获知最后消息的地点到达目的地时起六个月后立案受理。

第十一条 保险人对每次赔款均按保险单中的约定扣除免赔额(全损、碰撞、触碰责任除外)。

第十二条 保险船舶遭受全损或部分损失后的残余,由保险人、被保险人协商处理。

第十三条 保险船舶发生保险责任范围内的损失应由第三者负责赔偿的,被保险人应向第三者索赔。如果第三者不予支付,被保险人应采取必要措施保护诉讼时效;保险人根据被保险人提出的书面赔偿请求,按照保险合同予以赔偿,同时被保险人必须依法将向第三者追偿的权利转让给保险人,并协助保险人向第三者追偿。未经保险人同意放弃向第三人要求赔偿的权利,或者由于被保险人的过失造成保险人代位求偿权益受到损害,保险人可相应扣减赔款。

被保险人义务

第十四条 被保险人应在签订保险合同时一次缴清保险费。除合同另有书面约定外,保险合同在被保险人交付保险费后才能生效。

第十五条 被保险人应当遵守国家有关消防、安全、生产操作等方面的其他相关法律、法规及规定,维护保险船舶的安全。

保险人可以对保险标的的安全状况进行检查,向被保险人提出消除不安全因素和隐患的书面建议,被保险人应该认真付诸实施。

除经保险人同意并加收保费外,被保险人未遵守上述约定而导致保险事故的,保险人不承担赔偿责任;被保险人未遵守上述约定而导致损失扩大的,保险人对扩大部分的损失不承担赔偿责任。

第十六条 被保险人应如实填写投保单并回答保险人提出的询问。在保险期间内,被保险人应对其公司、保险船舶发生变化影响保险人利益的事件如实告知,对于保险船舶出售、光船出租、变更航行区域或保险船舶所有人、管理人、经营人、名称、技术状况和用途的改变、被征购征用,应事先书面通知保险人,经保险人同意并办理批改手续后,保险合同继续有效。否则自上述情况出现时保险合同自动解除。

第十七条 保险船舶发生保险事故时,被保险人应及时采取合理的施救保护措施,并须在到达第一港后四十八小时内向港航监督部门、保险人报告,并对保险事故有举证的义务及对举证的真实性负责。

第十八条 被保险人向保险人请求赔偿时,应及时提交保险单正本、港监签证、航海(行)日志、轮机日志、海事报告、船舶法定检验证书、船舶入籍证书、船舶营运证书、船员证书(副本)、运输合同载货记录、事故责任调解书、裁决书、损失清单以及其他被保险人所能提供的与确认保险事故的性质、原因、损失程度等有关的证明和资料。

被保险人向本公司请求赔偿并提供理赔所需资料后,本公司在六十天内进行核定。对属于保险责任的,本公司在与被保险人达成赔偿或给付保险金的协议后十天内,履行赔偿义务。

被保险人未履行前款约定的单证提供义务,导致保险人无法核实损失情况的,保险人对无法核实的部分不承担赔偿责任。

其 他 事 项

第十九条 因履行本保险合同发生的争议,由当事人协商解决。协商不成的,提交保险单载明的仲裁机构仲裁;保险单未载明仲裁机构且争议发生后未达成仲裁协议的,依法向有管辖权的法院起诉。

本保险合同适用中华人民共和国法律(不包括港澳台地区法律)。

10.4.3 水路客运承运人责任保险条款

总 则

第一条 本保险合同(以下简称为"本合同")由投保单、保险单或其他保险凭证及所附条款,与本合同有关的投保文件、声明、批注、附贴批单及其他书面文件构成。凡涉及本合同的约定,均应采用书面形式。

第二条 凡依法办理了相关登记手续,经政府主管部门批准在核准的经营区域内(不包括港澳台地区)合法从事水路客运服务的承运人,均可作为本合同的被保险人。

保 险 责 任

第三条 在保险期间内,乘客在乘坐由被保险人合法经营的运输工具过程中遭受伤残或死亡,依照中华人民共和国(不含港、澳、台地区,下同)法律(以下简称为"依法")应由被保险人承担经济赔偿责任,保险人按照本合同的约定负责赔偿。

第四条 保险事故发生后,被保险人因保险事故而被提起仲裁或者诉讼的,对应由被保险人支付的仲裁或诉讼费用以及事先经保险人书面同意支付的其他必要的、合理的费用(以下简称"法律费用"),保险人按照本保险合同约定也负责赔偿。

责 任 免 除

第五条 下列原因造成的损失、费用和责任,保险人不负责赔偿:

(一)投保人、被保险人及其雇员、代理人的故意或重大过失行为;

(二)战争、敌对行动、军事行为、武装冲突、罢工、骚乱、暴动、恐怖活动;

(三)行政行为或司法行为;

(四)核爆炸、核裂变、核聚变;

(五)放射性污染及其他各种环境污染;

(六)因违反安全生产管理规定导致保险事故发生。

第六条 出现下列任一情形,保险人不负责赔偿:

(一)许可经营期限届满后尚未办理延续经营许可的或被保险人从事经营许可范围之外的业务的;

(二)被保险人使用不符合法律、法规规定标准的运输工具从事乘客运输的;

(三)运输工具未按核定线路运营的;

(四)未经被保险人允许的驾驶人操作运输工具的或运输工具驾驶人不符合法律法规规定的资格条件的;

(五)运输工具有下列情形之一者:

1. 未按规定检验或检验不合格;

2. 在保险期间内,更换发动机、更换船身、因质量问题制造厂更换整船、变更使用性

质,以及运输工具所有权转移未按国家规定进行变更、转移登记或未向保险人办理批改手续的;

3. 在保险期间内拼装、擅自改变运输工具已登记的结构、构造或者特征的;

4. 运输工具被盗窃、被抢劫、被抢夺、下落不明期间;

5. 利用运输工具从事违法、犯罪活动。

(六)海事部门发布禁航令后运输工具继续航行的;

(七)发生地震、海啸及其次生灾害的。

第七条 下列损失、费用和责任,保险人不负责赔偿:

(一)被保险人或其雇员、代表的人身伤残或死亡;

(二)违章搭乘人员和其他不属于本合同所称"乘客"的人员的人身伤残或死亡;

(三)乘客因疾病、传染病、分娩、流产、自残、殴斗、醉酒、自杀、欺诈、犯罪行为或其他自身原因造成的人身伤残或死亡;

(四)任何财产损失,包括但不限于运输工具本身、被保险人雇员、代表及乘客的财产损失;

(五)在合同或协议中约定的应由被保险人承担的赔偿责任,但即使没有这种合同或协议,被保险人依法仍应承担的赔偿责任不在本款责任免除范围内;

(六)罚款、罚金及惩罚性赔偿;

(七)任何间接损失。

第八条 其他不属于本保险责任范围内的损失、费用和责任,保险人不负责赔偿。

赔 偿 限 额

第九条 投保人在投保时应按照运输工具的核定乘客座位数全部投保。赔偿限额分为每次事故每座赔偿限额、每次事故赔偿限额和累计赔偿限额,由投保人与保险人协商确定,并在保险单中载明。

保 险 期 间

第十条 除本合同另有约定外,保险期间为一年,以保险单载明的起讫时间为准。保险责任从乘客登上跳板进入客运运输工具时开始,到乘客登上跳板离开客运运输工具到达码头(或趸船)时终止。

保 险 人 义 务

第十一条 本合同成立后,保险人应当及时向投保人签发保险单或其他保险凭证。

第十二条 保险人依本保险条款第十六条取得的合同解除权,自保险人知道有解除事由之日起,超过三十日不行使而消灭。

保险人在保险合同订立时已经知道投保人未如实告知的情况的,保险人不得解除合同;发生保险事故的,保险人应当承担赔偿责任。

第十三条 保险人认为被保险人提供的有关索赔的证明和资料不完整的,应当及时一次性通知投保人、被保险人补充提供。

第十四条 保险人收到被保险人或直接向保险人提出赔偿请求的受害乘客亲属或其他索赔权利人(以下简称为"索赔人")的赔偿保险金的请求后,应当及时对是否属于保险责任作出核定;情形复杂的,应当在三十日内作出核定;情形特别复杂的,由于非保险人可以控制的原因导致核定困难的,保险人应与被保险人商议合理核定期间,并在商定的期间内作出核定。

保险人应当将核定结果通知被保险人;对属于保险责任的,在与被保险人达成赔偿保险金的协议后十日内,履行赔偿保险金义务。本合同对赔偿保险金的期限有约定的,保险人应当按照约定履行赔偿保险金的义务。保险人依照前款约定作出核定后,对不属于保险责任的,应当自作出核定之日起三日内向被保险人发出拒绝赔偿保险金通知书,并说明理由。

第十五条 保险人自收到赔偿保险金的请求和有关证明、资料之日起三十日内,对其赔偿保险金的数额不能确定的,应当根据已有证明和资料可以确定的数额先予支付;保险人最终确定赔偿保险金的数额后,应当支付相应的差额。

投保人、被保险人义务

第十六条 订立保险合同,投保人应当依法履行如实告知义务。

第十七条 除本合同另有约定外,投保人应在本合同成立时一次交清保险费。保险费交清前,本合同不生效,保险人不承担保险责任。

第十八条 在本合同有效期内,保险标的的危险程度显著增加的,被保险人应当及时通知保险人,保险人有权增加保险费或者解除本合同。

被保险人未履行前款约定的通知义务,因保险标的的危险程度显著增加而发生的保险事故,保险人不承担赔偿责任。

第十九条 被保险人应当遵守国家有关法律法规的规定,加强管理,采取合理的预防措施,尽力避免或减少事故的发生。

保险人可以对被保险人遵守前款约定的情况进行检查,向投保人、被保险人提出消除不安全因素和隐患的书面建议,投保人、被保险人应该认真付诸实施。

投保人、被保险人未按照约定履行上述安全义务的,保险人有权要求增加保险费或者解除合同。

第二十条 知道保险事故发生后,被保险人应该:

(一)尽力采取必要、合理的措施,防止或减少损失,否则,对因此扩大的损失,保险人不承担赔偿责任;

(二)及时通知保险人,并书面说明事故发生的原因、经过和损失情况;故意或者因重大过失未及时通知,致使保险事故的性质、原因、损失程度等难以确定的,保险人对无法确定的部分,不承担赔偿保险金的责任,但保险人通过其他途径已经及时知道或者应当及时知道保险事故发生的除外;

(三)保护事故现场,允许并且协助保险人进行事故调查;对于拒绝或者妨碍保险人进行事故调查导致无法确定事故原因或核实损失情况的,对无法确定或核实的部分,保险人不承担赔偿责任。

第二十一条 被保险人收到索赔人的损害赔偿请求时,应立即通知保险人。未经保险人书面同意,被保险人对索赔人及其代理人作出的任何承诺、拒绝、出价、约定、付款或赔偿,保险人不受其约束。对于被保险人自行承诺或支付的赔偿金额,保险人有权重新核定,不属于本保险责任范围或超出应赔偿限额的,保险人不承担赔偿责任。在处理索赔过程中,保险人有权自行处理由其承担最终赔偿责任的任何索赔案件,被保险人有义务向保险人提供其所能提供的资料和协助。

第二十二条 被保险人获悉可能发生诉讼、仲裁时,应立即以书面形式通知保险人;接到法院传票或其他法律文书后,应将其副本及时送交保险人。保险人有权以被保险人的名义处理有关诉讼或仲裁事宜,被保险人应提供有关文件,并给予必要的协助。

对因未及时提供上述通知或必要协助导致扩大的损失,保险人不承担赔偿责任。

第二十三条 被保险人请求赔偿时,应向保险人提供下列证明和资料:

(一)保险单正本和保险费收据;

(二)死亡乘客持有的有效运输凭证和有关费用的原始单据;

(三)海事部门出具的水上交通事故调查结论书和保险人认为必要的其他事故证明材料;

(四)涉及医疗费用的,应提供二级(含)以上医院或保险人认可的医疗机构出具的附有病理检查、化验检查及其他医疗仪器检查报告的医疗诊断证明、病历、医疗费用原始单据、用药清单;

(五)涉及伤残的,应提供保险人认可的医疗机构或司法鉴定机构出具的伤残程度证明;涉及死亡的,应提供公安部门或保险人认可的医疗机构出具的死亡证明、销户证明;

(六)生效的法律文书(包括裁定书、裁决书、判决书、调解书等);

(七)投保人或被保险人所能提供的与确认保险事故的性质、原因、损失程度等有关的其他证明和资料。

被保险人未履行前款约定的索赔材料提供义务,导致保险人无法核实损失情况的,保险人对无法核实的部分不承担赔偿责任。

赔 偿 处 理

第二十四条 发生保险事故后,保险人的赔偿以下列方式之一确定的被保险人的赔偿责任为基础:

（一）被保险人与索赔人协商并经保险人确认；

（二）仲裁机构裁决；

（三）法院判决；

（四）保险人认可的其他方式。

第二十五条 就本合同项下的保险事故,被保险人未向索赔人赔偿的,保险人不负责向被保险人赔偿保险金。

第二十六条 保险人对本保险采取一次性赔偿原则,在每次保险事故赔偿后对被保险人的任何赔偿费用的增加请求,保险人不再受理并不负责赔偿。

发生保险事故后,未经保险人事先书面同意,对被保险人自行承诺或支付的任何赔偿项目及金额,保险人均有权重新核定或拒绝赔偿。

第二十七条 出险时运输工具载客人数未超过核定载客人数,保险人就每一乘客死亡的赔偿限额不超过保险单明细表列明的每次事故每座赔偿限额;对每一伤残乘客,保险人在该乘客伤残程度所对应的本合同所附"法定十级伤残残疾程度与保险金赔付比例表"中的赔偿比例乘以保险单明细表列明的每次事故每座赔偿限额确定的数额内负责赔偿,合同双方另有约定的除外。

出险时运输工具载客人数超过核定载客人数,但超载不是导致事故的直接原因的,保险人按照运输工具核定载客人数占运输工具出险时实际载客人数的比例进行赔付。超载是导致事故的直接原因的,保险人不予赔偿。

第二十八条 保险人对每次事故中被保险人就每一受害乘客的索赔所支付的法律费用的赔偿金额计算在每次事故每座赔偿限额内,且不超过保险单明细表列明的每次事故每座赔偿限额的 10%。

如果被保险人的赔偿责任同时涉及保险事故和非保险事故,并且无法区分法律费用是因何种事故而产生的,保险人按照本合同保险赔偿金额总和占应由被保险人承担的全部赔偿金额总和的比例赔偿法律费用。

第二十九条 在保险期间内,保险人的累计赔偿金额不超过保险单明细表列明的累计赔偿限额。

第三十条 保险事故发生时,如果被保险人的损失能够从其他相同保障的保险项下也获得赔偿,则本保险人按照本合同的赔偿限额与所有有关保险合同的赔偿限额总和的比例承担赔偿责任。其他保险人应承担的赔偿金额,本保险人不负责垫付。

被保险人在请求赔偿时应当如实向保险人说明与本合同保险责任有关的其他保险合同的情况。对未如实说明导致保险人多支付保险金的,保险人有权向被保险人追回多支付的部分。

第三十一条 发生保险责任范围内的损失,应由有关责任方负责赔偿的,保险人自向被保险人赔偿保险金之日起,在赔偿金额范围内代位行使被保险人对有关责任方请求赔偿的权利,被保险人应当向保险人提供必要的文件和所知道的有关情况。

被保险人已经从有关责任方取得赔偿的,保险人赔偿保险金时,可以相应扣减被保险人已从有关责任方取得的赔偿金额。

保险事故发生后,在保险人未赔偿保险金之前,被保险人放弃对有关责任方请求赔偿权利的,保险人不承担赔偿责任;保险人向被保险人赔偿保险金后,被保险人未经保险人同意放弃对有关责任方请求赔偿权利的,该行为无效,保险人可以要求被保险人返还相应的保险金;由于被保险人故意或者因重大过失致使保险人不能行使代位请求赔偿的权利的,保险人可以扣减或者要求返还相应的保险金。

第三十二条 被保险人向保险人请求赔偿保险金的诉讼时效期间为二年,自其知道或者应当知道保险事故发生之日起计算。

争议处理和法律适用

第三十三条 因履行本合同发生的争议,由当事人协商解决。协商不成的,提交保险单载明的仲裁机构仲裁;保险单未载明仲裁机构且争议发生后未达成仲裁协议的,依法向人民法院起诉。

第三十四条 本合同的争议处理适用中华人民共和国法律(不包括港澳台地区法律)。

其 他 事 项

第三十五条 本合同成立后,投保人不得解除本合同;除本合同另有约定外,保险人也不得解除本合同。

第三十六条 除另有约定外,本合同中的下列词语具有如下含义:

保险人: 是指中国太平洋财产保险股份有限公司。

乘客: 是指发生保险事故的瞬间,持有有效运输凭证从而与被保险人存在合法运输合同关系,并处于本合同约定的运输工具中的人员,但不包括运输工具的驾驶人、投保人、被保险人、乘务人员及其他投保人和被保险人的雇员或代表。

超载: 是指运输工具载客人数超过核定载客人数。

运输工具: 是指本合同中载明的、被保险人进行客运经营的船舶。

变更使用性质: 是指在保险合同有效期限内,运输工具变更用途,造成其实际使用性质与投保时告知的情况不一致。

每次事故: 是指一名或多名索赔人基于同一原因或理由,单独或共同向被保险人提出的,属于保险责任范围内的一项或一系列索赔或民事诉讼,本合同将其视为一次保险事故,在本合同中简称为每次事故。

法定十级伤残残疾程度与保险金赔付比例表

残疾程度	一级	二级	三级	四级	五级	六级	七级	八级	九级	十级
赔付比例	100%	80%	70%	60%	50%	40%	30	20%	10%	5%

10.4.4 国内水路货物运输保险条款

保险标的范围

第一条 凡在国内江、河、湖泊和沿海经水路运输的货物均可为本保险之标的。

第二条 下列货物非经投保人与保险人特别约定，并在保险单（凭证）上载明，不在保险标的范围以内：金银、珠宝、钻石、玉器、首饰、古币、古玩、古书、古画、邮票、艺术品、稀有金属等珍贵财物。

第三条 下列货物不在保险标的范围以内：蔬菜、水果、活牲畜、禽鱼类和其他动物。

保 险 责 任

第四条 本保险分为基本险和综合险，保险人按保险单注明的承保险别分别承担保险责任。

第五条 基本险
由于下列保险事故造成保险货物的损失和费用，保险人依照本条款约定负责赔偿：
（一）因火灾、爆炸、雷电、冰雹、暴风、暴雨、洪水、海啸、崖崩、突发性滑坡、泥石流；
（二）船舶发生碰撞、搁浅、触礁，桥梁码头坍塌；
（三）因以上两款所致船舶沉没失踪；
（四）在装货、卸货或转载时因意外事故造成的损失；
（五）按国家规定或一般惯例应承担的共同海损的牺牲、分摊和救助费用；
（六）在发生上述灾害事故时，因纷乱造成货物的散失以及因施救或保护货物所支付的直接合理的费用。

第六条 综合险
本保险除包括基本险责任外，保险人还负责赔偿：
（一）因受碰撞、挤压而造成货物破碎、弯曲、凹瘪、折断、开裂的损失；
（二）因包装破裂致使货物散失的损失；
（三）液体货物因受碰撞或挤压致使所用容器（包括封口）损坏而渗漏的损失，或用液体保藏的货物因液体渗漏而造成该货物腐烂变质的损失；
（四）遭受盗窃的损失；
（五）符合安全运输规定而遭受雨淋所致的损失。

责 任 免 除

第七条 由于下列原因造成保险货物的损失，保险人不负赔偿责任：
（一）战争、军事行动、扣押、罢工、哄抢和暴动；
（二）船舶本身的损失；

（三）在保险责任开始前,保险货物已存在的品质不良或数量短差所造成的损失;

（四）保险货物的自然损耗,本质缺陷、特性所引起的污染、变质、损坏;

（五）市价跌落、运输延迟所引起的损失;

（六）属于发货人责任引起的损失;

（七）投保人、被保险人的故意行为或违法犯罪行为。

第八条 由于行政行为或执法行为所致的损失,保险人不负赔偿责任。

第九条 其他不属于保险责任范围内的损失,保险人不负赔偿责任。

责 任 起 讫

第十条 保险责任自签发保险单（凭证）后,保险货物运离起运地发货人的最后一个仓库或储存处所时起,至该保险凭证上注明的目的地的收货人在当地的第一个仓库或储存处所时终止。但保险货物运抵目的地后,如果收货人未及时提货,则保险责任的终止期最多延长至保险货物卸离运输工具后的十五天为限。

保险价值和保险金额

第十一条 保险价值为货物的实际价值,按货物的实际价值或货物的实际价值加运杂费确定。保险金额由投保人参照保险价值自行确定,并在保险合同中载明。保险金额不得超过保险价值。超过保险价值的,超过部分无效,保险人应当退还相应的保险费。

投保人、被保险人的义务

第十二条 投保人应当履行如实告知义务,如实回答保险人就保险标的或者被保险人的有关情况提出的询问。

投保人故意或者因重大过失未履行前款规定的如实告知义务,足以影响保险人决定是否同意承保或者提高保险费率的,保险人有权解除合同。保险合同自保险人的解约通知书到达投保人或被保险人时解除。

投保人故意不履行如实告知义务的,保险人对于保险合同解除前发生的保险事故,不承担赔偿责任,并不退还保险费。

投保人因重大过失未履行如实告知义务,对保险事故的发生有严重影响的,保险人对于保险合同解除前发生的保险事故,不承担赔偿或者给付保险金的责任,但应当退还保险费。

第十三条 投保人在保险人或其代理人签发保险单（凭证）的同时,应一次交清应付的保险费。若投保人未按照约定交付保险费,保险费交付前发生的保险事故,保险人不承担赔偿责任。

第十四条 投保人、被保险人应当谨慎选择承运人,并督促其严格遵守国家及交通运输部门关于安全运输的各项规定,还应当接受并协助保险人对保险货物进行的查验防损工作,货物运输包装必须符合国家和主管部门规定的标准。

对于因被保险人未遵守上述约定而导致保险事故的,保险人不负赔偿责任;对于因被保险人未遵守上述约定而导致损失扩大的,保险人对扩大的损失不负赔偿责任。

第十五条 在合同有效期内,保险标的危险程度显著增加的,被保险人按照合同约定应当及时通知保险人,保险人有权要求增加保险费或者解除合同。

被保险人未履行前款规定的通知义务的,因保险标的危险程度显著增加而发生的保险事故,保险人不承担赔偿责任。

第十六条 被保险人获悉或应当获悉保险货物发生保险责任范围内的损失时,应立即通知保险人或保险人在当地保险机构,并迅速采取合理的施救和保护措施,减少货物损失。

故意或者因重大过失未及时通知,致使保险事故的性质、原因、损失程度等难以确定的,保险人对无法确定的部分,不承担赔偿责任,但保险人通过其他途径已经及时知道或者应当及时知道保险事故发生的除外。

赔 偿 处 理

第十七条 保险货物运抵保险凭证所载明的目的地的收货人在当地的第一个仓库或储存处所时起,被保险人应在十天内向保险人的当地保险机构申请并会同检验受损的货物。

第十八条 被保险人向保险人申请索赔时,应当提供下列有关单证:

(一)保险单(凭证)、运单(货票)、提货单、发票(货价证明);

(二)承运部门签发的货运记录、普通记录、交接验收记录、鉴定书;

(三)收货单位的入库记录、检验报告、损失清单及救护货物所支付的直接费用的单据;

(四)被保险人所能提供的其他与确认保险事故的性质、原因、损失程度等有关的证明和资料。

保险人收到被保险人的赔偿请求后,应当及时就是否属于保险责任作出核定,并将核定结果通知被保险人。情形复杂的,保险人在收到被保险人的赔偿请求并提供理赔所需资料后三十天内未能核定保险责任的,保险人与被保险人根据实际情形商议合理期间,保险人在商定的期间内作出核定结果并通知被保险人。对属于保险责任的,在与被保险人达成有关赔偿金额的协议后十日内,履行赔偿义务。

第十九条 保险货物发生保险责任范围内的损失时,保险金额等于或高于保险价值时,保险人应根据实际损失计算赔偿,但最高赔偿金额以保险价值为限;保险金额低于保险价值的,保险人对其损失金额及支付的施救保护费用按保险金额与保险价值的比例计算赔偿。

保险人对货物损失的赔偿金额,以及因施救或保护货物所支付的直接合理的费用,应分别计算,并各以不超过保险金额为限。

第二十条 保险货物发生保险责任范围内的损失时,如果根据法律规定或有关约定,应当由承运人或其他第三者负责赔偿部分或全部的,被保险人应首先向承运人或其他第三者提出书面索赔,直至诉讼。保险事故发生后,保险人未赔偿保险金之前,被保险人放弃对有关责任方请求赔偿的权利的,保险人不承担赔偿责任;如被保险人要求保险人先予赔偿,被保险人应签发权益转让书和应将向承运人或第三者提出索赔的诉讼书及有关材料移交给保险人,并协助保险人向责任方追偿。

由于被保险人的故意或重大过失致使保险人不能行使代位请求赔偿权利的,保险人可以相应扣减保险赔偿金。

第二十一条 经双方协商同意,保险人可将其享有的保险财产残余部分的权益作价折归被保险人,并可在保险赔偿金中直接扣除。

第二十二条 被保险人与保险人发生争议时,应当实事求是,协商解决,双方不能达成协议时,可以提交仲裁机关或法院处理。

本保险合同适用中华人民共和国法律(不包括港澳台地区法律)。

其 他 事 项

第二十三条 凡经水路与其他运输方式联合运输的保险货物,按相应的运输方式分别适用本条款及《铁路货物运输保险条款》《公路货物运输保险条款》和《国内航空货物运输保险条款》。

第二十四条 凡涉及本保险的约定均采用书面形式。

10.5 路政设施保险条款

10.5.1 财产一切险保险条款

总 则

第一条 本保险合同由保险条款、投保单、保险单或其他保险凭证以及批单组成。凡涉及本保险合同的约定,均应采用书面形式。

保 险 标 的

第二条 本保险合同载明地址内的下列财产可作为保险标的:

(一)属于被保险人所有或与他人共有而由被保险人负责的财产;

(二)由被保险人经营管理或替他人保管的财产;

(三)其他具有法律上承认的与被保险人有经济利害关系的财产。

第三条 本保险合同载明地址内的下列财产未经保险合同双方特别约定并在保险合同中载明保险价值的,不属于本保险合同的保险标的:

(一)金银、珠宝、钻石、玉器、首饰、古币、古玩、古书、古画、邮票、字画、艺术品、稀有金属等珍贵财物;

(二)堤堰、水闸、铁路、道路、涵洞、隧道、桥梁、码头;

(三)矿井(坑)内的设备和物资;

(四)便携式通讯装置、便携式计算机设备、便携式照相摄像器材以及其他便携式装置、设备;

(五)尚未交付使用或验收的工程。

第四条 下列财产不属于本保险合同的保险标的:

(一)土地、矿藏、水资源及其他自然资源;

(二)矿井、矿坑;

(三)货币、票证、有价证券以及有现金价值的磁卡、集成电路(IC)卡等卡类;

(四)文件、账册、图表、技术资料、计算机软件、计算机数据资料等无法鉴定价值的财产;

(五)枪支弹药;

(六)违章建筑、危险建筑、非法占用的财产;

(七)领取公共行驶执照的机动车辆;

(八)动物、植物、农作物。

保 险 责 任

第五条 在保险期间内,由于自然灾害或意外事故造成保险标的直接物质损坏或灭失(以下简称"损失"),保险人按照本保险合同的约定负责赔偿。

前款原因造成的保险事故发生时,为抢救保险标的或防止灾害蔓延,采取必要的、合理的措施而造成保险标的的损失,保险人按照本保险合同的约定也负责赔偿。

第六条 保险事故发生后,被保险人为防止或减少保险标的的损失所支付的必要的、合理的费用,保险人按照本保险合同的约定也负责赔偿。

责 任 免 除

第七条 下列原因造成的损失、费用,保险人不负责赔偿:

(一)投保人、被保险人及其代表的故意或重大过失行为;

(二)行政行为或司法行为;

(三)战争、类似战争行为、敌对行动、军事行动、武装冲突、罢工、骚乱、暴动、政变、谋反、恐怖活动;

(四)地震、海啸及其次生灾害;

（五）核辐射、核裂变、核聚变、核污染及其他放射性污染；

（六）大气污染、土地污染、水污染及其他非放射性污染，但因保险事故造成的非放射性污染不在此限；

（七）保险标的的内在或潜在缺陷、自然磨损、自然损耗，大气（气候或气温）变化、正常水位变化或其他渐变原因，物质本身变化、霉烂、受潮、鼠咬、虫蛀、鸟啄、氧化、锈蚀、渗漏、烘焙；

（八）盗窃、抢劫。

第八条 下列损失、费用，保险人也不负责赔偿：

（一）保险标的遭受保险事故引起的各种间接损失；

（二）设计错误、原材料缺陷或工艺不善造成保险标的本身的损失；

（三）广告牌、天线、霓虹灯、太阳能装置等建筑物外部附属设施，存放于露天或简易建筑物内的保险标的以及简易建筑，由于雷电、暴雨、洪水、暴风、龙卷风、冰雹、台风、飓风、暴雪、冰凌、沙尘暴造成的损失；

（四）锅炉及压力容器爆炸造成其本身的损失；

（五）非外力造成机械或电气设备本身的损失；

（六）被保险人及其雇员的操作不当、技术缺陷造成被操作的机械或电气设备的损失；

（七）盘点时发现的短缺；

（八）任何原因导致公共供电、供水、供气及其他能源供应中断造成的损失和费用；

（九）本保险合同中载明的免赔额或按本保险合同中载明的免赔率计算的免赔额。

保险价值、保险金额与免赔额（率）

第九条 保险标的的保险价值可以为出险时的重置价值、出险时的账面余额、出险时的市场价值或其他价值，由投保人与保险人协商确定，并在本保险合同中载明。

第十条 保险金额由投保人参照保险价值自行确定，并在保险合同中载明。保险金额不得超过保险价值。超过保险价值的，超过部分无效，保险人应当退还相应的保险费。

第十一条 免赔额（率）由投保人与保险人在订立保险合同时协商确定，并在保险合同中载明。

保 险 期 间

第十二条 除另有约定外，保险期间为一年，以保险单载明的起讫时间为准。

保 险 人 义 务

第十三条 订立保险合同时，采用保险人提供的格式条款的，保险人向投保人提供的投保单应当附格式条款,保险人应当向投保人说明保险合同的内容。对保险合同中免除保险人责任的条款,保险人在订立合同时应当在投保单、保险单或者其他保险凭证上作出足以引起投保人注意的提示,并对该条款的内容以书面或者口头形式向投保人作出明确说明;未作提示或者明确说明的,该条款不产生效力。

第十四条 本保险合同成立后,保险人应当及时向投保人签发保险单或其他保险凭证。

第十五条 保险人依据第十九条所取得的保险合同解除权,自保险人知道有解除事由之日起,超过三十日不行使而消灭。自保险合同成立之日起超过二年的,保险人不得解除合同;发生保险事故的,保险人承担赔偿责任。

保险人在合同订立时已经知道投保人未如实告知的情况的,保险人不得解除合同;发生保险事故的,保险人应当承担赔偿责任。

第十六条 保险人按照第二十五条的约定,认为被保险人提供的有关索赔的证明和资料不完整的,应当及时一次性通知投保人、被保险人补充提供。

第十七条 保险人收到被保险人的赔偿保险金的请求后,应当及时作出是否属于保险责任的核定;情形复杂的,应当在三十日内作出核定,但保险合同另有约定的除外。

保险人应当将核定结果通知被保险人;对属于保险责任的,在与被保险人达成赔偿保险金的协议后十日内,履行赔偿保险金义务。保险合同对赔偿保险金的期限有约定的,保险人应当按照约定履行赔偿保险金的义务。保险人依照前款约定作出核定后,对不属于保险责任的,应当自作出核定之日起三日内向被保险人发出拒绝赔偿保险金通知书,并说明理由。

第十八条 保险人自收到赔偿的请求和有关证明、资料之日起六十日内,对其赔偿保险金的数额不能确定的,应当根据已有证明和资料可以确定的数额先予支付;保险人最终确定赔偿的数额后,应当支付相应的差额。

投保人、被保险人义务

第十九条 订立保险合同,保险人就保险标的或者被保险人的有关情况提出询问的,投保人应当如实告知,并如实填写投保单。

投保人故意或者因重大过失未履行前款规定的如实告知义务,足以影响保险人决定是否同意承保或者提高保险费率的,保险人有权解除合同。

投保人故意不履行如实告知义务的,保险人对于合同解除前发生的保险事故,不承担赔偿责任,并不退还保险费。

投保人因重大过失未履行如实告知义务,对保险事故的发生有严重影响的,保险人对于合同解除前发生的保险事故,不承担赔偿责任,但应当退还保险费。

第二十条 投保人应按约定交付保险费。

约定一次性交付保险费的,投保人在约定交费日后交付保险费的,保险人对交费之前发生的保险事故不承担保险责任。

约定分期交付保险费的,保险人按照保险事故发生前保险人实际收取保险费总额与投保人应当交付的保险费的比例承担保险责任,投保人应当交付的保险费是指截至保险事故发生时投保人按约定分期应该缴纳的保费总额。

第二十一条 被保险人应当遵守国家有关消防、安全、生产操作、劳动保护等方面的相关法律、法规及规定,加强管理,采取合理的预防措施,尽力避免或减少责任事故的发生,维护保险标的的安全。

保险人可以对被保险人遵守前款约定的情况进行检查,向投保人、被保险人提出消除不安全因素和隐患的书面建议,投保人、被保险人应该认真付诸实施。

投保人、被保险人未按照约定履行其对保险标的的安全应尽责任的,保险人有权要求增加保险费或者解除合同。

第二十二条 保险标的转让的,被保险人或者受让人应当及时通知保险人。

因保险标的转让导致危险程度显著增加的,保险人自收到前款规定的通知之日起三十日内,可以按照合同约定增加保险费或者解除合同。保险人解除合同的,应当将已收取的保险费,按照合同约定扣除自保险责任开始之日起至合同解除之日止应收的部分后,退还投保人。

被保险人、受让人未履行本条规定的通知义务的,因转让导致保险标的危险程度显著增加而发生的保险事故,保险人不承担赔偿责任。

第二十三条 在合同有效期内,如保险标的的占用与使用性质、保险标的的地址及其他可能导致保险标的的危险程度显著增加的、或其他足以影响保险人决定是否继续承保或是否增加保险费的保险合同重要事项变更,被保险人应及时书面通知保险人,保险人有权要求增加保险费或者解除合同。

被保险人未履行前款约定的通知义务的,因保险标的的危险程度显著增加而发生的保险事故,保险人不承担赔偿责任。

第二十四条 知道保险事故发生后,被保险人应该:

(一)尽力采取必要、合理的措施,防止或减少损失,否则,对因此扩大的损失,保险人不承担赔偿责任;

(二)立即通知保险人,并书面说明事故发生的原因、经过和损失情况;故意或者因重大过失未及时通知,致使保险事故的性质、原因、损失程度等难以确定的,保险人对无法确定的部分,不承担赔偿责任,但保险人通过其他途径已经及时知道或者应当及时知道保险事故发生的除外;

(三)保护事故现场,允许并且协助保险人进行事故调查;对于拒绝或者妨碍保险人进行事故调查导致无法确定事故原因或核实损失情况的,保险人对无法确定或核实的部分不承担赔偿责任。

第二十五条 被保险人请求赔偿时,应向保险人提供下列证明和资料:

（一）保险单正本、索赔申请、财产损失清单、技术鉴定证明、事故报告书、救护费用发票、必要的账簿、单据和有关部门的证明；

（二）投保人、被保险人所能提供的与确认保险事故的性质、原因、损失程度等有关的其他证明和资料。

投保人、被保险人未履行前款约定的单证提供义务，导致保险人无法核实损失情况的，保险人对无法核实的部分不承担赔偿责任。

赔 偿 处 理

第二十六条　保险事故发生时，被保险人对保险标的不具有保险利益的，不得向保险人请求赔偿保险金。

第二十七条　保险标的发生保险责任范围内的损失，保险人有权选择下列方式赔偿：

（一）货币赔偿：保险人以支付保险金的方式赔偿；

（二）实物赔偿：保险人以实物替换受损标的，该实物应具有保险标的出险前同等的类型、结构、状态和性能；

（三）实际修复：保险人自行或委托他人修理修复受损标的。

对保险标的在修复或替换过程中，被保险人进行的任何变更、性能增加或改进所产生的额外费用，保险人不负责赔偿。

第二十八条　保险标的遭受损失后，如果有残余价值，应由双方协商处理。如折归被保险人，由双方协商确定其价值，并在保险赔款中扣除。

第二十九条　保险标的发生保险责任范围内的损失，保险人按以下方式计算赔偿：

（一）保险金额等于或高于保险价值时，按实际损失计算赔偿，最高不超过保险价值；

（二）保险金额低于保险价值时，按保险金额与保险价值的比例乘以实际损失计算赔偿，最高不超过保险金额；

（三）若本保险合同所列标的不止一项时，应分项按照本条约定处理。

第三十条　保险标的的保险金额大于或等于其保险价值时，被保险人为防止或减少保险标的的损失所支付的必要的、合理的费用，在保险标的损失赔偿金额之外另行计算，最高不超过被施救保险标的的保险价值。

保险标的的保险金额小于其保险价值时，上述费用按被施救保险标的的保险金额与其保险价值的比例在保险标的损失赔偿金额之外另行计算，最高不超过被施救保险标的的保险金额。

被施救的财产中，含有本保险合同未承保财产的，按被施救保险标的的保险价值与全部被施救财产价值的比例分摊施救费用。

第三十一条　每次事故保险人的赔偿金额为根据第二十九条、第三十条约定计算的金额扣除每次事故免赔额后的金额,或者为根据第二十九条、第三十条约定计算的金额扣除该金额与免赔率乘积后的金额。

第三十二条 保险事故发生时,如果存在重复保险,保险人按照本保险合同的相应保险金额与其他保险合同及本保险合同相应保险金额总和的比例承担赔偿责任。

其他保险人应承担的赔偿金额,本保险人不负责垫付。若被保险人未如实告知导致保险人多支付赔偿金的,保险人有权向被保险人追回多支付的部分。

第三十三条 保险标的发生部分损失,保险人履行赔偿义务后,本保险合同的保险金额自损失发生之日起按保险人的赔偿金额相应减少,保险人不退还保险金额减少部分的保险费。如投保人请求恢复至原保险金额,应按原约定的保险费率另行支付恢复部分从投保人请求的恢复日期起至保险期间届满之日止按日比例计算的保险费。

第三十四条 发生保险责任范围内的损失,应由有关责任方负责赔偿的,保险人自向被保险人赔偿保险金之日起,在赔偿金额范围内代位行使被保险人对有关责任方请求赔偿的权利,被保险人应当向保险人提供必要的文件和所知道的有关情况。

被保险人已经从有关责任方取得赔偿的,保险人赔偿保险金时,可以相应扣减被保险人已从有关责任方取得的赔偿金额。

保险事故发生后,在保险人未赔偿保险金之前,被保险人放弃对有关责任方请求赔偿权利的,保险人不承担赔偿责任;保险人向被保险人赔偿保险金后,被保险人未经保险人同意放弃对有关责任方请求赔偿权利的,该行为无效;由于被保险人故意或者因重大过失致使保险人不能行使代位请求赔偿的权利的,保险人可以扣减或者要求返还相应的保险金。

第三十五条 被保险人向保险人请求赔偿保险金的诉讼时效期间为两年,自其知道或者应当知道保险事故发生之日起计算。

争议处理和法律适用

第三十六条 因履行本保险合同发生的争议,由当事人协商解决。协商不成的,提交保险单载明的仲裁机构仲裁;保险单未载明仲裁机构且争议发生后未达成仲裁协议的,依法向人民法院起诉。

第三十七条 与本保险合同有关的以及履行本保险合同产生的一切争议,适用中华人民共和国法律(不包括港澳台地区法律)。

其 他 事 项

第三十八条 保险标的发生部分损失的,自保险人赔偿之日起三十日内,投保人可以解除合同;除合同另有约定外,保险人也可以解除合同,但应当提前十五日通知投保人。

保险合同依据前款规定解除的,保险人应当将保险标的未受损失部分的保险费,按照合同约定扣除自保险责任开始之日起至合同解除之日止应收的部分后,退还投保人。

第三十九条　保险责任开始前,投保人要求解除保险合同的,应当按本保险合同的约定向保险人支付退保手续费,保险人应当退还剩余部分保险费。

保险责任开始后,投保人要求解除保险合同的,自通知保险人之日起,保险合同解除,保险人按短期费率计收保险责任开始之日起至合同解除之日止期间的保险费,并退还剩余部分保险费。

保险责任开始后,保险人要求解除保险合同的,可提前十五日向投保人发出解约通知书解除本保险合同,保险人按照保险责任开始之日起至合同解除之日止期间与保险期间的日比例计收保险费,并退还剩余部分保险费。

第四十条　保险标的发生全部损失,属于保险责任的,保险人在履行赔偿义务后,本保险合同终止;不属于保险责任的,本保险合同终止,保险人按短期费率计收自保险责任开始之日起至损失发生之日止期间的保险费,并退还剩余部分保险费。

释　义

第四十一条　本保险合同涉及下列术语时,适用下列释义:

（一）火灾

在时间或空间上失去控制的燃烧所造成的灾害。构成本保险的火灾责任必须同时具备以下三个条件:

1. 有燃烧现象,即有热有光有火焰;

2. 偶然、意外发生的燃烧;

3. 燃烧失去控制并有蔓延扩大的趋势。

因此,仅有燃烧现象并不等于构成本保险中的火灾责任。在生产、生活中有目的用火,如为了防疫而焚毁站污的衣物,点火烧荒等属正常燃烧,不同于火灾责任。

因烘、烤、烫、烙造成焦糊变质等损失,既无燃烧现象,又无蔓延扩大趋势,也不属于火灾责任。

电机、电器、电气设备因使用过度、超电压、碰线、孤花、漏电、自身发热所造成的本身损毁,不属于火灾责任。但如果发生了燃烧并失去控制蔓延扩大,才构成火灾责任,并对电机、电器、电气设备本身的损失负责赔偿。

（二）爆炸

爆炸分物理性爆炸和化学性爆炸。

1. 物理性爆炸:由于液体变为蒸汽或气体膨胀,压力急剧增加并大大超过容器所能承受的极限压力,因而发生爆炸。如锅炉、空气压缩机、压缩气体钢瓶、液化气罐爆炸等。关于锅炉、压力容器爆炸的定义是:锅炉或压力容器在使用中或试压时发生破裂,使压力瞬时降到等于外界大气压力的事故,称为"爆炸事故"。

2. 化学性爆炸:物体在瞬息分解或燃烧时放出大量的热和气体,并以很大的压力向四周扩散的现象。如火药爆炸、可燃性粉尘纤维爆炸、可燃气体爆炸及各种化学物品的爆炸等。

因物体本身的瑕疵,使用损耗或产品质量低劣以及由于容器内部承受"负压"(内压比外压小)造成的损失,不属于爆炸责任。

（三）**雷击**

雷击指由雷电造成的灾害。雷电为积雨云中、云间或云地之间产生的放电现象。雷击的破坏形式分直接雷击与感应雷击两种。

1. 直接雷击:由于雷电直接击中保险标的造成损失,属直接雷击责任。

2. 感应雷击:由于雷击产生的静电感应或电磁感应使屋内对地绝缘金属物体产生高电位放出火花引起的火灾,导致电器本身的损毁,或因雷电的高电压感应,致使电器部件的损毁,属感应雷击责任。

（四）**暴雨**:指每小时降雨量达 16 毫米以上,或连续 12 小时降雨量达 30 毫米以上,或连续 24 小时降雨量达 50 毫米以上的降雨。

（五）**洪水**:指山洪暴发、江河泛滥、潮水上岸及倒灌。但规律性的涨潮、自动灭火设施漏水以及在常年水位以下或地下渗水、水管爆裂不属于洪水责任。

（六）**暴风**:指风力达 8 级、风速在 17.2 米/秒以上的自然风。

（七）**龙卷风**:指一种范围小而时间短的猛烈旋风,陆地上平均最大风速在 79 米/秒～103 米/秒,极端最大风速在 100 米/秒以上。

（八）**冰雹**:指从强烈对流的积雨云中降落到地面的冰块或冰球,直径大于 5 毫米,核心坚硬的固体降水。

（九）**台风、飓风**:台风指中心附近最大平均风力 12 级或以上,即风速在 32.6 米/秒以上的热带气旋;飓风是一种与台风性质相同、但出现的位置区域不同的热带气旋,台风出现在西北太平洋海域,而飓风出现在印度洋、大西洋海域。

（十）**沙尘暴**:指强风将地面大量尘沙吹起,使空气很混浊,水平能见度小于 1 公里的天气现象。

（十一）**暴雪**:指连续 12 小时的降雪量大于或等于 10 毫米的降雪现象。

（十二）**冰凌**:指春季江河解冻期时冰块飘浮遇阻,堆积成坝,堵塞江道,造成水位急剧上升,以致江水溢出江道,漫延成灾。

陆上有些地区,如山谷风口或酷寒致使雨雪在物体上结成冰块,成下垂形状,越结越厚,重量增加,由于下垂的拉力致使物体毁坏,也属冰凌责任。

（十三）**突发性滑坡**:斜坡上不稳的岩土体或人为堆积物在重力作用下突然整体向下滑动的现象。

（十四）**崩塌**:石崖、土崖、岩石受自然风化、雨蚀造成崩溃下塌,以及大量积雪在重力作用下从高处突然崩塌滚落。

（十五）**泥石流**：由于雨水、冰雪融化等水源激发的、含有大量泥沙石块的特殊洪流。

（十六）**地面突然下陷下沉**：地壳因为自然变异，地层收缩而发生突然塌陷。对于因海潮、河流、大雨侵蚀或在建筑房屋前没有掌握地层情况，地下有孔穴、矿穴，以致地面突然塌陷，也属地面突然下陷下沉。但未按建筑施工要求导致建筑地基下沉、裂缝、倒塌等，不在此列。

（十七）**飞行物体及其他空中运行物体坠落**：指空中飞行器、人造卫星、陨石坠落，吊车、行车在运行时发生的物体坠落，人工开凿或爆炸而致石方、石块、土方飞射、塌下，建筑物倒塌、倒落、倾倒，以及其他空中运行物体坠落。

（十八）**自然灾害**：指雷击、暴雨、洪水、暴风、龙卷风、冰雹、台风、飓风、沙尘暴、暴雪、冰凌、突发性滑坡、崩塌、泥石流、地面突然下陷下沉及其他人力不可抗拒的破坏力强大的自然现象。

（十九）**意外事故**：指不可预料的以及被保险人无法控制并造成物质损失的突发性事件，包括火灾和爆炸。

（二十）**重大过失行为**：指行为人不但没有遵守法律规范对其较高要求，甚至连人们都应当注意并能注意的一般标准也未达到的行为。

（二十一）**恐怖活动**：指任何人以某一组织的名义或参与某一组织使用武力或暴力对任何政府进行恐吓或施加影响而采取的行动。

（二十二）**地震**：地壳发生的震动。

（二十三）**海啸**：海啸是指由海底地震，火山爆发或水下滑坡、塌陷所激发的海洋巨波。

（二十四）**行政行为或司法行为**：指各级政府部门、执法机关或依法履行公共管理、社会管理职能的机构下令破坏、征用、罚没保险标的的行为。

（二十五）**简易建筑**：指符合下列条件之一的建筑：(1)使用竹木、芦席、篷布、茅草、油毛毡、塑料膜、尼龙布、玻璃钢瓦等材料为顶或墙体的建筑；(2)顶部封闭，但直立面非封闭部分的面积与直立面总面积的比例超过10%的建筑；(3)屋顶与所有墙体之间的最大距离超过一米的建筑。

（二十六）**自燃**：指可燃物在没有外部热源直接作用的情况下，由于其内部的物理作用（如吸附、辐射等）、化学作用（如氧化、分解、聚合等）或生物作用（如发酵、细菌腐败等）而发热，热量积聚导致升温，当可燃物达到一定温度时，未与明火直接接触而发生燃烧的现象。

（二十七）**重置价值**：指替换、重建受损保险标的，以使其达到全新状态而发生的费用，但不包括被保险人进行的任何变更、性能增加或改进所产生的额外费用。

（二十八）**水箱、水管爆裂**：包括冻裂和意外爆裂两种情况。水箱、水管爆裂一般是由水箱、水管本身瑕疵或使用耗损或严寒结冰造成的。

短期费率表

保险期间	一个月	二个月	三个月	四个月	五个月	六个月	七个月	八个月	九个月	十个月	十一个月	十二个月
年费率的百分比	10%	20%	30%	40%	50%	60%	70%	80%	85%	90%	95%	100%

注:不足一个月的部分按一个月计收。

10.5.2 公众责任险保险条款

总　则

第一条　本保险合同(以下简称为"本合同")由保险条款、投保单、保险单或其他保险凭证、与本合同有关的投保文件、声明、批注、附贴批单或其他书面文件构成。凡涉及本合同的约定,均应采用书面形式。

第二条　凡中华人民共和国境内(不含香港、澳门特别行政区和台湾地区,下同)的政府机构、企事业单位、社会团体、个体经济组织及其他合法成立的组织均可成为本合同的被保险人。

保　险　责　任

第三条　在保险期间内,被保险人在列明的场所范围内,在从事经营活动或自身业务过程中因过失导致意外事故发生,造成第三者人身伤害或财产损失并且受害方在保险期限内首次提出赔偿请求,依照中华人民共和国法律(不含香港、澳门特别行政区和台湾地区法律,下同)应由被保险人承担的经济赔偿责任,保险人按照本合同约定负责赔偿。

第四条　保险事故发生后,被保险人因保险事故而被提起仲裁或者诉讼的,对应由被保险人支付的仲裁或诉讼费用以及事先经保险人书面同意支付的其他必要的、合理的费用(以下简称"法律费用"),保险人按照本保险合同约定也负责赔偿。

责　任　免　除

第五条　出现下列任一情形时,保险人不负责赔偿:

(一)对于未载入本保险单明细表而属于被保险人的或其所占有的或以其名义使用的任何牲畜、自行车、汽车、机车、各类船只、飞机、电梯、升降机、自动梯、起重机、吊车或其他升降装置;

(二)被保险人或其雇员、代表出售、赠与产品、货物、商品;

(三)有缺陷的卫生装置或任何类型的中毒或任何不洁或有害的食物或饮料;

(四)被保险人或其雇员因从事医师、律师、会计师等属专门职业性质的工作过程中所发生的赔偿责任。

（五）被保险人从事建筑、安装或装修工程。

第六条 下列原因造成的损失、费用或责任，保险人不负责赔偿：

（一）被保险人或其雇员或其代表的故意或重大过失行为、犯罪行为或重大过失；

（二）战争、敌对行为、军事行动、武装冲突、恐怖主义活动、罢工、暴动、民众骚乱；

（三）行政行为、司法行为；

（四）自然灾害；

（五）火灾、爆炸、烟熏；

（六）核反应、核辐射、核爆炸及其他放射性污染；

（七）大气、土地、水污染及其他非放射性污染；

（八）被保险人或其雇员或以被保险人名义从事相关工作者超越其经营范围或职责范围的行为；

（九）接触、使用石棉、石棉制品或含有石棉成分的物质。

第七条 对于下列损失、费用或责任，保险人不负责赔偿：

（一）被保险人或其雇员或其代表的人身损害；

（二）被保险人或其雇员或其代表所有的或由其保管的或由其控制的财产的损失；

（三）被保险人或其雇员或其代表因经营或职责需要一直使用或占用的任何物品、土地、房屋或其他建筑的损失；

（四）为被保险人提供服务的任何人的人身损害和财产损失；

（五）被保险人或其雇员、代表因从事加工、修理、改进、承揽等工作造成委托人的人身损害和财产损失；

（六）罚款、罚金或惩罚性赔款；

（七）在合同或协议中约定的应由被保险人承担的赔偿责任，但即使没有这种合同或协议，被保险人依法仍应承担的赔偿责任不在本款责任免除范围内；

（八）保险单中载明的应由被保险人自行承担的免赔额。

第八条 不属于保险责任范围内的其他损失、费用和赔偿责任，保险人不负责赔偿。

保 险 期 间

第九条 本合同的保险期间为一年，自保险单载明的保险责任起始日零时起至约定的保险责任终止日二十四时止。

赔偿限额与免赔额

第十条 本合同的赔偿限额包括每次事故赔偿限额和保单累计赔偿限额，也可约定其他特定计算方式的赔偿限额。各项赔偿限额由投保人与保险人协商确定，并在保险单中载明。

第十一条 每次事故免赔额由投保人与保险人协商确定,并在保险单中载明。

保 险 人 义 务

第十二条 本合同成立后,保险人应当及时向投保人签发保险单或其他保险凭证。

第十三条 保险人收到被保险人的赔偿请求后,应当及时作出核定。对情形复杂的保险人可采取进一步合理必要的核定方式。对在投保时约定的针对不同情况下的赔偿处理方式,保险人应认真履行。

保险人应当将核定结果通知被保险人;对属于保险责任的,在与被保险人达成保险赔偿协议后十日内或在合同约定的赔偿期限内履行赔偿义务。

第十四条 保险人认为本合同约定的被保险人应提供的有关索赔证明和资料不完整的,应当及时一次性通知投保人、被保险人补充提供。

第十五条 保险人自收到索赔请求和有关证明、资料之日起六十日内,对其赔偿保险金的数额不能确定的,应当根据已有证明和资料可以确定的数额先予支付,待最终确定赔偿数额后支付相应差额。

投保人、被保险人义务

第十六条 订立保险合同时,投保人对所填写的投保单及保险人对有关情况的询问应如实告知。

投保人故意或者因重大过失未履行前款规定的如实告知义务,足以影响保险人决定是否同意承保或者提高保险费率的,保险人有权解除合同。

投保人故意不履行如实告知义务的,保险人对于合同解除前发生的保险事故,不承担赔偿或者给付保险金的责任,并不退还保险费。

投保人因重大过失未履行如实告知义务,对保险事故的发生有严重影响的,保险人对于合同解除前发生的保险事故,不承担赔偿或者给付保险金的责任,但退还保险费。

保险人在合同订立时已经知道投保人未如实告知的情况的,保险人不得解除合同;发生保险事故的,保险人应当承担赔偿或者给付保险金的责任。

第十七条 投保人应按照本合同的约定交付保险费。本合同约定一次性交付保险费或对保险费交付方式、交付时间没有约定的,投保人应在保险责任起始日前一次性交付保险费;约定以分期付款方式交付保险费的,投保人应按期交付第一期保险费。投保人未按本款约定交付保险费的,本合同不生效,保险人不承担保险责任。

如果发生投保人未按期足额交付保险费或不按约定日期交付第二期或以后任何一期保险费的情形,从违约之日起,保险人有权解除本合同并追收已经承担保险责任期间的保险费和利息,本合同自解除通知送达投保人时解除;在本合同解除前发生保险事故的,保险人按投保人已付保险费占保险单中载明的总保险费的比例承担保险责任。

第十八条 在本合同有效期内,保险标的的危险程度显著增加的,被保险人应及时书面通知保险人,保险人可视情况增加保险费或者解除本合同。

被保险人未予通知的,因危险程度显著增加而发生之保险事故,保险人不承担赔偿责任。

第十九条 被保险人应严格遵守国家和所从事行业内有关的安全管理规定,防止事故发生。对有关管理部门或保险人提出的消除安全隐患防止事故发生的要求和建议应认真付诸实施。

被保险人未履行前款约定的义务,保险人有权增加保险费或者解除本合同;对因此而导致保险事故发生的,保险人有权拒绝赔偿;对因此而导致其赔偿责任扩大的,保险人有权对扩大的部分拒绝赔偿。

第二十条 收到第三者索赔通知后,被保险人应该:

(一)尽力采取必要、合理的措施,防止或减少损失,否则,对因此扩大的损失,保险人不承担赔偿责任;

(二)及时通知保险人,并书面说明事故发生的原因、经过和损失情况;故意或者因重大过失未及时通知,致使保险事故的性质、原因、损失程度等难以确定的,保险人对无法确定的部分,不承担赔偿责任,但保险人通过其他途径已经及时知道或者应当及时知道保险事故发生的除外;

(三)保护事故现场或有关记录,允许并且协助保险人进行事故调查;对于拒绝或者妨碍保险人进行事故调查导致无法确定事故原因或核实损失情况的,对无法确定或核实的部分,保险人不承担赔偿责任。

第二十一条 被保险人获悉可能发生诉讼、仲裁时,应立即以书面形式通知保险人;接到法院传票或其他法律文书后,应将其副本及时送交保险人。保险人有权以被保险人的名义处理有关诉讼或仲裁事宜,被保险人应提供有关文件,并给予必要的协助。

对因未及时提供上述通知或必要协助导致扩大的损失,保险人不承担赔偿责任。

第二十二条 发生保险事故后,未经保险人书面同意,被保险人对受害人及其代理人作出的任何承诺、拒绝、出价、约定、付款或赔偿,保险人不受其约束。对于被保险人自行承诺或支付的赔偿金额,保险人有权重新核定,不属于本保险责任范围或超出应赔偿限额的,保险人不承担赔偿责任。在处理索赔过程中,保险人有权自行处理由其承担最终赔偿责任的任何索赔案件,被保险人有义务向保险人提供其所能提供的资料和协助。

第二十三条 被保险人应及时向保险人提供与索赔相关的各种证明和资料,并确保其真实、完整。

因被保险人未履行前款约定的义务,导致部分或全部保险责任无法确定,保险人对无法确定的部分不承担赔偿责任。

第二十四条 被保险人在申请赔偿时,应当如实向保险人说明与本合同保险责任有关的其他保险合同的情况。被保险人未如实说明情况导致保险人多支付保险赔偿金的,保险人有权向被保险人追回应由其他保险合同的保险人负责赔偿的部分。

赔 偿 处 理

第二十五条 被保险人请求赔偿时,应向保险人提供下列证明和资料:

(一) 保险单正本和保险费交付凭证;

(二) 索赔申请书;

(三) 第三者或其代理人向被保险人提出损害赔偿的相关材料;

(四) 有关部门出具的事故证明;

(五) 造成第三者人身损害的,应提供:二级以上或保险人认可的医疗机构出具的原始医疗费用收据、诊断证明及病历;造成第三者伤残的,还应提供具备相关法律法规要求的伤残鉴定资格的医疗机构出具的伤残程度证明;造成第三者死亡的,还应提供公安机关或医疗机构出具的死亡证明书;

(六) 造成第三者财产损失的,应提供:财产损失清单、费用清单;

(七) 生效的法律文书(包括裁定书、裁决书、判决书、调解书等);

(八) 投保人或被保险人所能提供的,与索赔有关的、必要的,并能证明损失性质、原因和程度的其他证明和资料。

第二十六条 发生保险事故后,保险人的赔偿金额以按照下列方式之一确定的被保险人的经济赔偿责任为依据:

(一) 被保险人与第三者或其他索赔权利人协商并经保险人确认;

(二) 仲裁机构裁决;

(三) 人民法院判决;

(四) 保险人认可的其他方式。

在按照上述方式之一确定经济赔偿责任后,保险人对每次事故的实际赔偿金额还应在此基础上扣减保险单中载明的每次事故免赔额,并且保险人对每次事故的赔偿金额不超过保险单中载明的每次事故赔偿限额。

在保险期间内,保险人的累计赔偿金额不超过保险单中载明的累计赔偿限额。

第二十七条 除另有约定外,保险人对每次事故法律费用的赔偿在第三者人身损害和财产损失的赔偿金额以外另行计算,并且赔偿时不扣减每次事故免赔额,但每次事故的赔偿总额不超过约定的赔偿限额。

如果被保险人的赔偿责任同时涉及保险事故和非保险事故,并且无法区分法律费用是因何种事故而产生的,保险人按照本合同保险赔偿金额(不含法律费用)占应由被保险人承担的全部赔偿金额(不含法律费用)的比例赔偿法律费用。

第二十八条 被保险人给第三者造成损害,被保险人未向该第三者赔偿的,保险人不得向被保险人赔偿保险金。

第二十九条 发生保险事故时,如果被保险人的损失在有相同保障的其他保险项下也能够获得赔偿,则本保险人按照本保险合同的赔偿限额与其他保险合同及本合同的赔偿限额总和的比例承担赔偿责任。

其他保险人应承担的赔偿金额,本保险人不负责垫付。若被保险人未如实告知导致保险人多支付赔偿金的,保险人有权向被保险人追回多支付的部分。

第三十条 发生保险责任范围内的损失,应由有关责任方负责赔偿的,保险人自向被保险人赔偿保险金之日起,在赔偿金额范围内代位行使被保险人对有关责任方请求赔偿的权利,被保险人应当向保险人提供必要的文件和所知道的有关情况。

被保险人已经从有关责任方取得赔偿的,保险人赔偿保险金时,可以相应扣减被保险人已从有关责任方取得的赔偿金额。

保险事故发生后,在保险人未赔偿保险金之前,被保险人放弃对有关责任方请求赔偿权利的,保险人不承担赔偿责任;保险人向被保险人赔偿保险金后,被保险人未经保险人同意放弃对有关责任方请求赔偿权利的,该行为无效;由于被保险人故意或者因重大过失致使保险人不能行使代位请求赔偿的权利的,保险人可以扣减或者要求返还相应的保险金。

第三十一条 每次事故的保险赔偿结案后,保险人不再负责赔偿任何新增加的与该次保险事故相关的损失、费用或赔偿责任。

当一次保险事故涉及多名第三者时,如果保险人和被保险人双方已经确认其中部分第三者的赔偿金额,保险人可根据被保险人的申请予以先行赔付。先行赔付后,保险人不再负责赔偿与这些第三者相关的任何新增加的赔偿金。

第三十二条 保险人自收到赔偿请求和有关证明、资料之日起六十日内,对其赔偿数额不能确定的,应当根据已有证明和资料可以确定的数额先予支付;保险人最终确定赔偿保险金的数额后,应当支付相应的差额。

第三十三条 被保险人向保险人请求赔偿保险金的诉讼时效期间为二年,自其知道或者应当知道保险事故发生之日起计算。

争议处理和法律适用

第三十四条 因履行本合同发生的争议,由当事人协商解决。协商不成的,提交保险单载明的仲裁机构仲裁;保险单未载明仲裁机构且争议发生后未达成仲裁协议的,依法向中华人民共和国人民法院起诉。

第三十五条 本合同的争议处理适用中华人民共和国法律。

其 他 事 项

第三十六条 本合同成立后,投保人可要求解除本合同。投保人要求解除本合同的,应当向保险人提出书面申请,本合同自保险人收到书面申请时终止。

第三十七条 本合同成立后,保险人根据保险法规定或者本合同约定要求解除本合同的,除保险法另有规定或本合同另有约定外,本合同自解除通知送达投保人最后所留通讯地址时终止。

第三十八条　在保险单中载明的保险责任起始日前,投保人要求解除本合同的,除本合同另有约定外,投保人应当按照保险费 5％的比例向保险人支付手续费,保险人退还已收取的保险费。

在保险单中载明的保险责任起始日后解除本合同的,除本合同另有约定外,保险人应向投保人退还未满期保险费。

如果解除时,本合同项下仍有尚未赔偿结案的保险事故,保险人可在赔偿结案后再向投保人退还未满期保险费。

释　义

第三十九条　除另有约定外,本合同中的下列词语具有如下含义:

个体经济组织:是指经工商部门批准登记注册,并领取营业执照的个体工商户。

其他合法组织:是指经法定登记程序成立并从事其注册登记范围内活动事项的团体机构

意外事故:是指不可预料的、被保险人无法控制并造成财产损失或人身损害的突发性事件。

第三者:是指除被保险人及其雇员、代表以外的自然人、法人或其他组织。

被保险人的代表:是指虽不是被保险人的雇员或其组织的一部分,但其从事的相关活动是按被保险人委托或与被保险人约定的、与被保险人之经营或活动的范围或性质有直接关联的人或组织。

人身伤害:是指死亡、肢体残疾、组织器官功能障碍及其他影响人身健康的损伤。

财产损失:是指有形财产的物质损坏,包括所引起的该财产不能使用;或有形财产虽未受实质损坏但已丧失使用价值。

自然灾害:是指雷击、暴风、暴雨、洪水、暴雪、冰雹、沙尘暴、冰凌、泥石流、崖崩、突发性滑坡、火山爆发、地面突然塌陷、地震、海啸及其他人力不可抗拒的自然现象。

每次事故:是指一名或多名第三者或其他索赔权利人基于同一原因或理由,单独或共同向被保险人提出的,属于保险责任范围内的一项或一系列索赔或民事诉讼,本合同将其视为一次保险事故,在本合同中简称为每次事故。

未满期保险费:是指保险人应退还的剩余保险期间的保险费,未满期保险费按照以下公式计算:

$$未满期保险费＝年保险费×(剩余保险期间天数/保险期间天数)×$$
$$(累计赔偿限额－累计赔偿金额)/累计赔偿限额$$

保险期间:是指本合同成立时保险单中载明的保险责任起始日零时起至保险责任

终止日二十四时止。

保险费：是指本合同成立时保险单中载明的保险费。

累计赔偿金额：是指在实际保险期间内，保险人已支付的保险赔偿金和已发生保险事故但还未支付的保险赔偿金之和，但不包括保险人负责赔偿的（施救费用和）法律费用。

实际保险期间：是指自保险单载明的保险责任起始日零时起至本合同终止日二十四时止。

剩余保险期间：是指自本合同终止日次日零时起至保险单载明的保险责任终止日二十四时止。

10.5.3 雇主责任险保险条款

总　则

第一条　本保险合同（以下简称为"本合同"）由保险条款、投保单、保险单或其他保险凭证、与本合同有关的投保文件、声明、批注、附贴批单或其他书面文件构成。凡涉及本合同的约定，均应采用书面形式。

第二条　凡中华人民共和国境内（不含香港、澳门特别行政区和台湾地区，下同）的政府机构、企事业单位、社会团体、个体经济组织及其他合法成立的组织均可成为本合同的被保险人。

保　险　责　任

第三条　在保险期间内，被保险人的工作人员在中华人民共和国境内因下列情形导致伤残或死亡，依照中华人民共和国法律（不含香港、澳门特别行政区和台湾地区法律，下同）应由被保险人承担的经济赔偿责任，保险人按照本保险合同约定负责赔偿：

（一）在工作时间和工作场所内，因工作原因受到事故伤害的；

（二）工作时间前后在工作场所内，从事与工作有关的预备性或者收尾性工作受到事故伤害的；

（三）在工作时间和工作场所内，因履行工作职责受到暴力等意外伤害的；

（四）被诊断、鉴定为职业病；

（五）因工外出期间，由于工作原因受到伤害或者发生事故下落不明的；

（六）在上下班途中，受到机动车事故伤害的；

（七）在工作时间和工作岗位，突发疾病死亡或者在 48 小时之内经抢救无效死亡的；

（八）在抢险救灾等维护国家利益、公共利益活动中受到伤害的；

（九）被保险职员原在军队服役，因战、因公负伤致残，已取得革命伤残军人证，到被保险人处工作后旧伤复发的；

（十）法律、行政法规规定应当认定为工伤的其他情形。

第四条 保险事故发生后，被保险人因保险事故而被提起仲裁或者诉讼的，对应由被保险人支付的仲裁或诉讼费用以及事先经保险人书面同意支付的其他必要的、合理的费用（以下简称"法律费用"），保险人按照本保险合同约定也负责赔偿。

责 任 免 除

第五条 由于下列原因造成的任何损失、费用或赔偿责任，保险人不负责赔偿：

（一）被保险人或其代表的故意行为或重大过失；

（二）战争、敌对行为、军事行动、武装冲突、恐怖主义活动、罢工、暴动、民众骚乱；

（三）行政行为、司法行为；

（四）核辐射、核爆炸；

（五）被保险人职员接触、使用含有放射性物质的材料；

（六）被保险人职员接触、使用石棉、石棉制品或含有石棉成份的物质。

第六条 被保险人的雇员有下列情形之一，导致自身遭受人身损害的，保险人不负责赔偿：

（一）故意行为、犯罪行为、违反治安管理法律、法规和规章；

（二）自残、自杀、醉酒；

（三）服用、吸食、注射毒品；

（四）饮酒后或者服用国家管制的精神药品、麻醉药品后驾驶机动车；

（五）无驾驶证，驾驶证失效或者被依法扣留、暂扣、吊销期间驾驶机动车，驾驶与驾驶证载明的准驾车型不相符合的机动车；

（六）无国家有关部门核发的有效操作资格证而使用各种专用机械、特种设备或特种车辆或类似设备装置的。

第七条 对于下列损失、费用或责任，保险人不负责赔偿：

（一）除本合同列明负责赔偿的项目外，其他超出被保险人职员所在地工伤保险和基本医疗保险诊疗项目目录、药品目录、医疗服务设施范围和支付标准的医疗费用；

（二）罚款、罚金或惩罚性赔款；

（三）在合同或协议中约定的应由被保险人承担的赔偿责任，但即使没有这种合同或协议，被保险人依法仍应承担的赔偿责任不在本款责任免除范围内；

（四）保险单中载明的应由被保险人自行承担的免赔额。

第八条 其他不属于本保险责任范围内的损失、费用和责任，保险人不负责赔偿。

赔偿限额与免赔额

第九条 本合同的赔偿限额包括每人赔偿限额、死亡每人赔偿限额、伤残每人赔偿限额、误工费用每人赔偿限额、医疗费用每人赔偿限额和累计赔偿限额。各项赔偿限额由投保人与保险人协商确定,并在保险单中载明。

第十条 每次事故医疗费用每人免赔额由投保人与保险人协商确定,并在保险单中载明。

保 险 期 间

第十一条 本合同的保险期间为一年,自保险单载明的保险责任起始日零时起至保险责任终止日二十四时止。

保 险 人 义 务

第十二条 本合同成立后,保险人应当及时向投保人签发保险单或其他保险凭证。

第十三条 保险人收到被保险人的赔偿请求后,应当及时作出核定。对情形复杂的保险人可采取进一步合理必要的核定方式。对在投保时约定的针对不同情况下的赔偿处理方式,保险人应认真履行。

保险人应当将核定结果通知被保险人;对属于保险责任的,在与被保险人达成保险赔偿协议后十日内或在合同约定的赔偿期限内履行赔偿义务。

第十四条 保险人认为本合同约定的被保险人应提供的有关索赔证明和资料不完整的,应当及时一次性通知投保人、被保险人补充提供。

第十五条 保险人自收到索赔请求和有关证明、资料之日起六十日内,对其赔偿保险金的数额不能确定的,应当根据已有证明和资料可以确定的数额先予支付,待最终确定赔偿数额后支付相应差额。

投保人、被保险人义务

第十六条 订立保险合同时,投保人对所填写的投保单及保险人对有关情况的询问应如实告知。

投保人故意或者因重大过失未履行前款规定的如实告知义务,足以影响保险人决定是否同意承保或者提高保险费率的,保险人有权解除合同。

前款规定的合同解除权,自保险人知道有解除事由之日起,超过三十日不行使而消灭。自合同成立之日起超过二年的,保险人不得解除合同;发生保险事故的,保险人应当承担赔偿保险金的责任。

投保人故意不履行如实告知义务的,保险人对于合同解除前发生的保险事故,不承担赔偿或者给付保险金的责任,并不退还保险费。

投保人因重大过失未履行如实告知义务,对保险事故的发生有严重影响的,保险人对于合同解除前发生的保险事故,不承担赔偿或者给付保险金的责任,但退还保险费。

保险人在合同订立时已经知道投保人未如实告知的情况的,保险人不得解除合同;

发生保险事故的,保险人应当承担赔偿或者给付保险金的责任。

第十七条 投保人应按照本合同的约定交付保险费。本合同约定一次性交付保险费或对保险费交付方式、交付时间没有约定的,投保人应在保险责任起始日前一次性交付保险费;约定以分期付款方式交付保险费的,投保人应按期交付第一期保险费。投保人未按本款约定交付保险费的,本合同不生效,保险人不承担保险责任。

如果发生投保人未按期足额交付保险费或不按约定日期交付第二期或以后任何一期保险费的情形,从违约之日起,保险人有权解除本合同并追收已经承担保险责任期间的保险费和利息,本合同自解除通知送达投保人时解除;在本合同解除前发生保险事故的,保险人按投保人已付保险费占保险单中载明的总保险费的比例承担保险责任。

第十八条 在本合同有效期内,保险标的的危险程度显著增加的,被保险人应及时书面通知保险人,保险人可视情况增加保险费或者解除本合同。

被保险人未予通知的,因危险增加而发生之保险事故,保险人不承担赔偿责任。

第十九条 被保险人应严格遵守有关安全生产和职业伤病防治的法律、法规和规章,采取合理的预防措施,预防保险事故发生。对保险人提出的消除不安全因素和隐患的书面建议,被保险人应该认真付诸实施。

因被保险人未履行前款约定的义务而导致保险事故发生的,保险人有权拒绝赔偿;对因此而导致其赔偿责任扩大的,保险人有权对扩大的部分拒绝赔偿。

第二十条 知道保险事故发生后,被保险人应该:

(一) 尽力采取必要、合理的措施,防止或减少损失,否则,对因此扩大的损失保险人不承担赔偿责任;

(二) 及时通知保险人,并书面说明事故发生的原因、经过和损失情况;故意或因重大过失未及时通知,致使保险事故的性质、原因、损失程度等难以确定的,保险人对无法确定的部分,不承担赔偿责任。但保险人通过其他途径已经及时知道或者应当及时知道保险事故发生的除外;

(三) 保护事故现场或保存事故记录,允许并且协助保险人进行事故调查。对于拒绝或者妨碍保险人进行事故调查导致无法确定事故原因或核实损失情况的,保险人对无法确定或核实部分不承担赔偿责任。

第二十一条 发生保险事故后,未经保险人书面同意,被保险人对受害人及其代理人作出的任何承诺、拒绝、出价、约定、付款或赔偿,保险人不受其约束。对于被保险人自行承诺或支付的赔偿金额,保险人有权重新核定,不属于本保险责任范围或超出应赔偿限额的,保险人不承担赔偿责任。

在处理索赔过程中,保险人有权自行处理由其承担最终赔偿责任的任何索赔案件,被保险人有义务向保险人提供其所能提供的资料和协助。

被保险人未履行前款约定的义务导致其赔偿责任扩大的,保险人有权扣减赔偿金额或拒绝赔偿。

第二十二条　被保险人获悉可能发生诉讼、仲裁时,应立即以书面形式通知保险人;接到法院传票或其他法律文书后,应将其副本或复印件及时送交保险人。保险人有权以被保险人的名义处理有关诉讼或仲裁事宜,被保险人应提供有关文件,并给予必要的协助。

对因未及时提供上述通知或必要协助导致扩大的损失,保险人不承担赔偿责任。

第二十三条　被保险人应及时向保险人提供与索赔相关的各种证明和资料,并确保其真实、完整。

因被保险人未履行前款约定的义务,导致部分或全部保险责任无法确定,保险人对无法确定的部分不承担赔偿责任。

第二十四条　被保险人在请求赔偿时,应当如实向保险人说明与本合同保险责任有关的其他保险合同的情况。被保险人未如实说明情况导致保险人多支付保险赔偿金的,保险人有权向被保险人追回应由其他保险合同的保险人负责赔偿的部分。

赔 偿 处 理

第二十五条　被保险人请求赔偿时,应向保险人提供下列证明和资料:

（一）保险单正本和保险费交付凭证;

（二）索赔申请、事故证明和职员名单;

（三）被保险人与所雇人员签订的雇佣关系证明及所雇人员的薪金证明;

（四）有关部门或机构出具的伤残鉴定书、死亡证明或其他证明;

（五）二级以上（含）或保险人认可的医疗机构出具的附有病理检查、化验检查及其他医疗仪器检查报告的医疗诊断证明、病历及医疗、医药费原始单据、结算明细表;

（六）劳动保障行政部门出具的工伤认定证明、职业病诊断机构出具的职业病诊断证明书或职业病诊断鉴定委员会出具的职业病诊断鉴定书、劳动能力鉴定委员会做出的劳动能力鉴定结论;

（七）生效的法律文书（包括裁定书、裁决书、判决书、调解书等）;

（八）投保人或被保险人所能提供的,与索赔有关的、必要的,并能证明损失性质、原因和程度的其他证明和资料。

第二十六条　发生保险事故后,保险人的赔偿金额以按照下列方式之一确定的被保险人的经济赔偿责任为依据:

（一）被保险人与向其提出赔偿要求的所雇人员或其他索赔权利人协商并经保险人确认;

（二）仲裁机构裁决;

（三）人民法院判决;

（四）保险人认可的其他方式。

第二十七条　在确定被保险人对其职员的经济赔偿责任后,对于应由被保险人承

担的各项费用、津贴、补助金、抚恤金和其他赔偿金,保险人按以下约定赔偿:

（一）死亡赔偿金

最高赔偿额度按保单约定办理。

（二）伤残赔偿金

A. 永久丧失全部工作能力:最高赔偿额度按保单规定办理。

B. 永久丧失部分工作能力:最高赔偿额度按受伤部位及程度,参照本保单所附赔偿金额表规定的百分率乘以保单规定的赔偿额度。

（三）误工费用

最高赔偿额度按保单约定办理,暂时丧失工作能力超过五天的,在此期间,经医生证明,按被雇人员的工资给予赔偿。被雇人员的月工资是按事故发生之日或经医生证明发生疾病之日该人员的前十二个月的平均工资。不足十二个月按实际月数平均。

（四）医疗费用

最高赔偿额度按保单约定办理。

（五）在保险期间内,如果发生多次保险事故的,保险人对同一被保险人职员的累计赔偿限额不超过保单约定的每人赔偿限额。

如果保单分别载明伤残每人赔偿限额、误工费用每人赔偿限额、医疗费用每人赔偿限额,保险人对同一被保险人职员的伤残赔偿金、误工费用和医疗费用的累计赔偿金额分别不超过保险单中载明的伤残每人赔偿限额、误工费用每人赔偿限额和医疗费用每人赔偿限额。

除合同另有约定外,保险人对被保险人所雇佣的每个雇员承担的法律费用的赔偿金额不超过每人赔偿限额的 10%。

第二十八条 在保险期间内,保险人对死亡赔偿金、伤残赔偿金、误工费用、医疗费用以及法律费用的累计赔偿金额不超过保险单中载明的累计赔偿限额。

第二十九条 保险人按照投保人提供的被保险人职员名单承担赔偿责任。被保险人对名单范围以外职员的经济赔偿责任,保险人不负责赔偿。

经保险人同意按约定人数投保的,如果发生保险事故时被保险人职员人数多于投保时人数,保险人按投保人数与实际人数的比例承担赔偿责任。

第三十条 发生保险事故时,如果被保险人的损失在有相同保障的其他保险项下也能够获得赔偿,则本保险人按照本保险合同的赔偿限额与其他保险合同及本合同的赔偿限额总和的比例承担赔偿责任。

其他保险人应承担的赔偿金额,本保险人不负责垫付。若被保险人未如实告知导致保险人多支付赔偿金的,保险人有权向被保险人追回多支付的部分。

第三十一条 属于本合同项下的赔偿责任涉及其他责任方时,保险人自向被保险人赔偿保险金之日起,在赔偿金额范围内代位行使被保险人对其他责任方请求赔偿的权利。被保险人已经从其他责任方取得赔偿的,保险人赔偿保险金时,可以相应扣减被保险人已从其他责任方取得的赔偿金额。

保险事故发生后,在保险人未赔偿保险金之前,被保险人放弃对其他责任方请求赔偿权利的,保险人不承担赔偿责任;保险人向被保险人赔偿保险金后,被保险人未经保险人同意放弃对其他责任方请求赔偿权利的,该行为无效;由于被保险人的过错致使保险人不能行使代位请求赔偿的权利的,保险人可以扣减或者要求返还相应的保险赔偿金。

在保险人向其他责任方行使代位请求赔偿权时,被保险人应向保险人告知其知晓的有关情况并根据保险人的要求提供必要的证明和资料,积极协助保险人追偿。

第三十二条 保险赔偿结案后,保险人不再负责赔偿任何新增加的与该次保险事故相关的损失、费用或赔偿责任。

当一次保险事故涉及多名索赔人时,如果保险人和被保险人双方已经确认了其中部分索赔人的赔偿金额,保险人可根据被保险人的申请予以先行赔付。先行赔付后,保险人不再负责赔偿与这些索赔人相关的任何新增加的赔偿金。

争 议 处 理

第三十三条 因履行本合同发生的争议,由当事人协商解决。协商不成的,提交保险单中载明的仲裁机构仲裁;保险单中未载明仲裁机构并且争议发生后未达成仲裁协议的,可依法向人民法院起诉。

司 法 管 辖

第三十四条 本合同适用中华人民共和国法律,并受中华人民共和国司法管辖。

释 义

第三十五条 除另有约定外,本合同中的下列词语具有如下含义:

被保险人雇员:是指与被保险人存在劳动关系(包括事实劳动关系)的各种用工形式、各种用工期限,年满十六周岁的人员以及根据国家规定经审批的未满十六周岁的特殊人员。国家机关和依照或参照国家公务员制度进行人事管理的事业单位、社会团体的工作人员,以及其他事业单位、社会团体和各类民办非企业单位的工作人员也属于本合同的被保险人职员。

人身损害:是指死亡、肢体残疾、组织器官功能障碍及其他影响人身健康的损伤。

被保险人雇员月工资:是指被保险人职员发生工伤事故或者被诊断、鉴定患有职业病前十二个月的平均月工资。不足十二个月的按实际月数平均。

实际暂时丧失工作能力天数:是指自被保险人职员发生工伤事故或者被诊断、鉴定患有职业病之日起,至治疗期满或评定伤残等级之日(以先发生者为准)止的天数。

一次事故:是指一名或多名被保险人职员或其他索赔权利人基于同一原因或理由,

单独或共同向被保险人提出的,属于本合同保险责任范围内的一项或一系列索赔或民事诉讼,本合同将其视为一次保险事故。本合同据此确定每次事故的适用赔偿限额。

未满期保险费:是指保险人应退还的剩余保险期间的保险费,未满期保险费按照以下公式计算:

$$未满期保险费＝年保险费×(剩余保险期间天数/365)×$$
$$(累计赔偿限额－累计赔偿金额)/累计赔偿限额$$

累计赔偿金额:是指在实际保险期间内,由保险人负责赔偿的保险赔偿金之和。

实际保险期间:是指自保险单载明的保险责任起始日零时起至本合同终止日二十四时止。

剩余保险期间:是指自本合同终止日次日零时起至保险单载明的保险责任终止日二十四时止。

工伤与职业病伤残赔偿比例表

伤残等级	赔偿比例	伤残等级	赔偿比例
一级伤残	100％	六级伤残	40％
二级伤残	80％	七级伤残	30％
三级伤残	70％	八级伤残	20％
四级伤残	60％	九级伤残	10％
五级伤残	50％	十级伤残	5％

10.5.4 现金综合险保险条款

总　　则

第一条　本保险合同(以下简称为"本合同")由投保单、保险单或其他保险凭证及所附条款,与本合同有关的投保文件、声明、批注、附贴批单及其他书面文件构成。凡涉及本合同的约定,均应采用书面形式。

保 险 标 的

第二条　凡投保人与保险人在保险单中约定承保,并在保险单中载明承保区域范围内存放或运输的现金、支票、本票、汇票、有价证券以及其他有价票证为本合同保险标的。

保 险 责 任

第三条　在保险期间内,由于下列原因造成保险标的的损失,保险人按照本合同的

约定负责赔偿:

（一）火灾、爆炸;

（二）雷击、暴风、暴雨、热带风暴、台风、龙卷风、雹灾、雪灾、冰凌、沙尘暴、洪水、地震、海啸、滑坡、崖崩、泥石流、地面突然塌陷;

（三）飞行物体及其他空中运行物体坠落;

（四）抢劫。

第四条 保险事故发生后,被保险人为防止或者减少保险标的的损失所支付的必要、合理的费用(以下简称为"施救费用"),保险人按照本合同的约定也负责赔偿。

责 任 免 除

第五条 下列原因造成的损失、费用,保险人不负责赔偿:

（一）战争、敌对行为、军事行动、武装冲突、恐怖主义活动、罢工、暴动、骚乱;

（二）行政行为、司法行为;

（三）被保险人及其代表的故意或重大过失行为;

（四）核爆炸、核裂变、核聚变;

（五）放射性污染和其他各类环境污染;

（六）除第三条列明以外的其他自然灾害和意外事故。

第六条 下列损失、费用,保险人不负责赔偿:

（一）间接损失;

（二）在保险单中载明承保区域范围以外发生的损失;

（三）保险单中载明的应由被保险人自行承担的免赔额。

保险价值、保险金额和免赔额(率)

第七条 本合同保险标的的保险价值为保险事故发生时保险标的在中华人民共和国境内(不包括港澳台地区)合法金融机构可以兑现的价值。

第八条 本合同保险标的的保险金额由投保人参照保险价值自行确定,并在保险单中分项载明。保险金额不得超过保险价值。超过保险价值的,超过部分无效,保险人应当退还相应的保险费。

第九条 免赔额(率)由投保人与保险人在订立本合同时协商确定,并在保险单中载明。

保 险 期 间

第十条 除另有约定外,本合同的保险期间为一年,以保险单载明的起讫时间为准。

保 险 人 义 务

第十一条 本合同成立后,保险人应当及时向投保人签发保险单或其他保险凭证。

第十二条 保险人按照第二十一条的约定,认为被保险人提供的有关索赔的证明和资料不完整的,应当及时一次性通知投保人、被保险人补充提供。

第十三条 保险人收到被保险人的赔偿保险金的请求后,应当及时对是否属于保险责任作出核定;情形复杂的,应当在三十日内作出核定;情形特别复杂的,由于非保险人可以控制的原因导致核定困难的,保险人应与被保险人商议合理核定期间,并在商定的期间内作出核定。

保险人应当将核定结果通知被保险人;对属于保险责任的,在与被保险人达成赔偿保险金的协议后十日内,履行赔偿保险金义务。本合同对赔偿保险金的期限有约定的,保险人应当按照约定履行赔偿保险金的义务。保险人依照前款约定作出核定后,对不属于保险责任的,应当自作出核定之日起三日内向被保险人发出拒绝赔偿保险金通知书,并说明理由。

第十四条 保险人自收到赔偿保险金的请求和有关证明、资料之日起六十日内,对其赔偿保险金的数额不能确定的,应当根据已有证明和资料可以确定的数额先予支付;保险人最终确定赔偿保险金的数额后,应当支付相应的差额。

投保人、被保险人义务

第十五条 订立保险合同,保险人就保险标的或者被保险人的有关情况提出询问的,投保人应当如实告知。

投保人故意或者因重大过失未履行前款规定的如实告知义务,足以影响保险人决定是否同意承保或者提高保险费率的,保险人有权解除保险合同。

前款规定的合同解除权,自保险人知道有解除事由之日起,超过三十日不行使而消灭。自合同成立之日起超过二年的,保险人不得解除合同;发生保险事故的,保险人应当承担赔偿保险金的责任。

投保人故意不履行如实告知义务的,保险人对于合同解除前发生的保险事故,不承担赔偿保险金的责任,并不退还保险费。

投保人因重大过失未履行如实告知义务,对保险事故的发生有严重影响的,保险人对于合同解除前发生的保险事故,不承担赔偿保险金的责任,但应当退还保险费。

保险人在合同订立时已经知道投保人未如实告知的情况的,保险人不得解除合同;发生保险事故的,保险人应当承担赔偿保险金的责任。

第十六条 投保人应按照本合同的约定交付保险费。本合同约定一次性交付保险费或对保险费交付方式、交付时间没有约定的,投保人应在保险责任起始日前一次性交付保险费;约定以分期付款方式交付保险费的,投保人应按期交付第一期保险费。投保人未按本款约定交付保险费的,本合同不生效,保险人不承担保险责任。

如果发生投保人未按期足额交付保险费或不按约定日期交付第二期或以后任何一期保险费的情形,从违约之日起,保险人有权解除本合同并追收已经承担保险责任期间的保险费和利息,本合同自解除通知送达投保人时解除;在本合同解除前发生保险事故的,保险人按照保险事故发生前保险人实际收取的保险费总额与投保人应当交付保险费的比例承担保险责任,投保人应当交付保险费是指按照付款约定截至保险事故发生时投保人应该交纳的保险费总额。

第十七条 被保险人应遵守国家有关部门制定的会计制度和有关保护财产安全的各项规定,被保险人需具有完备的安全防盗措施,在非营业时间内,应将保险标的锁入金库或保险箱(柜)内,撤去金库、保险箱(柜)的钥匙,并安排专门人员值班。对安全检查中发现的各种灾害事故隐患,在接到安全主管部门或保险人提出的整改通知书后,应该认真付诸实施。

投保人、被保险人未按照约定履行其对保险标的的安全应尽责任的,保险人有权要求增加保险费或者解除本合同。

第十八条 保险标的转让的,被保险人或者受让人应当及时通知保险人。

因保险标的转让导致危险程度显著增加的,保险人自收到前款规定的通知之日起三十日内,可以增加保险费或者解除本合同。

被保险人、受让人未履行本条规定的通知义务的,因转让导致保险标的的危险程度显著增加而发生的保险事故,保险人不承担赔偿保险金的责任。

第十九条 在本合同有效期内,保险标的的危险程度显著增加的,被保险人应当及时通知保险人,保险人可以增加保险费或者解除本合同。

被保险人未履行前款约定的通知义务的,因保险标的的危险程度显著增加而发生的保险事故,保险人不承担赔偿保险金的责任。

第二十条 知道保险事故发生后,被保险人应该:

(一)尽力采取必要、合理的措施,防止或减少损失,否则,对因此扩大的损失,保险人不承担赔偿责任;

(二)及时通知保险人,并书面说明事故发生的原因、经过和损失情况;故意或者因重大过失未及时通知,致使保险事故的性质、原因、损失程度等难以确定的,保险人对无法确定的部分,不承担赔偿保险金的责任,但保险人通过其他途径已经及时知道或者应当及时知道保险事故发生的除外;

(三)保护事故现场,允许并且协助保险人进行事故调查;对于拒绝或者妨碍保险人进行事故调查导致无法确定事故原因或核实损失情况的,保险人对无法确定或核实的部分不承担赔偿责任。

第二十一条 被保险人请求赔偿时,应向保险人提供下列证明和资料:

（一）保险单正本和保险费收据；

（二）事故报告书；

（三）公安、消防等部门出具的证明；

（四）损失清单或相关账册；

（五）投保人或被保险人所能提供的与确认保险事故的性质、原因、损失程度等有关的其他证明和资料。

被保险人未履行前款约定的索赔材料提供义务，导致保险人无法核实损失情况的，保险人对无法核实的部分不承担赔偿责任。

赔 偿 处 理

第二十二条 保险事故发生时，被保险人对保险标的应当具有保险利益，否则，不得向保险人请求赔偿保险金。

第二十三条 保险标的发生保险责任范围内的损失，保险人按以下方式计算赔偿：

（一）保险金额等于或高于保险价值时，按实际损失计算赔偿，最高不超过保险价值；

（二）保险金额低于保险价值时，按保险金额与保险价值的比例乘以实际损失计算赔偿，最高不超过保险金额；

（三）若本合同所列标的不止一项时，应分项按照本条约定处理。

第二十四条 保险标的的保险金额大于或等于其保险价值时，施救费用在保险标的损失赔偿金额之外另行计算，最高不超过被施救保险标的的保险价值。

保险标的的保险金额小于其保险价值时，施救费用按被施救标的的保险金额与其保险价值的比例在保险标的损失赔偿金额之外另行计算，最高不超过被施救保险标的的保险金额。

被施救的财产中，含有本合同未承保财产的，按被施救保险标的的保险价值与全部被施救财产价值的比例分摊施救费用。

第二十五条 保险人赔偿保险标的损失时应扣除保险单中载明的免赔额，但赔偿施救费用时不扣除免赔额。

第二十六条 保险事故发生时，如果存在重复保险，保险人按照本合同的相应保险金额与其他保险合同及本合同相应保险金额总和的比例承担赔偿责任。

其他保险人应承担的赔偿金额，本保险人不负责垫付。若被保险人未如实告知导致保险人多支付赔偿金的，保险人有权向被保险人追回多支付的部分。

第二十七条 保险标的发生部分损失，保险人履行赔偿义务后，本合同的保险金额自损失发生之日起按保险人的赔偿金额（不含施救费用赔偿金额）相应减少，保险人不退还保险金额减少部分的保险费。如果投保人请求恢复至原保险金额，应按原约定的保险费率另行支付恢复部分从投保人请求的恢复日期起至保险期间届满之日止按日比例计算的保险费。

第二十八条 发生保险责任范围内的损失,应由有关责任方负责赔偿的,保险人自向被保险人赔偿保险金之日起,在赔偿金额范围内代位行使被保险人对有关责任方请求赔偿的权利,被保险人应当向保险人提供必要的文件和所知道的有关情况。

被保险人已经从有关责任方取得赔偿的,保险人赔偿保险金时,可以相应扣减被保险人已从有关责任方取得的赔偿金额。

保险事故发生后,在保险人未赔偿保险金之前,被保险人放弃对有关责任方请求赔偿权利的,保险人不承担赔偿责任;保险人向被保险人赔偿保险金后,被保险人未经保险人同意放弃对有关责任方请求赔偿权利的,该行为无效;由于被保险人故意或者因重大过失致使保险人不能行使代位请求赔偿的权利的,保险人可以扣减或者要求返还相应的保险金。

第二十九条 被保险人向保险人请求赔偿保险金的诉讼时效期间为二年,自其知道或者应当知道保险事故发生之日起计算。

争议处理和法律适用

第三十条 因履行本合同发生的争议,由当事人协商解决。协商不成的,提交保险单载明的仲裁机构仲裁;保险单未载明仲裁机构且争议发生后未达成仲裁协议的,依法向人民法院起诉。

第三十一条 与本合同有关的以及履行本合同产生的一切争议,适用中华人民共和国法律(不包括港澳台地区法律)。

其 他 事 项

第三十二条 本合同成立后,投保人可要求解除本合同。投保人要求解除本合同的,应当向保险人提出书面申请,本合同自保险人收到书面申请时终止。

第三十三条 本合同成立后,保险人根据保险法规定或者本合同约定要求解除本合同的,除保险法另有规定或本合同另有约定外,本合同自解除通知送达投保人最后所留通讯地址时终止。

第三十四条 在保险单中载明的保险责任起始日前,投保人要求解除本合同的,除本合同另有约定外,投保人应当按照保险费5%的比例向保险人支付手续费,保险人退还已收取的保险费。

在保险单中载明的保险责任起始日后解除本合同的,除本合同另有约定外,保险人应向投保人退还未满期保险费。

如果解除时,本合同项下仍有尚未赔偿结案的保险事故,保险人可在赔偿结案后再向投保人退还未满期保险费。

释　义

第三十五条　除另有约定外,本合同中的下列词语具有如下含义:

保险人:是指中国太平洋财产保险股份有限公司。

意外事故:是指不可预料的以及被保险人无法控制并造成物质损失或人身伤亡的突发性事件,包括火灾和爆炸。

火灾:是指在时间或空间上失去控制的燃烧所造成的灾害。火灾必须具备三个条件:(1)有燃烧现象,即有热有光有火焰;(2)偶然、意外发生的燃烧;(3)燃烧失去控制并有蔓延扩大的趋势。

爆炸:包括物理性爆炸和化学性爆炸。物理性爆炸是指由于液体、固体变为蒸汽或其他膨胀,压力急剧增加并超过容器所能承受的极限压力而发生的爆炸;化学性爆炸是指物体在瞬间分解或燃烧时放出大量的热和气体,并以很大的压力向四周扩散的现象。

自然灾害:是指雷击、暴风、暴雨、热带风暴、台风、龙卷风、雹灾、雪灾、冰凌、沙尘暴、洪水、地震、海啸、滑坡、崖崩、泥石流及其他人力不可抗拒的破坏力强大的自然现象。本合同中涉及的各类自然灾害的定义以气象出版社 1994 年出版的《大气科学辞典》中的定义为准,对于自然灾害的确定应以国家气象、地震部门测量的数据为依据。

地面突然塌陷:是指地壳因为自然变异、地层收缩,以及由于海潮、河流、大雨侵蚀而导致的地面突然下陷下沉。对于因勘察、设计、施工、建筑材料缺陷而导致的地面下陷下沉,不属于地面突然塌陷责任。

保险事故:是指本合同中约定的保险责任范围内的事故。

重大过失:是指行为人不但没有遵守法律规范对其较高要求,甚至连一般人都应当注意并能注意的常规标准也未达到。

保险利益:是指投保人或者被保险人对保险标的具有的法律上承认的利益。

重复保险:是指投保人对同一保险标的、同一保险利益、同一保险事故分别与两个以上保险人订立保险合同,且保险金额总和超过保险标的保险价值的保险。

未满期保险费:是指保险人应退还的剩余保险期间的保险费,未满期保险费按照以下公式计算:

$$未满期保险费＝保险费×(剩余保险期间天数/保险期间天数)$$
$$×(保险金额－累计赔偿金额)/保险金额$$

其中,累计赔偿金额是指在实际保险期间内,保险人已支付的保险赔偿金和已发生保险事故但还未支付的保险赔偿金之和,但不包括保险人负责赔偿的施救费用。

第四篇 运用保险机制推进风险管理工作试点

本篇汇编了运用保险机制推进风险管理工作试点的几个文件，尚不够成熟，仅供参考。

第 11 章　运用保险机制推进风险管理工作的设想

在上海市市委、市政府的正确领导下,通过全交通行业的共同努力和全社会的大力支持配合,本市交通行业安全生产整体稳定。然而,从社会经济发展要求来看,交通行业不同领域的发展还存在差异和不平衡,个别业务领域依旧存在隐患,道路运输易发生群死群伤事故,轨道交通大客流运营安全压力重大,交通基础设施建设风险源复杂,一旦发生事故将造成重大的经济损失和人员伤亡。

习近平总书记在十二届全国人大三次会议参加上海代表团审议时强调,上海要"继续当好全国改革开放排头兵、创新发展先行者,为全国改革发展稳定大局作出更大贡献"。中共中央和国务院"关于进一步加强城市规划建设管理工作的若干意见"中提出,要"进一步加强和改进城市规划建设管理工作,解决制约城市科学发展的突出矛盾和深层次问题,开创城市现代化建设新局面"。市委、市政府部署要求,要"站高看远,对标世界一流找差距",不断提高上海特大型城市综合管理水平。上海市交通行业迫切需要探索管理模式改革,以机制创新来弥补安全管理短板。

1. 交通行业安全形势严峻,亟待建立动态风险管理机制

上海轨道交通四号线旁通道工程施工作业面内发生渗水,造成重大经济损失。上海轨道交通十号线列车追尾事故,造成恶劣社会影响。上海东海大桥旅游大巴发生交通事故,造成重大人身伤亡。特别是"东方之星"号客轮翻沉、天津港特别重大火灾爆炸带给我们极其深刻的警示:交通行业安全形势依然十分严峻,政府责任重大。

本着改革和创新精神,在风险管理试点工作中,运用保险机制促进政府职能转变,发挥市场在资源配置中的决定性作用,全面提高我市交通行业道路运输、交通基础设施建设、轨道交通、水上交通、路政设施安全生产风险管理水平,以形成"技术标准、市场运作、管理创新"三位一体的风险管理体系。

2. 提高交通行业的风险意识,通过风险辨识和评估,合理选择风险应对策略

选择交通行业相关领域的若干试点企业,开展编制企业安全生产风险辨识手册和评估指南等试点工作。通过实践逐渐形成行业安全生产风险辨识手册和评估指南,使之成为交通行业安全管理和企业安全生产的准则和规范,科学系统地指导上海交通行业安全生产风险管理工作。

企业要提高风险意识,实现风险评估标准化,以有效配置资源或运用社会资源,合

理选择风险回避、预防、自留或转移等风险应对措施，以提高风险应对的效率和效果。

3. 建立管控型、制度性的保险机制，实现风险转移和管控

结合上海发展保险业、建设国际金融中心的战略规划，推进交通行业企业安排保险，合理利用现有险种、探索开发新设险种，发挥保险风险控制和经济补偿作用，逐步将风险管理资源交由市场配置，实现行业风险管理新模式。

通过梳理现有保险险种和交通行业投保情况，对行业现有投保险种，要求全部企业投保；对已有险种但行业内未开展投保的，鼓励企业积极投保；对行业有要求但暂时没有的险种，与保险主管部门商定新设险种。同时为了更好发挥管控型、制度性保险的作用，与保险业共同优化险种，拓展保险范围和保险内容。

试点工作中，道路运输业可运用道路承运人责任保险和公众责任保险；交通基础设施建设可运用建设工程安全质量综合保险（覆盖建筑安装工程一切险和潜在缺陷损失保险等险种）；轨道交通可运用公众责任险保险和财产一切险；水上交通可运用码头营运人责任保险、沿海内河船舶保险、水路承运人责任保险和水路货物运输保险；路政设施可运用财产一切险和公众责任险保险。

4. 创新管理手段，实现风险管理集成化

（1）完善上海市交通行业安全生产风险管理体制建设。上海市交通委组建协调机构直接管理各领域风险管理，实现行业风险的集成化管理。各领域主管部门确定专人专岗，直接向风险管理协调机构汇报，监督行业企业的风险管理工作。行业企业确定风险管理专人专岗，增强风险意识，购买保险服务。

（2）搭建行业风险管理保障机制。为推进本市交通行业风险管理工作，交通委协调机构做好相关组织保障。加强行业风险管理宣传，编制风险管理培训教材，积极调动高等院校、研究机构等资源，建立风险管理智库，实现行业资源共享。

（3）构建全方位风险管理体系。在引入保险、推进"管控型、制度性"保险的风险管理过程中，建立保险公司委托风险管理机构进行全方位全过程的风险管控制度，构建动态风险管理体系，并探索政府购买第三方服务，以优化现有管理资源的配置，促进行业政府监管模式的转型和创新，例如，在交通基础设施建设管理中，尝试建立保险公司委托风险管理机构进行安全质量检查和管控的制度。

（4）创新风险管理方法。结合互联网技术的发展和使用，建立信息管理平台，利用定位跟踪、进程控制等先进技术，使行政管理措施与技术手段、经济手段有机结合，实现行业安全生产风险的信息化、集成化管理，例如，在省际客运、集卡运输、危险品运输上运用第三方监测平台。

（5）保障保险和风险管理费用列支。同时建议由交通委和发改委商讨明确保险和风险管理费用列支渠道，帮助企业解决投保可能产生的增量成本，确保该项制度的有效落实。

第12章 交通安全风险管理实施办法

上海市交通安全风险管理配套实施管理办法(草案)

1 总 则

1.0.1 【目的】 为提高上海市交通行业安全生产管理水平,推进全面风险管理,实现风险管理规范化、市场化、技术化、信息化的发展,特制定本办法。

1.0.2 【适用范围】 本办法适用于上海市交通行业安全风险管理试点工作,包括道路运输、交通工程建设、路政设施管理、轨道交通、水上交通等全行业。

1.0.3 【基本原则】 上海市交通安全风险管理应遵守法律、法规,不得损害社会公共利益和他人的合法权益。

上海市交通行业的单位和从业人员应支持依法实施风险管理措施。

安全风险管理以预防为主、防治结合,做到实现事故前预防、事故后整改,系统认识、科学应对风险,减少安全生产事故发生。

1.0.4 【协调管理】 上海市交通委员会对上海市交通行业安全风险管理实施统一协调管理。

2 管 理 体 系

2.0.1 【交通委协调机构】 上海市交通委员会组建交通行业风险管理协调机构,直接协调各行业领域安全风险管理。

交通委、各行业领域主管部门、相关行业抽调专家加入风险管理协调机构,对风险管理工作提供专业指导。

制定上海市交通行业安全风险管理总方针,协调安全风险管理工作,以促进交通行业整体安全生产工作。

2.0.2 【主管部门专人专岗】 交通建设工程管理中心、安全质量监督站、道路运输处、路政局、航道处、引航站、码头中心等主管部门确定专人专岗,监督本行业企业和项目的安全风险管理工作。

对各行业安全风险管理工作进行直接指导,协助各企业和项目制定安全风险管理工作机制和工作计划。

2.0.3 【运营企业】 运营企业和项目法人制定并实施运营业务的风险管理方案，按照风险管理机制购买保险和风险管理服务。

2.0.4 【保险服务】 保险公司提供各行业强制保险险种和建议保险险种购买服务，制定完整的购买、出险鉴定、理赔服务制度。

2.0.5 【风险管理咨询】 运营企业、项目法人和保险公司联合保险经纪公司、保险公估公司和有关咨询类单位，建立风险管理机构，视需要聘请风险管理咨询服务。

3 风险辨识和评估

3.0.1 【风险辨识标准】 主管部门制定本行业安全风险辨识手册和评估指南，指导企业开展风险源辨识工作。

3.0.2 【风险辨识】 各运营企业和项目法人在业务范围内，根据主管部门制定的本行业安全风险辨识手册和评估指南，建立企业和项目风险源清单，评定风险等级，并提交主管部门备案。

3.0.3 【保险风险辨识】 保险公司对投保项目的投保风险进行辨识评估。

3.0.4 【风险清单上报】 主管部门将企业或项目风险源清单及等级评定结果上报交通委风险管理协调机构。

3.0.5 【辨识标准调整】 主管部门根据本行业运营企业和项目风险辨识情况，及时调整安全风险辨识手册和评估指南。

4 风险管理措施

4.0.1 【方案制订】 根据风险源梳理情况，运营企业或项目法人制订本企业或项目的安全风险管理工作方案，上报主管部门，告知保险公司。

4.0.2 【方案指导】 主管部门对运营企业或项目的安全风险管理工作方案应给以指导，并督促检查安全风险管理方案的实施，将本行业各企业方案整理归档提交风险管理协调机构。

4.0.3 【检查监督】 风险管理协调机构定期开展各行业安全风险管理工作检查。

4.0.4 【及时反馈】 运营企业定期向主管部门和风险管理协调机构反馈安全风险管理工作。

4.0.5 【社会风险管理服务】 运营企业根据需要和风险管理的要求，可聘请社会风险管理机构提供专业服务。

4.0.6 【风险应对】 运营企业应根据风险辨识和评估的结果，选择采取风险规避、消除、降低、转移、分担、保留等应对措施，并纳入风险管理方案。

4.0.7 【保险风险管理】 保险公司联合保险经纪公司、保险公估公司和交通咨询类单位，建立风险管理机构，参与交通行业各企业风险管理，检查各企业安全风险管理方案,对其提出修改意见并督促其实施。

5 保 险 机 制

5.0.1 【明确保险机制】 风险管理协调机构明确各行业强制购买保险险种和建议购买保险险种,明确各行业保险机制,以指导各行业风险管理。

5.0.2 【运用保险机制】 主管部门根据风险管理协调机构所明确的各行业安全风险管理和保险机制,督促本行业企业购买强制保险险种和建议保险险种,做好运用保险机制推进风险管理工作。

5.0.3 【购买保险服务】 运营企业根据本行业安全风险管理和保险机制,购买强制保险和建议保险险种。

5.0.4 【保险公司提供保险】 保险公司提供各行业强制保险和建议保险服务,制定完整的购买、出险鉴定、理赔服务制度。

5.0.5 【保险索赔】 运营企业发生安全生产事故按照规定流程向保险公司索赔。

5.0.6 【事故理赔】 运营企业发生安全生产事故按照规定流程向保险公司提出索赔后,保险公司需及时按照保险合同条款开展理赔工作。

5.0.7 【费率调整】 保险公司定期根据事故情况调整各险种费率。

5.0.8 【机制调整】 运营企业和主管部门定期向风险管理协调机构反馈保险机制实施情况。风险管理协调机构根据保险机制实施情况,及时调整工作机制。

6 事故处理和统计

6.0.1 【事故上报】 运营企业发生安全生产事故及时上报主管部门,不得延报、瞒报。

6.0.2 【事故统计】 主管部门定期向风险管理协调机构汇报本行业安全生产事故数据,分析事故发生规律和原因,重点关注风险源。

6.0.3 【出险统计】 保险公司对出险事故进行统计分析,将数据提供给上海市交通委风险管理协调机构。

6.0.4 【数据共享】 风险管理咨询服务机构向保险公司和风险管理协调机构提供事故和警报数据资料,实现数据共享。

6.0.5 【责任追究】 依照法律法规,依法追究运营企业和相关部门责任。

7 风险管理和保险机制实施办法

7.1 道路运输的风险管理和保险

7.1.1 【第三方监测平台】 推广现有第三方安全监测平台,增加监测项目和监测车辆,覆盖省际客运、危险品运输和集装箱运输。

7.1.2 【实时监测】 对上海市省际客运、危险品运输、集装箱运输运营车辆实行二十四小时实时监测,发现违规行为及时响应。

7.1.3 【数据共享】 监测平台定期统计各项检测指标数据,与保险公司和运营企业数据共享,并根据统计结果和运营状况,调整监控项目和范围。

7.1.4 【调整费率】 保险公司根据出险情况和检测平台共享数据调整保险费率。

7.1.5 【驾驶员】 加强驾驶员管理,提高驾驶员安全驾驶意识,持证上岗,遵守交通法规和操作规程,抵制违章行为,维护交通秩序,确保安全行车。

7.1.6 【车辆】 运营公司编排车辆保修计划,按期组织安排车辆、机械保养和维修。贯彻执行国家、公司车辆管理规章制度,做好车辆的年审、技术建档和使用管理,及时、完整、准确地记录车辆运行、保修、肇事等有关资料。

7.1.7 【危险品运输】 危险品运输严格遵守国家和上海市危险品管理和危险品运输相关规定。第三方监测平台对危险品运输实行实时监测。

7.1.8 【省际客运】 加强省际班车、包车的安全管理,遵守国家和上海市长途客运法律法规,第三方监测平台对危险品运输实行实时监测。

7.1.9 【集装箱运输】 第三方监测平台对集装箱运输实行实时监测。对集装箱运输遵守国家、上海市货物运输规定,加强集装箱装卸、运输过程的风险管理。

7.1.10 【建议险种】 道路运输建议购买保险险种:

(1) 道路客运承运人责任险(针对省际客运单位、出租企业、城市公交);

(2) 道路危险货物承运人责任险;

(3) 公路货运承运人责任保险(含集装箱运输企业);

(4) 公众责任险。

所有车辆依法强制购买机动车交通事故责任强制保险。

省际客运依法强制购买承运人责任险。

7.2 交通工程建设的风险管理和保险

7.2.1 【项目管理机构】 建设单位设立项目管理机构或聘请项目管理单位负责工程建设项目管理。

7.2.2 【投保人】 建设单位作为投保人,也可与工程建设其它参与方联合投保建设工程保险。建设单位、设计单位、施工单位等工程建设参与各方均为被保险人。

7.2.3 【保险人】 保险公司可单独或联合作为保险人,目前也需要联合风险管理咨询单位、工程建设专业咨询单位等风险评估、控制机构共同进行风险管理工作。在工程建设风险管理试点过程中,建设单位不再委托工程监理单位,保险公司所委托的风险管理咨询单位、工程建设专业咨询单位将承担目前工程监理单位所承担的工作,以促进交通工程建设实现第三方风险控制,实现承保、现场监督委托、中介委托三方面的风险管理方式。

7.2.4 【保险合同】 建设单位和保险公司签订风险管理和保险合同,提供保险服务和风险管理服务。风险管理工作内容包括目前工程监理单位承担的工作。

7.2.5 【委托监理】 在试点项目中,保险公司将委托工程监理单位参与工程建设。工程监理单位与保险公司签订合同,服从保险公司管理。

7.2.6 【提供咨询服务】 工程监理单位为保险公司提供专业咨询服务,协助其进行施工阶段风险管理。

7.2.7 【购买保险服务】 根据交通工程建设安全风险管理保险机制,由建设单位购买强制保险险种、建议保险险种和风险管理咨询服务。

7.2.8 【风险源辨识】 项目管理机构根据主管部门制定的交通工程建设安全风险辨识手册和评估指南,开展风险源辨识工作。

7.2.9 【制订方案】 项目管理机构根据风险源梳理情况,制订本建设项目的安全风险管理工作方案,上报主管部门。

7.2.10 【法律规范】 工程监理单位履行建设工程安全生产管理法定职责,遵照《建设工程监理规范》(GB/T 50319—2013)要求在施工阶段提供相关服务。

7.2.11 【建议险种】 交通工程建设建议购买保险险种如下:

(1) 建筑安装工程一切险;

(2) 建设工程质量潜在缺陷保险(IDI)。

7.3 路政设施的风险管理和保险

7.3.1 【安全排查】 主管部门建立上海市范围内公路安全排查、整治工作制度。对安全风险隐患较大的地点重点监控,加大巡查频率,确保安全可控。

7.3.2 【保险机制推广】 主管部门确认养护公司将保险费列入投标报价。督促路政设施企业购买建议保险险种,根据保险机制开展保险推广工作。

7.3.3 【购买保险服务】 养护公司将保险费列入财务预算,根据路政设施安全风险管理保险机制,购买保险。

7.3.4 【建议险种】 路政设施建议购买保险险种如下:

(1) 财产一切险;

(2) 公众责任险;

(3) 雇主责任险;

(4) 现金综合险。

7.4 水上交通的风险管理和保险

7.4.1 【树立保险意识】 主管部门加强水运企业的安全意识和风险意识宣传,督促水上交通企业购买其强制保险险种和建议保险险种,根据保险机制开展保险推广工作。

7.4.2 【危险品运输】 主管部门对港口危险货物作业认可范围(品种和作业量)和管理人员的上岗资格证书进行严格的管控。

7.4.3 【建议险种】 水上交通建议购买保险险种如下:

(1) 码头营运人责任保险及其附加险;

(2) 沿海内河船舶保险条款其附加险;

（3）水路客运承运人责任保险；

（4）国内水路、陆路货物运输保险条款及其附加险；

（5）水路货物运输承运人责任保险；

（6）危险品运输船舶强制购买油污责任险、船壳险。

7.5 轨道交通的风险管理和保险

7.5.1 【突发预案】 轨道交通运营单位制定轨道交通突发状况预案，做到"一站一预案"。

7.5.2 【购买保险服务】 根据轨道交通安全风险管理和保险机制，购买强制保险险种、建议保险险种和风险管理服务。

电梯等机械设施由原厂家维保、购买保险，由于电梯等机械设备造成的乘客人员人身财产伤害由原厂家承担责任。

7.5.3 【实时监控】 建立车站、站台、车内实时监控系统，覆盖乘客从入站安检、乘车到下车出站全部路程，实时监控站内、车内状况，全面掌握地铁站及地铁运行状况。

7.5.4 【大客流管理】 在车站、站台张贴标语、安全标识，增加管理人员，加强大客流时段的客流疏散，制订紧急情况人员疏散方案。

7.5.5 【站台管理】 每个站台设置专门的风险管理岗位，由专人负责站台安全生产风险管理，加强站台工作人员的安全教育。

7.5.6 【建议险种】 轨道交通建议购买保险险种如下：

（1）财产一切险；

（2）公众责任险；

（3）产品责任险保险责任；

（4）电梯安全责任保险责任。

第 13 章　××桥梁工程建设风险管理试点方案

13.1　风险管理试点背景

为了解决人民生活衣食住行中的最难解决的"行"的问题,交通基础设施建设的投资量激增,但是,激增的交通基础设施一方面加快了交通系统的完善,另一方面也摊薄了交通行业管控力量,安全也成为交通基础设施建设中和投入运营后监管部门必须经受的严峻考验的底线。为实现建设"小政府,大社会"总体社会治理目标,建立与之相适应的管理体制和机制,已成为交通行业的迫切需求。

随着保险业的发展,保险的功能也发生了转变和升级,从一开始的经济补偿和资金运作,发展到现在的参与社会管理和社会治理,保险在社会管理和治理中的作用越来越不可或缺。在调查研究的基础上,形成了交通行业运用保险机制全面推行风险管理的总体设想,并计划在交通工程建设领域开展试点,积极探索交通工程建设过程的风险管理机制。

××桥梁建设工程难度大,会受到多方面不利因素的影响,因此,将该工程作为试点项目,运用保险机制推行风险管理具有必要性。

13.2　风险管理试点目标

通过试点项目的推行,完善交通系统引入保险机制的研究,探索交通工程建设的风险管理机制;整合代建单位、工程监理单位、保险机构、风险管理机构等社会资源,探索以风险管理为导向的交通工程建设的机制;初步形成在交通行业可复制、可推广的利用保险机制进行风险管理模式。结合××桥梁建设修工程,具体表现为以下三方面。

(1) 进行该项目风险源辨识和评估,科学系统地指导工程建设风险管理工作,实现风险管理标准化、规范化;

(2) 运用建筑(安装)工程一切险(CAR)、施工人员团体人身意外险、建设工程质量潜在缺陷保险(IDI)等保险险种,引入保险机制,充分利用保险对社会的服务功能,发挥保险风险管理和经济补偿作用,实现风险转移市场化;

(3) 引入工程风险管理机构(TIS),现阶段可由工程监理单位承担,实现风险管理社会化,并与目前大中型公用事业工程必须实行监理制的规定相衔接。

13.3　风险管理试点项目概况

本工程为××桥梁建设工程,工程范围为××大桥段(含地面辅路),南北岸均实施至引桥起终点,长度共 1.858 km,设置双向 6 车道,桥梁宽度 24.5 m,主桥长 419.6 m,引桥长 1 438 m;下层桥梁为双向非机动车道和人行通道;另含地面辅路段雨污水管道 1.8 km,交通工程实施长度约 6.2 km(含主桥、非机动车道桥及地面辅路)、绿化工程实施长度 1.4 km。

本工程投资控制在 57 882 万元,其中建安费为 39 929 万元。

本工程按照投资体制改革的决定(国发〔2004〕20 号),实行代建制。根据建设单位的设想,本项目实行 EPC 总承包,即设计、采购和施工总承包。

13.4　风险管理试点参与方及其合同和工作关系

1. 风险管理试点参与方

1) 建设单位

本工程由××路政局履行建设单位职责,即投资人职责,同时履行相应的建设单位项目管理职责。在试点工作中,组织本工程风险辨识和评估工作,制定风险应对方案,积极应对,以减少安全质量风险。

2) 代建单位

按照投资体制改革的决定(国发〔2004〕20 号),代建单位作为专业化的项目管理单位负责建设实施,严格控制项目投资、质量和工期,竣工验收后移交给使用单位。建设单位与代建单位签订委托代理合同。

3) EPC 总承包单位

EPC 总承包单位需按照合同约定,承担本工程的设计、采购、施工等工作,并对本工程的质量、安全、工期、造价全面负责;保证设计文件符合法律法规和工程建设强制性标准的要求,对因设计导致的工程安全事故和质量问题承担责任;保证按照经审查合格的施工图设计文件和施工技术标准进行施工,对因施工导致的工程安全事故或质量问题承担责任。

4) 保险机构

本工程的保险机构与建设单位、EPC 单位签订保险合同,根据工程实际情况提供风险管理方案,一旦出险,保险机构积极提供理赔服务,同时,委托风险管理机构(TIS)进行安全质量风险管理。

本工程试点工作中,保险合同条款包括一般保险条款和针对试点项目的特别条款,要求保险机构充分发挥自身的风险管理资源优势,组建项目机构,开展风险管理和保险工作,同时要求其委托的风险管理机构按规定开展工程建设的安全管理、质量管理、风险管理和报送工程监理单位的有关资料。

5）工程风险管理机构(TIS)

工程风险管理机构(TIS)受保险机构委托负责工程质量控制和安全生产管理。在试点工作中,风险管理机构(TIS)应有工程监理资质,负责填报原由工程监理单位填报的所有报表,由保险机构与其签订风险管理合同。

6）关于工程监理单位

本工程实施中,建设单位不再单独聘请工程监理单位。在本工程中,工程监理单位的职责由代建单位和风险管理机构(TIS)承担。

7）工程建设参与其他单位

建设单位和代建单位可根据需要落实长期借地、行道树搬移、路灯搬迁、绿化翻挖、管线搬迁、建设项目前期工作咨询、研究试验、招标代理、财务监理、交通影响分析及交通组织咨询、交通配合(含水上航道、铁路)、供电外线等单位。

建设单位和代建单位可根据需要落实部分需要由建设单位明确的设计、专业施工分包、材料和设备供货、咨询等单位。

2. 工程建设参与各方的合同关系

工程建设参与各方的合同关系如图 13-1 所示,图中双向剪线代表合同的主要方。

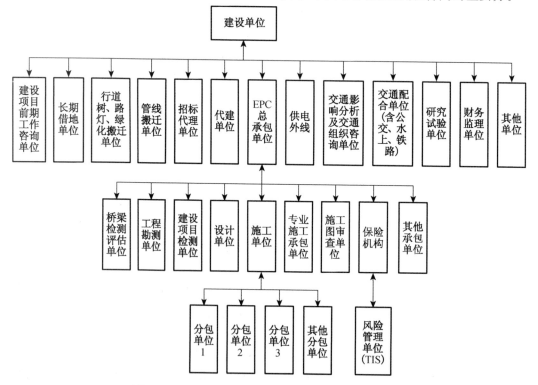

图 13-1 ××桥梁建设风险管理试点各方的合同关系

3. 工程建设参与各方的工作关系

风险管理试点参与各方的工作关系如图 13-2 所示,图中单向剪线代表工作指令方向。

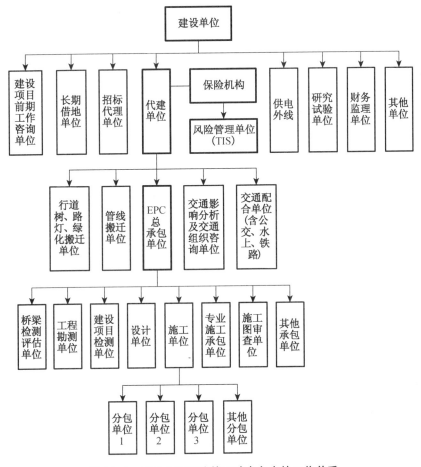

图 13-2　××大桥风险管理试点各方的工作关系

4. 风险管理试点参与方的任务分工

风险管理试点主要参与方涉及建设单位、代建单位、EPC 总承包单位、保险机构和风险管理机构,其主要任务分工如表 13-1 所列。

表 13-1　　　　　　　　　××大桥工程风险管理试点单位主要任务分工

项目阶段	编号	工作任务	建设单位	代建单位	EPC 总承包	保险机构	风险管理机构(TIS)
决策阶段	1	项目概念和构思、目的和要求	提出				
	2	组织建设项目的机会研究	提出				
	3	组织可行性研究	提出				
	4	组织建设项目评估	提出				

项目阶段	编号	工作任务	建设单位	代建单位	EPC总承包	保险机构	风险管理机构(TIS)
设计阶段	1	项目建设实施方案	决策	执行		检查	检查
	2	完成向政府部门报批的相关工作	执行	协助	协助		
	3	确定项目定义	决策	协助	协助		
	5	编制设计任务要求	决策	协助	执行	检查	检查
	6	确定技术定义及设计基础			执行		检查
	7	进行资源(技术、人力、资金、材料)评价			执行		
	8	进行风险分析并制订管理策略	决策	协助	执行	执行	执行
	9	选择专利技术	检查	检查	执行		检查
	10	审查专利商提供的工艺设计文件	检查	检查	执行		检查
	11	组织委托项目总体设计、装置基础设计、项目初步设计和施工图设计	检查	检查	执行		检查
	12	审查设备、材料供应商名单	检查	检查	执行		检查
	13	项目设计应统一遵循的标准、规范和规定	检查	检查	执行		检查
	16	制订分包策略,编制招标文件	检查	检查	执行		检查
	17	对投标商进行资格预审	检查	检查	执行	检查	检查
	18	完成招投标和评标工作	检查	检查	执行		检查
	19	与工程承包单位进行合同谈判	检查	检查	执行		检查
	20	支付款项	执行	检查	执行		检查
施工阶段	1	编制并发布工程施工应遵守的标准、规范和规定		审核	执行	检查	检查
	2	对承包商进行管理——工程安全、质量、文明施工等		检查	执行	检查	执行
	3	对承包商进行管理——工程造价、进度等		检查	执行		检查
	4	工程变更、索赔及施工合同争议处理		检查	执行	检查	执行
	5	进行生产准备		检查	执行		检查
	6	试车,装置性能考核、验收	执行	检查	执行		检查
	7	移交全部文件资料	检查	协助	执行		检查
收尾阶段	1	处理遗留问题		执行	执行		检查
	2	项目终结	执行	检查	协助	检查	检查

13.5 风险初步分析和评估

1. 工程建设环境风险

本工程内容多、约束因素多、工程风险高,其风险包括自然和周边环境影响风险、工程本体实施风险。工程本体实施风险影响因素包括环境条件、施工机械设备、材料与构配件、施工工艺或施工方法以及施工人员等方面。

1)自然和周边环境影响风险

自然环境风险中,不利气候条件对本工程建设风险影响大,包括强风、暴雨、大雪、高温、冰冻等恶劣气候,以及台风、龙卷风、冰雹等极端天气。同时,对于水上作业,应考虑感潮、汛涝影响。

本工程建设需考虑附近铁路保护风险和通航安全风险,需要进行专项风险分析和评估。

2)工程本体实施风险

本工程本体实施风险包括:

(1)主桥工程施工风险,包括原结构拆除、主体结构加宽与加固、桥面系施工、非机动车道和人行道改建施工等专项风险;

(2)新建引桥工程风险,包括桩基工程、墩柱工程、上部桥梁结构架设工程等专项风险;

(3)原引桥工程改建风险,包括顶升降坡、桥面系和附属设施拆除施工等专项风险;

(4)其他作业风险,主要包括桥墩防撞设施施工、钢管桩阴极保护施工等水上作业专项风险。

2. 工程建设参与各方风险

本工程建设参与各方还面临来自其他建设方的风险和自身的职业责任风险。

13.6 保险险种选择

1. 建筑安装工程一切险(CAR)

建筑(安装)工程一切险(CAR)的保险标的包含工程建设期间因自然灾害和意外事故造成的物质损失,以及被保险人对第三者人身伤亡或财产损失依法承担的赔偿责任,保险金额为工程概算总造价。其保险责任包含列明的自然灾害、列明的意外事故、人为风险和建设工程第三者责任部分的保险责任。

建筑工程一切险的保险期限,是在保险单列明的保险期限内,自投保工程动工日或自被保险项目被卸至建筑工地时生效,直至建筑工程完毕经验收合格或实际投入使用时终止。保险费率根据保险责任范围大小;工程本身的危险程度;承包人及其他工程关系方的资信、经营管理水平及经验等条件；保险人以往承保同类工程的损失记录；工程免赔额的高低及第三者责任和特种风险的赔偿限额厘定。

2. 建设工程质量潜在缺陷保险(IDI)

建设工程质量潜在缺陷保险承保由于被保险财产结构部分的内在缺陷引起的质量事故造成建筑物的损坏，相对于由外在原因引起的损失。绝大多数建设工程质量潜在缺陷保险的期限为10年。

建设工程质量潜在缺陷保险通常承保引起损坏或引起即将到来的倒塌威胁的内在缺陷。总保险金额为保险合同载明建筑物的总造价。

保险合同成立时，保险人依据建筑物施工合同上列明的工程总造价计收预付保险费。在建筑物竣工验收合格并完成竣工决算之日起一个月内，投保人应向保险人提供实际工程总造价，保险人据此调整总保险金额并计算保险费。预付保险费低于保险费的，投保人应补足差额；高于的，投保人退回高出部分。

3. 施工人员团体人身意外险

团体人身意外伤害保险是以机关、团体、企事业单位在职的、身体健康能正常工作或正常劳动的职工为保险对象，单位为投保人的意外伤害保险。团体人身意外伤害保险的保险费率根据被保险人所从事的行业、工种的危险程度分为三个档次。建筑行业属于第二档，保险费率为4‰。

4. 其他保险

本工程尚可考虑建设工程设计责任保险等其他保险。

建设工程设计责任保险是指以建设工程设计人因设计上的疏忽或过失而引发工程质量事故造成损失或费用应承担的经济赔偿责任为保险标的的职业责任保险。

13.7 风险管理试点主要工作环节

1. 保险机构选择

建设单位和EPC总承包单位通过招标确定保险机构，该招标由招标代理机构负责办理有关政府采购手续，根据工程保险业绩、工程风险管理资源、保费等条件择优选择保险机构。

保险机构可以是一家保险公司，也可以是由几家保险公司组成的联合体（简称"共保体"）。保险机构可以根据自身的经营需要，安排共同承保或再保。

2. 风险管理机构(TIS)的选择

保险机构通过招标确定风险管理（含工程监理）机构，该招标由招标代理机构负责办理有关政府采购手续，根据工程风险管理业绩、资源、费用等条件择优选择风险管理机构。

3. 保险费率浮动

费率确定存在两次浮动。基本费率根据建设、设计、施工单位的信用风险状况和工程本身的风险等级进行浮动,从而使风险管理的环节前置,促使建设单位选择技术力量强、市场诚信度高、安全质量保障严的设计、施工单位,从源头开始降低风险事故发生的概率。最终费率还需根据工程风险管理机构对施工过程中的检查评估情况进行浮动,工程建设安全质量状况也将反应在工程最终费率中,促进工程建设参与各方加强自身管理和责任意识,避免一旦投保后工程建设参与各方的道德风险。

4. 建设期内安全事故理赔

工程建设期发生安全生产事故,按照建筑(安装)工程一切险规定流程进行理赔。建筑安装工程一切险出险后,由建设单位、EPC 总承包单位通知保险机构。保险机构进行现场勘查,详细了解事故情况;对受损的财物、人身伤害进行必要的记录;保险合同双方对现场勘查记录进行签字确认。保险机构根据现场勘查情况进行保险责任认定,若事故属于保险范围内事故,保险机构及时通报出险具体内容,并就赔偿方案的实施与建设单位、EPC 总承包单位达成共识,按照相关保险条款在规定期限内进行理赔。建设单位、EPC 总承包单位需向保险机构提供有关的理赔单证,包括出险通知书、损失清单、定损资料等。

5. 质保期内质量问题理赔

工程建成后在质量保障期内出现质量问题,按照建设工程质量潜在缺陷保险规定的流程进行理赔。建设工程质量潜在缺陷保险出险后,由建设单位、EPC 总承包单位通知保险机构。保险机构进行现场勘查,详细了解事故情况;对受损的财物项目名称、数量等进行必要的记录;了解初步的后续处理方案,并就后续处理方案提出保险机构的意见;保险双方对现场勘查记录进行签字确认。保险机构及时通报出险具体内容,并就赔偿方案的实施与建设单位、EPC 总承包单位达成共识,按照保险条款在规定的期限内支付赔偿或根据建设单位的委托直接向修理单位支付赔款。建设单位、EPC 总承包单位需向保险机构提供有关的理赔单证,包括出险通知书,损失清单,省级以上工程质量检测结构出局的监测报告、定损资料等。

13.8 风险管理和保险费用测算

1. 风险管理和保险费用测算原则

本工程的风险管理和保险费用测算依据以下原则:

(1)以节约、高效、合规使用财政资金为基本原则;

(2)以不低于保险机构、风险管理机构在本项目上投入的成本为基础,确保试点工作的正常进行,为风险管理模式的可复制可推广创造条件;

(3)发挥市场在资源配置中的决定性作用,费用的测算充分考虑市场竞争;

(4)力争在本工程批复的概算范围内作资金安排。

2. 保险费的测算

本工程概算内未明确工程保险费用,但在实际操作中均有出支。

本工程保险费用具体测算暂按建筑(安装)工程一切险费率取 0.2%(约 88 万元),建设工程潜在质量缺陷保证保险(IDI)费率取 0.95%(约 420 万元),风险管理(IDI)服务费率取 0.28%(124 万元),因此,综合费率暂按 1.43%取,合计 632 万元,其中 TIS 为第三方技术监督服务,按照国际成熟 IDI 业务模式,TIS 为管控质量风险的必要手段,TIS 的服务成本包含在 IDI 保费中。

3. 风险管理费用的测算

本工程概算内工程监理费预计 1 266.91 万元。

本工程的风险管理费用以风险管理机构提供的安全管理、质量管理和填报监理报表等服务内容为基础,以国家和上海市有关的工程监理取费标准为依据,具体将在概算内工程监理费的基础上下调,以 2 年计划工期计,预计 750 万元。

13.9　风险管理试点工作有关问题处理

1. 关于保险经纪

本工程保险机构和风险管理机构将通过招标的方式来选择,保险费和 TIS 费用中不含保险经纪费,保险经纪可以作为本项目的顾问参与工作,建设单位可向其支付保险顾问费。

2. 关于再保险

保险机构可以根据承保能力和经营要求安排再保险。

3. 关于质量安全监督站

本试点工作中,质量监督站的的政府安全质量监管职责不变,具体是:

(1) 安全监管方面,负责本工程建设工程施工现场的安全监督检查,负责建设工程施工现场安全生产专项检查的组织协调工作,参与建设工程施工安全事故的调查及应急突发事件的处理。

(2) 质量监管方面,负责对本工程建设工程质量进行监督管理,受理建设项目质量监督注册,巡查施工现场工程建设各方主体的质量行为及工程实体质量,核查参建人员的资格,监督工程竣工验收。

13.10　风险管理试点工作进度安排

(1) 此试点方案需征求委设施处、计财处、安监处以及招标代理、部分保险机构和风险管理机构(TIS)的意见,并报市交通委。

(2) 计划于×月底前完成保险机构的招标,×月底前完成风险管理(TIS)机构的招标。

（3）×月中旬前完成××大桥风险辨识和评估报告，×月底前完成风险信息平台建立。

（4）××大桥风险管理试点工作开始，跟踪并完善试点方案。

参 考 资 料

［1］交通运输部关于推进安全生产风险管理工作的意见(交安监发〔2014〕120 号).

［2］交通运输部安全委员会关于开展安全生产风险管理试点工作的通知(交安委〔2015〕1 号),2015. 02. 13.

［3］交通运输部关于推进交通运输安全体系建设的意见(交安监发〔2015〕20 号),2015. 02. 10.

［4］交通运输部办公厅关于印发推进交通运输安全体系建设的意见任务分工的通知(交办安监〔2015〕51 号),2015. 04. 3.

［5］交通运输部安委办关于公布安全生产风险管理试点单位、行业指导单位和工作指导组的通知(交安委办〔2015〕37 号),2015. 06. 1.

［6］交通运输部安全与质量监督管理司. 交通运输安全生产风险源等级划分规定(试行),2014. 11.

［7］交通运输部. 关于开展公路桥梁和隧道工程施工安全风险评估试行工作的通知(交质监发〔2011〕217 号),2011. 05. 13.

［8］交通运输部. 公路桥梁和隧道工程施工安全风险评估指南(试行),2011. 05.

［9］上海市交通委员会安全工作委员会办公室. 关于推进本市交通行业安全生产风险管理试点工作的通知(沪交安委办〔2015〕36 号),2015. 04. 2.

［10］上海市交通委安全生产委员会. 上海市交通委员会关于上海交通行业安全生产风险管理试点工作的实施方案,2015. 04. 20.

［11］上海市交通委员会关于推进上海交通行业安全生产体系建设的实施意见(征求意见稿),2015. 06. 4.

［12］关于上海交通行业安全生产风险管理试点工作推进会会议纪要,2015. 07. 16.

［13］上海市交通委员会安监处关于交通运输部安全生产风险管理调研座谈会的情况汇报,2015. 10. 26.

［14］上海市交通委员会安监处关于交通运输部安全生产风险管理调研座谈会的情况汇报,2015. 10. 26.

［15］上海市交通港航发展研究中心. 上海市交通行业发展报告,2015.

［16］上海市交通委道路运输处,上海市省际客运行业安全监测平台. 关于上海市省际客运行业安全监测平台建设情况报告,2014. 10. 17.

［17］上海市交通委道路运输处,上海市省际客运行业安全监测平台. 上海市集卡行业第三方安全监控平台建设情况报告,2014. 10. 17.

［18］上海环亚保险经纪有限公司. 环亚保险经纪关于第三方监测平台的简介,2015. 8. 13.

［19］上海环亚保险经纪有限公司. 上海市运输车辆第三方安全监测平台工作汇报,2015. 9. 01.

［20］上海市交通委交通建设处. 交通建设工程安全监管,2015. 04. 9.

［21］上海豫邃建设工程管理咨询有限公司. 威宁路苏州河桥梁新建工程建设风险评估报告,2008. 08.

［22］上海市引航站. 风险管理程序(2013/0),2013. 11. 20.

[23] 上海市交通委轨道交通处.轨道交通行业安全生产风险管理试点工作实施方案,2015.04.21.

[24] 上海申通地铁集团有限公司.关于下发《上海轨道交通公众责任保险管理规定》的通知(沪地铁〔2014〕525 号),2014.12.4.

[25] 上海申通地铁集团有限公司.关于下发《上海轨道交通客运伤亡事件管理规定》的通知(沪地铁〔2015〕153 号),2015.04.23.

[26] 上海申通地铁集团有限公司.申通集团安全生产危险源管理试点方案(草稿),2015.04.23.

[27] 中国太平洋保险(集团)股份有限公司,上海轨道交通网络运营安全评估小组,上海轨道交通网络运营安全评估方案,2012.02.19.

[28] 上海浦江桥隧隧道管理有限公司.外环隧道关于推进交通安全生产管理和保险试点单位的工作汇报,2015.09.

[29] 上海浦江桥隧隧道管理有限公司.上海市外环隧道"安保"工作安全隐患排查情况汇报,2015.10.

[30] 上海申嘉湖高速公路养护管理有限公司.关于 S32 安全生产风险管理和保险试点工作情况的汇报,2015.09.21.

[31] 中国人民财产保险股份有限公司上海市分公司.道路客运承运人责任保险单,2015.08.7.

[32] 中国大地财产保险股份有限公司.建筑工程一切险保险单,2014.02.14.

[33] 中国大地财产保险股份有限公司等.中船长兴造船基地二期工程 2♯舾装码头下游段和 4♯材料码头工程风险管理技术服务合同.

[34] 中国太平洋财产保险股份有限公司.内河船舶污染责任保险单,2014.11.5.

[35] 中国谛诚保险公估有限公司.风险查勘报告及防损建议书(类型:财产一切险),2014.12.8.

[36] 孙建平.建设工程质量安全风险管理[M].北京:中国建筑工程出版社,2006.

[37] 丁士昭.工程项目管理[M].2 版.北京:中国建筑工程出版社,2014.

[38] 丁士昭,杨胜军.政府工程怎么管——深圳的实践与创新研究[M].上海:同济大学出版社,2015.

[39] [美]C.小阿瑟·威廉斯.风险管理与保险[M].北京:经济科学出版社,2000.

[40] 杨明.运输经济(公路)专业知识与实务(初级)[M].北京:中国人事出版社,2015.

[41] 洪卫.运输经济(公路)专业知识与实务(中级)[M].北京:中国人事出版社,2015.

[42] 余思勤.运输经济(水路)专业知识与实务[M].中国人事出版社,2015.

[43] 欧国立.运输经济(铁路)专业知识与实务[M].中国人事出版社,2015.

[44] 刘长斌.建筑经济专业知识与实务[M].中国人事出版社,2015.

[45] 王绪瑾.保险经济专业知识与实务[M].中国人事出版社,2015.

[46] 中华人民共和国建设部.CJJ 36—2006 城镇道路养护技术规范[S].北京:中国建筑工业出版社,2006.

[47] 上海市路政局.DG/TJ 08—92—2013 城市道路养护技术规程[S].北京:人民交通出版社,2013.

[48] 中华人民共和国住房和城乡建设部,国家质量监督检验检疫总局.GB/T 50319—2013 建设工程监理规范[S].北京:中国标准出版社,2013.

[49] 中华人民共和国建设部,国家质量监督检验检疫总局.GB/T 50326—2006 建设工程项目管理规范[S].北京:中国标准出版社,2006.

[50] 上海市建设工程安全质量监督总站,中国太平洋财产保险股份有限公司上海分公司.建设工程质量潜在缺陷保险理赔方式和流程研究,2015.06.15.

[51] 北京市建设工程安全质量监督总站.城市轨道交通工程安全风险管理体系构建指南[M].北京：
中国建筑工业出版社,2015.11.

[52] 国家质量监督检验检疫总局,中国国家标准化管理委员会.GB/T 24353—2009 风险管理原理与
实施指南[S].北京:中国标准出版社,2009.

[53] 国家质量监督检验检疫总局,中国国家标准化管理委员.GB/T 4754—2011 国民经济行业分类
[S].北京:中国标准出版社,2011.